U0143201

沉浸式环境下的个性化营销决策理论丛书

数据驱动的
个性化需求预测理论与方法

孙见山　柴一栋　吴　乐　刘业政　著

科学出版社

北　京

内 容 简 介

本书系统研究了面向不同交互场景的个性化需求预测理论与方法，在基本交互方面，主要研究了基于用户和产品交互的个性化需求预测；在交互广度方面，主要研究了融合好友交互和群组交互的个性化需求预测；在交互深度方面，主要研究了面向会话式交互和沉浸式交互的个性化需求预测；在交互多样性方面，主要研究了面向跨域交互的个性化需求预测。通过这些研究工作，以期揭示不同交互场景下消费者需求偏好变化规律，为企业更好地洞察消费者，开展个性化营销实践提供理论依据。

本书可供电子商务、市场营销、大数据管理与应用、信息管理与信息系统等领域的研究人员、管理人员和工程技术人员阅读、参考，对于相关专业的研究生和高年级本科生也是一部有价值的参考书。

图书在版编目（CIP）数据

数据驱动的个性化需求预测理论与方法 / 孙见山等著. —北京：科学出版社，2013.12

（沉浸式环境下的个性化营销决策理论丛书）

ISBN 978-7-03-074863-8

Ⅰ.①数… Ⅱ.①孙… Ⅲ.①数据处理—研究 Ⅳ.①TP274

中国国家版本馆 CIP 数据核字（2023）第 028013 号

责任编辑：李 嘉 / 责任校对：贾娜娜
责任印制：张 伟 / 封面设计：有道设计

科学出版社 出版

北京东黄城根北街 16 号
邮政编码：100717
http://www.sciencep.com

北京建宏印刷有限公司印刷
科学出版社发行 各地新华书店经销

*

2023 年 12 月第 一 版 开本：720 × 1000 1/16
2023 年 12 月第一次印刷 印张：14
字数：293 000

定价：168.00 元

（如有印装质量问题，我社负责调换）

前　言

随着互联网及新一代信息技术的发展和应用,电子商务的应用模式加速变迁,消费内容不断创新、丰富,消费场景持续扩展、延伸,从功能型消费向体验式消费转变,从以产品为中心到以用户为中心转变,从单一场景到多场景融合转变,用户与产品的交互行为、交互过程和交互场景也出现了一些新的特点。用户与产品交互行为呈现社交化特征,越来越多的用户通过发布在社交媒体平台上的信息了解品牌,并通过点赞、转发和评论等方式与品牌互动,参与到品牌的价值共创和口碑传播中。用户与产品交互过程呈现深度化特征,在数字孪生、虚拟现实(virtual reality,VR)和增强现实(augmented reality,AR)等技术的助推下,商业要素开始数字化、虚拟化和智能化,帮助用户通过视觉、听觉、触觉等感官与产品、购买场景和应用情境进行深度交互。用户与产品交互场景呈现多样化特征,借助于智能技术的发展,更多的产品可以通过智能化、虚拟化的交互方式实现线上交互和交易,用户可交互的产品种类增加,交互场景更加多样。在这种背景下,洞察用户与产品交互行为变化趋势,从行为中发掘用户潜在需求,从而为用户提供个性化服务是当前企业开展营销决策的关键。围绕如何利用交互数据进行个性化需求预测,学术界与工业界已经开展了诸多工作,交互数据从开始的用户和物品交互单独建模到探索考虑多种行为的综合建模,预测方法从浅层矩阵分解模型向深层建模的深度学习模型发展,应用领域从单个场景的需求建模扩展到多场景、跨场景的需求建模。然而,由于数据稀疏、用户需求动机复杂、行为多样动态变化、用户交互领域广泛多源等难题,用户与产品交互行为和交互过程的复杂性给个性化需求预测带来了巨大挑战。因此,如何在新电商背景下针对用户与产品交互行为的新特点,利用数据驱动的人工智能技术和方法,从交互形式、交互广度、交互深度和交互多样性等方面研究个性化需求预测问题,是当前个性化营销服务决策领域的研究热点。

作者在国家自然科学基金重大研究计划“大数据驱动的管理与决策研究”重点支持项目“沉浸式交互购物环境下的个性化营销决策理论”(91846201)、国家自然科学基金面上项目“面向信息茧房困境的跨领域推荐方法研究”(71872060)的支持下,对上述问题开展了较为系统的研究,形成了一系列成果,这些成果是本书的主要内容。

本书系统研究数据驱动的个性化需求预测方法和应用实践,分为 7 章。第 1 章绪论,介绍用户与产品交互趋势、个性化需求预测挑战和框架。第 2 章讨论基于用户产品交互的预测方法,包括基本交互数据获取和增强图学习等技术。第 3 章和第 4 章分别探讨融合用户与好友、群组交互的预测方法,涵盖社交关系和群偏好反馈排序。第 5 章和第 6 章介绍会话式和沉浸式交互的预测方法,分别基于检索式会话和 AR/VR 技术。第 7 章探讨跨域交互预测方法,涉及强弱语义匹配。每章均提供应用场景实例。

本书由合肥工业大学管理学院孙见山、柴一栋、吴乐、刘业政等合作完成。刘业政负责丛书的策划和全书的提纲制定,孙见山负责编撰统筹并形成最终书稿,各章撰写分工如下:第 1、7 章,孙见山;第 2、3 章,吴乐,孙见山;第 4、5 章,刘业政,孙见山;第 6 章,柴一栋。

在成稿之际,作者首先感谢全体课题组的教师和研究生四年多的辛勤付出;本书在分析、综述相关研究问题时引用了大量国内外研究成果,谨向有关专家学者诚挚致谢!感谢"网络空间行为与管理"安徽省哲学社会科学重点实验室、"数据科学与智慧社会治理"教育部哲学社会科学实验室、"大数据流通与交易技术"国家工程实验室为项目完成所提供的研究支持,特别感谢国家自然科学基金委员会对本项研究工作的资助。在著作出版过程中,科学出版社经管分社马跃社长及本书编辑李嘉给予了极大的帮助,在此一并致谢。

本书涉及管理科学、信息科学、行为科学、数据科学、营销学、心理学等多领域知识,加上作者水平有限,书中难免存在疏漏或不足之处,恳请读者批评指正。

作 者

2023 年 10 月

目　　录

第1章　绪论 ………………………………………………………… 1
  1.1　用户与产品交互行为发展趋势 ……………………………… 1
  1.2　个性化需求预测面临的挑战 ………………………………… 2
  1.3　个性化需求预测框架 ………………………………………… 4
  1.4　本书的组织安排 ……………………………………………… 5
  参考文献 …………………………………………………………… 6
第2章　基于用户与产品交互的个性化需求预测方法 ……………… 7
  2.1　国内外研究现状 ……………………………………………… 7
  2.2　用户与产品交互行为及交互数据获取 …………………… 11
  2.3　基于增强图学习的协同过滤个性化需求预测方法 ……… 15
  2.4　基于分层注意力的个性化需求预测方法 ………………… 27
  2.5　基于用户与产品交互的个性化需求预测应用 …………… 38
  参考文献 ………………………………………………………… 40
第3章　融合用户与好友交互的个性化需求预测方法 …………… 43
  3.1　国内外研究现状 …………………………………………… 43
  3.2　用户与好友交互行为及交互数据获取 …………………… 46
  3.3　融合用户与好友交互的深度学习需求预测方法 ………… 49
  3.4　考虑社会化关系强度的深度学习需求预测方法 ………… 58
  3.5　融合用户与好友交互的个性化需求预测应用 …………… 69
  参考文献 ………………………………………………………… 71
第4章　融合用户与群组交互的个性化需求预测方法 …………… 77
  4.1　国内外研究现状 …………………………………………… 77
  4.2　用户与群组交互行为及交互数据获取 …………………… 80
  4.3　基于群偏好反馈排序的个性化需求预测方法 …………… 82
  4.4　基于群偏好与用户偏好双向增强的个性化需求预测方法 … 93
  4.5　融合用户与群组交互的个性化需求预测应用 ………… 104
  参考文献 ……………………………………………………… 106
第5章　面向会话式交互的个性化需求预测方法 ……………… 108
  5.1　国内外研究现状 ………………………………………… 109

5.2　会话式交互行为及交互数据获取 ……………………………………… 111

5.3　面向检索式会话交互的个性化需求预测方法 ……………………… 113

5.4　面向问答式会话交互的个性化需求预测方法 ……………………… 134

5.5　面向会话式交互的个性化需求预测应用 …………………………… 144

参考文献 ………………………………………………………………………… 146

第6章　面向沉浸式交互的个性化需求预测方法 …………………………… 149

6.1　国内外研究现状 ………………………………………………………… 150

6.2　沉浸式交互行为及交互数据获取 …………………………………… 157

6.3　AR沉浸式交互场景的个性化需求预测方法 ……………………… 160

6.4　VR沉浸式交互场景的个性化需求预测方法 ……………………… 171

6.5　基于沉浸式交互的个性化需求预测应用 …………………………… 175

参考文献 ………………………………………………………………………… 177

第7章　面向跨域交互的个性化需求预测方法 …………………………… 179

7.1　国内外研究现状 ………………………………………………………… 180

7.2　跨域交互行为及交互数据获取 ……………………………………… 182

7.3　面向强语义匹配领域的跨域需求预测方法 ……………………… 187

7.4　面向弱语义匹配领域的跨域需求预测方法 ……………………… 198

7.5　面向跨域交互的个性化需求预测应用 …………………………… 212

参考文献 ………………………………………………………………………… 215

第1章 绪　　论

互联网技术的迅速发展与深度学习等大数据技术的持续演进，共同引发了用户需求特征的深刻变革，呈现出前所未有的动态性与复杂性。这一变化趋势对构建一套更为精确、完备的个性化需求预测技术体系提出了更高的要求，用户需求认知与响应迎来新挑战。本书将从基本交互、交互深度、交互广度和交互多样性四个角度介绍个性化需求预测技术的前沿进展和最新实践。本书为每一种需求预测方法精心挑选了两到三个前沿算法加以介绍。每一种算法从问题定义、模型构建和性能评测三个部分展开介绍。另外，为了突出实用性，本书在每一章都对交互行为给出了定义，并详细介绍了交互数据的获取方式，同时在章末给出了需求预测方法的应用实例，帮助读者更好地理解算法的使用场景。

本章主要包括四个部分，首先介绍用户与产品交互行为发展趋势，其次分析个性化需求预测面临的挑战，再次结合用户与产品交互特点和需求预测的挑战，确定个性化需求预测框架，最后介绍本书的组织安排。

1.1　用户与产品交互行为发展趋势

随着互联网及新一代信息技术的发展，电子商务的应用模式加速变迁，消费场景由单一场景到多场景融合转变，消费模式由功能型消费向体验式消费转变，用户与产品的交互行为、交互过程和交互场景都发生了明显的变化，呈现出如下几方面发展趋势。

（1）用户与产品交互行为社交化。随着互联网的普及和社交媒体的快速发展，近年来社交化营销、社交化消费、社交关系营销成为网络经济发展的一个新态势。社交媒体拉近了用户和企业之间的距离，凭借其快速的传播速度、低廉的传播成本和自由的传播机制，成了企业进行营销传播、与用户互动以及维护用户关系的重要平台。同时，越来越多的用户通过发布在社交媒体平台上的信息了解品牌，并通过点赞、转发和评论等方式与品牌互动，参与到品牌的价值共创和口碑传播中。因此，用户的购买动机更加社会化，从普通的需求驱动，加入了社交关系驱动，用户可能受从众心理、情感心理等的影响而产生购买动机；用户了解产品信息的行为变得社会化，除了通过直接搜索或浏览来了解和查找产品相关的信息，还会从社交平台上获得家人、朋友等其他消费者购买的产品以及对产品信息的描述和评价；用户评估产品的方式也变得社会化，除了传统交互中对产品进行打分和评价，还会在社交平台上发表更多与产品使用感受、后续体验相关的评论，同时还会通过社交平台，向家人、朋友等分享产品相关的评价信息。人与物之间的联系被编织在人与人联系的社交网络中，用户与产品交互行为的社会化带来了更多的交互行为和关系，进而培育出更加复杂和多元化的需求。

（2）用户与产品交互过程深度化。随着智能机器人、数字孪生、VR/AR/MR（mixed reality，混合现实）等技术在零售业的应用，智能化、虚拟化的新零售商业模式开始出现。语音助手的出现极大地扩展了对话式交互，用户可以通过对话的方式与产品、品牌进行互动，从而获得在传统交互环境中无法获得的信息，为用户和产品之间建立更深入的联系。此外，在数字孪生、VR 和 AR 等技术的助推下，商业要素开始数字化、虚拟化和智能化，帮助用户通过视觉、听觉、触觉等感官与产品、购买场景和应用情境进行深度交互。在此场景下，用户的多种感官被调动参与到与产品的交互过程中，从而获得全方位和更加立体的产品体验，在吸引人注意力的同时，给人留下深刻的印象，同时为用户提供更加丰富和准确的产品评估方式，更好地辅助用户决策。

（3）用户与产品交互场景多样化。智能终端的应用已经深入到生活的方方面面，也改变着用户的消费习惯。如今，用户的各种需求都可以通过移动互联网得到满足，饮食、出行、住宿、购物、阅读、娱乐等交互方式皆可借助一台智能机实现，打造跨领域的用户终极 ID（identity document，身份证标识号），有助于全面、综合地将用户脸谱化，丰富用户的个性化画像。另外，借助于智能技术的发展，更多的产品可以通过智能化、虚拟化的交互方式实现线上交互和交易，用户可交互的产品种类增加，交互场景更加多样化。用户在不同领域之间的喜好是相互依赖、相互关联的，当系统拥有除主领域外的其他领域的海量数据时，每个用户就变得不再类似，成为独一无二的个体。

1.2　个性化需求预测面临的挑战

洞察用户与产品交互行为变化趋势，从行为中发掘用户潜在需求，从而为用户提供个性化服务是当前企业开展营销决策的关键。围绕利用用户与产品交互数据进行个性化需求预测，学术界与工业界已经开展了诸多工作，交互数据从开始的用户和物品交互单独建模到探索考虑多种行为的综合建模，预测方法从浅层矩阵分解模型向深层建模的深度学习模型发展，应用领域从单个场景的需求建模扩展到多场景跨场景的需求建模。考虑到用户与产品交互行为和交互过程的复杂性，个性化需求预测仍面临诸多挑战。

数据稀疏性和冷启动问题一直以来是制约个性化需求预测性能的重要因素。虽然线上系统中总的数据量比较大，但是平均每个人的交互记录数量很少。如在个性化需求预测研究中广为使用的公开数据集中，Netflix 数据集的稀疏度只有 1.2%，MovieLens 是 4.5%。数据集评分矩阵非常稀疏，评分太少，用户之间的相关性很小[1]。冷启动问题通常包括新用户的冷启动和新物品的冷启动两个方面[2]。对一个新用户来说，没有任何历史的评分、评论等行为数据，在基于用户历史行为的一些个性化需求预测技术中，则不能对其进行有效的信息预测，这就是新用户所面临的冷启动问题；对一个新物品来说，因为没有任何被点击、交易、浏览、评分、评论等行为数据，也难以将其推荐给合适的用户，这就造成了物品冷启动问题。

用户的需求动机通常是复杂的，在不同的购买场景下，用户的购买动机可能源于自身兴趣，也可能源于朋友推荐，也可能是跟随社群从众购买，或者是各种因素混合的结果。在社会化商务活动中，不同的群体、不同的角色，以及子群体内部的个体关系、子群体之间的行为差异、不同角色之间的结构等因素交织在一起，用户需求偏好与其他用户需求偏好以及社群偏好存在复杂的依赖关系，如何厘清社会化商务中用户需求形成机制，把握最真实的用户需求动机，是开展个性化需求预测需要解决的一个问题。

用户行为形式多样，需求动态变化。实际线上服务系统中，用户会产生多种交互行为。例如，在网上购物过程中，用户会产生浏览、放进购物车、收藏和付款等行为；在用户观看视频的过程中会产生点击、快进和提前关闭等行为。新型智慧购物环境下，用户借助会话式系统产生交互式、动态的对话语音、文本信息，借助沉浸式技术跟产品产生更细粒度、更深层次交互，产生移动轨迹、交互序列、眼动轨迹、表情情绪等更多痕迹交互数据。这些多样交互行为会表征用户的意图信息，这些行为的重要性也有所不同，如购买行为比点击行为更能体现用户的偏好。如何有效利用多样化的用户行为开展个性化需求预测也是需要解决的一个问题。

用户交互领域广泛，交互数据多源异构。用户在互联网上的活动范围广泛，浏览不同的购物网站、社交平台，观看电影、书籍等各类信息，从而产生不同领域的购买、浏览、点击等多源跨领域的交互数据。从单一来源的交互数据中可以预测在当前领域的用户需求，但容易局限在一定范围内，不断强化用户原本固有的喜好，如购物领域的长尾效应，新闻领域可能会出现的信息茧房效应等。不同来源的多领域数据为解决这个问题提供了可能的途径，网络交互数据来源多样，形式不统一，且属于不同的领域，如何挖掘不同领域交互数据间的关系，如何融合不同形式的数据表示和预测用户的需求，是开展个性化需求预测需要解决的又一个问题。

1.3　个性化需求预测框架

随着信息技术的高速发展和深度应用，个性化需求预测已经朝着广度挖掘、深度感知、多样性扩展的方向发展。

在广度挖掘上，大数据时代带来了大量真实的用户数据，包括产品交互、朋友社交、群组交互等多个维度的信息。基于用户与产品交互的个性化需求预测方法利用用户的交互行为日志，直接将用户的交互项目或对交互项目的评分作为用户兴趣，即认为"交互即为兴趣"或用户评分越高则用户兴趣越高，精准挖掘用户的个人特质。另外，社交网络上用户之间的连接关系都是非常容易获得的[3]，已有研究表明，使用真正的朋友喜欢的而不只是兴趣相似的用户喜欢的产品进行分析可以提升需求预测的性能。因此，融合用户与好友交互的个性化需求预测方法利用社交网络中的好友关系，预测社交链上的口碑传递，有利于缓解数据的稀疏性问题，深度还原用户的兴趣偏好。社交网络中用户存在多种复杂的交互形式，在线社交网络中具有相似兴趣的用户组成了兴趣群体，用户参与群体活动，发表和分享对事物的观点与偏好，并受到群体中其他成员的影响。融合用户与群组交互的个性化需求预测方法，通过结合兴趣社群、互助群组等数据建模用户在社会关系中的完整画像，考虑参与群体中所有成员偏好与兴趣的群组进行个性化需求预测[4-6]。

在深度感知上，语音识别、图像处理、VR 技术的发展拓展了用户的购买交互场景，为用户提供了多渠道的产品感知和交互方式，从而可以建立更加立体化的用户画像预测用户需求。面向会话式的个性化需求预测应用于社交聊天机器人、会话式问答，通过直接与用户对话，交互地向用户询问有关个性和偏好的问题，可以主动感知用户的真实意图，捕捉用户的短期动态偏好，给用户提供更加准确、及时的预测信息。沉浸式交互环境提供了视觉、听觉、味觉、嗅觉、触觉等多感官的购买体验，帮助用户充分感知产品的 3D（3 dimensions，三维）效果。面向沉浸式交互的个性化需求预测借助更细粒度的交互行为、更真实的用户产品特征和深度学习等数据分析技术，捕捉和分析用户的需求，为用户提供个性化的沉浸式购物体验。

在多样性扩展上，如今各大平台纷纷涉足多个领域需求预测场景，打通了用户在不同业务场景下的数据壁垒，研究表明不同平台的用户偏好和物品特征存在相似性和关联性[7]。面向跨域交互行为的个性化需求预测方法综合不同领域的数据进行聚合、迁移，抽象用户偏好以改善目标领域数据稀疏的问题，有助于解决传统推荐中的信息茧房问题，为用户提供了既符合其个性化需求，又具备多样性、新颖性和意外发现的预测结果，提高用户的满意度。

综上所述，针对用户与产品交互行为的变化特点和个性化需求预测的挑战，本书重点关注大数据背景下的个性化需求预测问题，运用数据驱动的研究范式，深度挖掘用户与产品交互行为，并从交互广度、交互深度和交互多样性等方面研究用户个性化需求预测方法。本书详细介绍了围绕各种交互形态的个性化需求预测方法的研究现状、交互行为及算法模型，并给出了应用实例。本书的框架见图 1-1。

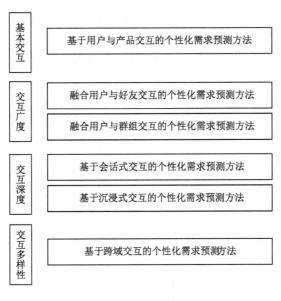

图 1-1 本书框架

1.4 本书的组织安排

本书按照个性化需求预测方法在基本交互、交互深度、交互广度和交互多样性四个方面进行组织，共分为 7 章。

第 1 章为绪论，首先介绍用户与产品交互行为发展趋势和个性化需求预测面临的挑战，其次构建四个维度的个性化需求预测方法框架，最后介绍本书的组织安排。

第 2 章为基于用户与产品交互的个性化需求预测方法，首先介绍了国内外研究现状，其次定义了交互行为和交互数据，再次分别展开讲解了基于增强图学习和基于分层注意力的个性化需求预测方法的模型及效果，最后给出具体应用场景举例。

第 3 章为融合用户与好友交互的个性化需求预测方法，首先介绍了国内外研究现状，其次定义了用户与好友交互行为与数据，再次分别展开讲解了融合好友交互关系和考虑社会化关系强度的深度学习个性化需求预测方法的模型及效果，最后给出具体应用场景举例。

第 4 章为融合用户与群组交互的个性化需求预测方法，首先介绍了国内外研究现状，其次定义了用户与群组交互行为和数据，再次分别展开讲解了基于群偏好反馈排序和群偏好与用户偏好双向增强的模型及效果，最后给出具体应用场景举例。

第 5 章为面向会话式交互的个性化需求预测方法，首先介绍了国内外研究现状，其次定义了会话式交互行为与数据，再次分别展开讲解了面向检索式会话和问答式会话交互的个性化需求预测方法的模型及效果，最后给出具体应用场景举例。

第 6 章为面向沉浸式交互的个性化需求预测方法，首先介绍了国内外研究现状，其次定义了沉浸式交互行为与数据，再次分别展开讲解了增强现实沉浸式交互场景和虚拟现实沉浸式交互场景的个性化需求预测的模型及效果，最后给出具体应用场景举例。

第 7 章为面向跨域交互的个性化需求预测方法，首先介绍了国内外研究现状，其次定义了跨域交互行为与数据，再次分别展开讲解了面向强语义匹配领域和面向弱语义匹配领域的跨域需求预测方法的模型及效果，最后给出具体应用场景举例。

参 考 文 献

[1] Luo X，Zhou M C，Li S，et al. An efficient second-order approach to factorize sparse matrices in recommender systems. IEEE Transactions on Industrial Informatics，2015，11（4）：946-956.

[2] Schein A I，Popescul A，Ungar L H，et al. Methods and metrics for cold-start recommendations. Tampere: The 25th Annual International ACM SIGIR Conference on Research and Development in Information Retrieval，2002.

[3] Boyd D M，Ellison N B.Social network sites: definition，history，and scholarship. Journal of Computer-Mediated Communication，2007，13（1）：210-230.

[4] Liu X J，Tian Y，Ye M，et al. Exploring personal impact for group recommendation. Maui: The 21st ACM International Conference on Information and Knowledge Management，2012.

[5] Yuan Q，Cong G，Lin C Y. COM: a generative model for group recommendation. New York: The 20th ACM SIGKDD International Conference on Knowledge Discovery and Data Mining，2014.

[6] Hu L，Cao J，Xu G D，et al. Deep Modeling of Group Preferences for Group-Based Recommendation. Québec City: AAAI Press，2014.

[7] Zahabi M，Abdul Razak A M.Adaptive virtual reality-based training: a systematic literature review and framework. Virtual Reality，2020，24（4）：725-752.

第 2 章　基于用户与产品交互的个性化需求预测方法

随着互联网的快速发展，越来越多的用户逐渐采用线上方式购买产品，与线下购买方式不同，用户在线上购买过程中会产生很多与产品的交互信息，如浏览历史、购买记录、点赞收藏、评论转发等，通过分析用户与产品的这些交互信息，企业可以更好地对用户进行个性化需求预测，了解用户的购买需求和购买意图，并进行相应的个性化服务，为企业带来更高的经济利润。同时，互联网上的产品多样，信息过载问题使得用户难以快速地找到符合自己兴趣和偏好的商品或信息，这使得个性化推荐系统被广泛开发，并在电商、影视、旅游等领域得到广泛的运用。例如，在 Netflix 上观看的电影有 80%来自网页推荐[1]，60%的视频点击来自 YouTube 的主页推荐[2]。推荐系统的核心组成部分是个性化需求预测算法，随着近年来个性化需求预测算法的大量研究与应用，个性化需求预测算法也在不断地更新与发展，成为众多企业和研究学者关注的热点。基于用户与产品交互的个性化需求预测是最基础、应用最广泛的一种个性化需求预测方法，通过建立用户与产品之间的二元关系来挖掘每个用户潜在感兴趣的产品，实现个性化需求预测的目标。

本章内容主要介绍基于用户与产品交互的个性化需求预测方法，具体内容安排如下：2.1 节从基于协同过滤、基于内容和混合模式三个方面介绍基于用户与产品交互的个性化需求预测方法国内外研究现状。2.2 节介绍用户与产品的交互行为以及交互数据的获取方法。2.3 节介绍基于增强图学习的协同过滤个性化需求预测方法，分别从节点嵌入学习、图结构学习以及增强图优化函数三个方面对模型进行详细介绍。2.4 节介绍了基于分层注意力的个性化需求预测方法，分别从底层注意力网络建模、顶层注意力网络建模以及需求预测三个方面对模型进行详细介绍。2.5 节介绍了基于用户与产品交互的个性化需求预测方法的应用案例及管理启示。

2.1　国内外研究现状

2.1.1　基于协同过滤的个性化需求预测算法

协同过滤算法（collaborative filtering algorithm）最早被 Breese 等[3]提出，也是目前应用最为广泛的个性化需求预测算法。协同过滤算法的核心思想是根据与目标用户兴趣偏好相似的最近邻的偏好来对目标用户进行个性化需求预测，即从用户与产品之间的交互信息中挖掘具有相似兴趣偏好的用户或者具有相似属性特征的产品，然后通过相似用户对目标用户进行个性化需求预测。通常，协同过滤推荐算法[4]可划分为两种：一种是基于内存的协同过滤算法，另一种是基于模型的协同过滤算法。

基于内存的协同过滤算法包括基于用户的协同过滤算法和基于项目的协同过滤算法。基于用户的协同过滤算法的核心思想是通过海量的用户历史行为数据挖掘出他们对产品的偏好程度，并通过计算找到与目标用户历史兴趣偏好相似的邻近用户，预测目标用户对邻近用户所偏好的产品的评分，从而对目标用户进行个性化需求预测。Liu 等[5]提出了 T-LDA（time-decay latent Dirichlet allocation，时间衰减狄利克雷分配）算法，引入了一个时间衰减函数，根据用户关注的时间给出不同的项目权重，并通过主题模型改进协同过滤中的相似度计算。Jain 等[6]提出了 EMUCF（enhanced multistage user-based collaborative filtering，基于用户的增强型多阶段协同过滤）算法，该算法使用了主动学习并分两个阶段预测目标用户的未知评分，同时引入基于 Bhattacharyya 系数的非线性相似算法用于相似性计算，实验表明，该算法在个性化需求预测精度方面取得了较好的成果。基于项目的协同过滤算法的核心思想是通过所有的用户对项目的评价数据，计算各个项目之间的相似度，根据目标用户评过分的项目，预测对某一特定项目的评分，从而对目标用户进行个性化需求预测。Liu 等[7]提出了一种基于图的 ICF（item-based collaborative filtering，基于项目的协同过滤）算法，利用图结构的信息聚合和传播特性来挖掘目标项目和用户的历史交互项目之间的深层关系。Zhang 等[8]提出了 TCIBCF（time-aware and covering-based item-based collaborative filtering，时间感知与覆盖的基于项目的协同过滤）算法，通过时间感知相似度计算和基于覆盖的评分预测，确保更接近目标用户偏好的项目具有更大的覆盖度和更高的权重。

基于模型的协同过滤算法的基本思想是利用数据挖掘或机器学习等方法对用户与产品的交互信息进行建模，从数据集中生成模型，并通过模型对用户进行个性化需求预测。其中，模型的学习过程可以通过使用聚类[9]、贝叶斯网络[10]、矩阵分解[11]等方法完成。Singh 等[12]提出了 ExpGOA-CM 算法，一种基于聚类的协同过滤算法，通过引入 ExpGOA（exponential grasshopper optimisation algorithm，指数蝗虫优化算法）来确定最优相似模式，并在公开的 MovieLens 数据集上进行测试，实验证明，该方法是一种允许大规模数据集场景的个性化需求预测技术。Wu 等[13]提出了一种基于优化的 K-means 算法和用户属性特征的协同过滤算法，基于用户属性特征进行聚类，采用优化的 K-means 算法和新的相似度计算方法，该算法能够有效地解决新用户的冷启动问题。

此外，研究者也对深度学习模型在个性化需求预测中的应用进行了探索，深度学习模型具有强大的特征学习能力，可以从大量未标记的训练数据中学习更有效的特征，从而提高个性化需求预测效果。Yi 等[14]基于深度学习的协同过滤算法提出了 DMF（deep matrix factorization，深度矩阵分解）模型，通过 IFE（implicit feedback embedding，隐式反馈嵌入）将高维稀疏的隐式反馈信息转换为保留主要特征的低维实值向量，使得模型能够有效地集成任何种类的辅助信息。Aljunid 和 Huchaiah[15]提出了 IntegrateCF（integrate collaborative filtering，整合协同过滤）模型，通过 GMFB（generalized matrix factorization bias，广义矩阵分解偏差）算法训练用户-项目隐式耦合交互，使用 CNN（convolutional neural network，卷积神经网络）学习帧内耦合，通过结合显式和隐式耦合交互，有效提高了个性化需求预测精度。Zheng 等[16]提出了 DeepCoNN（deep cooperative neural networks，深度协作神经网络）模型，利用两个耦合的神经网络学习用户和产品的潜在特征，将 FM（factorization machines，因子分解机）模型与 CNN 相结合，提高模型的评级预测精度。

2.1.2　基于内容的个性化需求预测算法

基于内容的个性化需求预测算法的基本思想是根据用户的历史行为数据信息来预测用户感兴趣的产品，从而向用户推荐与其感兴趣的产品内容最相似的目标产品，其主要适用于处理文本特征，如网页/新闻网页[17]、文献论文[18]等。与协同过滤不同，基于内容的个性化需求预测算法中每个用户都是独立的，不通过邻近用户的数据进行目标用户的个性化需求预测。基于内容的个性化需求预测算法能很好地缓解冷启动问题以及评分稀疏性问题，然而，文本特征通常存在很多噪声，基于内容的个性化需求算法需要合理地处理文本以降低噪声。

Wang 等[19]提出使用 TF-IDF（term frequency-inverse document frequency，词频-反向文档频率）算法应用于页面内容的有限描述，以提取页面的关键字，然后利用基于提取的关键字的关联规则进一步进行需求预测及推荐。Goossen 等[20]提出 CF-IDF（concept frequency-inverse document frequency，概念频率-反向文档频率）算法，将 TF-IDF 算法与领域本体的语义相结合，利用余弦相似度作为相似度计算方法，显著提高了个性化需求预测的精度。Dat 等[21]提出了一种基于 GMM（Gaussian mixture model，高斯混合模型）的基于内容的个性化需求预测模型，使用 GFF（Gaussian filter function，高斯滤波函数）作为相似度计算方法，提高概率推荐问题的准确性。Ali Masood 等[22]提出了 MFS-LDA（multi-feature space latent Dirichlet allocation，多特征空间潜在狄利克雷分配）模型，独立地考虑了标题、文本内容等多特征空间，并建立了不同特征空间之间的依赖关系，有效缓解了特征空间的数据丢失问题。Ahmad Albatayneh 等[23]提出了 Discriminate2Rec 模型，根据项目属性对用户时间偏好的影响来区分项目属性，显著提高了时间和语义属性间的一致性，通过三阶段偏好学习实现更准确的个性化需求预测。Guo 和 Kraines[24]提出一种基于语义图的基于内容的个性化需求预测算法，使用语义图来表示项目，使用 IGF（inverse graph frequency，反图频率）算法进行语义图的相似度计算。Shu 等[25]提出了 CBCNN 模型，将基于内容的个性化需求预测算法与 CNN 相结合，使用 CNN 来预测多媒体资源信息文本中的潜在因素。

2.1.3　基于混合模式的个性化需求预测算法

混合算法是为解决单一的个性化需求预测算法所存在的问题而提出的，如协同过滤算法存在着新用户的冷启动问题、基于内容的个性化需求预测算法不适用于多媒体资源等，而混合算法可以将单个或多个算法通过某种方法进行融合以达到取长补短的效果，从而提高个性化需求预测的精度。

Afoudi 等[26]提出了一种无监督学习领域的混合模型框架，将协同过滤算法、基于内容的个性化需求预测算法和自组织映射神经网络技术相结合，与传统的协同过滤算法相比，模型个性化需求预测的性能大大提升。Guo 和 Deng[27]提出一种级联型混合算法，先通过基于内容的算法对系统中没有被用户评价过的物品进行评分估计，再在此基础上使用协同过滤算法得出个性化需求预测结果，设置两个细粒度参数来保证预测的准确性，该算法有效缓解了协同过滤算法中存在的项目冷启动问题。Aljunid 和 Huchaiah[28]提出了一种基于协同过滤的混合推荐模型，将基于用户的协同过滤算法、基于项目的协同过滤算法和 Γ 线性回归模型相结合，以改善用户-项目评级矩阵的稀疏性问题，并基于不同的相似性度量给出准确的个性化需求预测。Yoshii 等[29]提出了一种适用于音乐领域的混合个性化需求预测算法，融合了协同过滤和基于内容的个性化需求预测算法，通过贝叶斯网络来整合评级和内容数据，不可观察的用户偏好通过引入统计估计的潜在变量直接表示，在 Amazon 收集的数据集上取得了良好的个性化需求预测效果。Wang 等[30]提出了一种同时利用项目标签信息、项目内容、项目间关系的 CTR-SR（collaborative topic regression with social regularization，基于社交正则化的协同主题回归）模型，不仅利用了内容信息，还使用了协同过滤的思想，进一步提高了模型的个性化需求预测性能。Zhao 等[31]提出 DE-ConvMF 模型，在 ConvMF（convolutional matrix factorization，卷积矩阵分解）中具有双重嵌入层，更加关注项目的侧信息，使用 SDAE（stack donising auto encoder，栈式降噪自编码器）处理用户侧信息（年龄、性别、职业），通过用户评分和标签来提高预测分数的准确性。Xu 和 Zhu[32]提出了一种基于用户兴趣和矩阵分解的混合个性化需求预测算法，通过时间窗口区分用户的兴趣，得到用户兴趣的分布，并将其集成到矩阵分解中，以探索更多用户兴趣与偏好，通过自动标记用户的方式，为后续研究用户兴趣的动态演变或网站功能的扩展提供更多选择。

2.2　用户与产品交互行为及交互数据获取

2.2.1　用户与产品的交互行为

基于用户与产品交互的个性化需求预测算法往往依赖于不同的用户反馈机制，根据用户对产品的喜好，用户反馈行为主要分为正反馈和负反馈。正反馈是指用户的行为倾向于表示用户喜欢该产品，而负反馈是指用户的行为倾向于表示用户不喜欢该产品。

根据用户反馈行为能否直接表明用户对产品的喜好，可以将用户反馈行为分为显式反馈（explicit feedback）和隐式反馈（implicit feedback）[33]。显式反馈行为是指用户的行为能够明确表示自己对产品的喜好，隐式反馈行为是指用户的行为不能够明确表示自己对产品的喜好。在不同的社交平台，用户的显式反馈和隐式反馈行为可能不同，表 2-1 列举了部分的用户与产品交互行为，对于用户与实物产品的交互行为，显式反馈主要包括购买、收藏/不感兴趣、分享、评论等，隐式反馈主要包括浏览时长、进店逛逛、点击商品详情等；对于用户与虚拟产品的交互行为，显式反馈主要包括点赞、收藏/拉黑、转发、评论等，隐式反馈主要为浏览观看、搜索点击等。

表 2-1　用户与产品的交互行为

产品类型	平台举例	用户与产品的交互行为	
		显式反馈	隐式反馈
实物产品	淘宝	立即购买、加入购物车、分享、收藏/不感兴趣/投诉、评价	浏览时长、点击商品详情
	拼多多	去拼单、单独购买、收藏/投诉、评论、分享	进店逛逛、点击更多信息
虚拟产品	豆瓣电影	评分、分享、选座购票、影评、有用/没用、想看	浏览页面、搜索点击
	抖音	点亮小红心、评论、收藏/拉黑、转发	浏览观看、搜索点击

显式反馈与隐式反馈的主要特征如表 2-2 所示，显式反馈能够明确表达用户的兴趣偏好，可以在个性化需求预测任务中减少数据预处理工作，因此显式反馈广泛应用于个性化需求预测领域的研究中[14]。高质量的显式反馈数据能够显著提高个性化需求预测任务的精度，如 Netflix 上收集的电影星级评分数据。但是，显

式反馈数据大多存在着数据量小且并不总是能够获得的缺点，大量的用户反馈行为依然是隐式反馈，因此个性化需求预测任务需要从隐式反馈数据中挖掘用户的兴趣偏好。

表 2-2　显式反馈与隐式反馈的主要特征

特征	显式反馈	隐式反馈
准确度	高	低
获取难度	困难	容易
数据噪声	较易识别	较难识别
丰富度	低	高

2.2.2　用户与产品交互数据的获取

在互联网环境下，各大媒体平台（如 YouTube、TikTok 等）每天都会产生大量的用户与产品交互数据，这些用户与产品的交互数据是进行个性化需求预测任务的关键要素，具有着体量大、类型多、应用价值高等主要特征。通过对交互数据的挖掘能够更好地了解用户的需求，企业可以进行用户的个性化需求预测以及产品推荐，从而提高用户体验感，增强用户黏性，对企业的可持续发展有着重要意义。

在企业数据分析系统中，目前的用户与产品交互数据集主要分为内部数据和外部数据。内部数据是指企业主营业务在生产过程中收集、加工整理的内部运营数据，外部数据是指企业以外产生的、与企业密切相关的数据，是由第三方收集、整理和加工的二手数据。这两类数据为以数据为驱动的用户个性化需求预测任务提供了数据支持，内部数据具体、灵活、获取速度快，能够帮助企业管理者实时了解、捕捉用户的需求变化，为用户制定个性化服务，但是数据库需要定期维护，成本较大；外部数据获取更加便捷，可以帮助企业了解市场、行业的发展趋势，有效防止企业在社会化高速发展的浪潮下倒退，但是存在着与第三方沟通成本高、数据获取不及时等问题。

因此，如何高效获取并融合满足企业需求的用户与产品交互数据是帮助企业进行用户的个性化需求预测和实现可持续性发展的首要问题。

1. 数据集成方法

近年来随着各行业/企业信息化程度的不断提高，企业的数据量呈现爆炸式增长的趋势，企业的内部数据是大数据分析用户个性化需求的一个主要来源，这些信息为企业的经营管理创造了巨大效益。

　　但是从现状来看，多数企业并没有充分利用其内部数据，将用户与产品交互数据的现实管理价值最大化，一方面很多企业的基础数据做得并不规范，另一方面对于能够使企业内部数据价值融合且呈现的产品方案还不是很成熟。同时，企业的数据化建设过程中遇到了一些必须解决的问题，主要表现为数据分散、各部门之间的数据存在着"数据孤岛"现象，因为不同功能的部门各自独立，使用不同类型的信息管理系统，各自存储数据，这导致企业内部的数据无法共通，像一个个孤岛一样缺乏关联性。

　　因此，企业的内部数据集成方法在利用大数据进行用户个性化需求分析和企业管理方面就显得尤为重要。数据集成的目的是实现不同系统的数据交流与共享，其特点是简单、低成本、易于实施，但需要对系统内部业务进行深入了解。企业的内部数据集成方法是将数据标识并编成目录，确定元数据模型，在建立统一的模型后，内部数据才能在数据库系统中分布和共享。企业的内部数据集成方法采用的主要数据处理技术有数据复制、数据聚合和接口集成等。

　　对于新公司而言，为了实现内部数据集成，企业可以建立数据管理部门，制定相应的数据规范，衔接和统一所有部门的数据，打破系统间的孤立状态。对于已经储备大量用户产品交互数据的企业而言，需要数据管理部门定期从各部门提供的 API（application programming interface，应用程序接口）中获取数据并进行数据整合，为企业利用全面的数据进行用户个性化需求预测和商务管理提供数据基础。

2. 企业外部数据集成方法

1）公开数据集

　　在个性化需求预测研究领域，有着许多公开的数据集以推动研究的发展，这也是最便捷的用户与产品交互数据的获取方式，目前最常见的公开数据集有 MovieLens 数据集、CiteULike-a 数据集、Pinterest 数据集等，对公开数据集的具体介绍见表 2-3。

表 2-3　部分公开数据集介绍

数据集	介绍	数据项
MovieLens（1M、10M、20M）	电影评分数据集	用户-电影评分关系 电影的标题和类别 用户对电影的标签化评价
CiteULike-a	文献评分数据集	用户-论文评分关系 论文的摘要、标题和论文标签之间的引用关系
Pinterest	图片社交数据集	用户历史关注的图片的标签作为用户特征 图片本身即图片特征

2）基于开放 API 的数据获取方法

为了吸引各类第三方开发平台，许多企业（如淘宝、腾讯等）都推出了开放平台，为独立的第三方开放 API，第三方在通过开放授权标准（即身份认证）后可以利用企业的用户与产品交互数据进行个性化需求预测任务研究，从而实现开放共享、互利共赢的效果。API 封装有特定功能的函数，用户通过 API 调用可以精确获取所需要的数据，API 支持普通接口、JSON、XML、RESTful 等各种接口的数据的调用，具体的 API 调用原理如图 2-1 所示。

通过开放 API 获取用户与产品交互数据的方式灵活便捷、反应速度快，且获取到的数据结构清晰、准确可靠，大大减少了研究者在个性化需求预测任务中的数据预处理工作。但是，利用开放 API 获取交互数据存在着权限限制问题，超过规定的调用次数就会存在着被警告并封锁 IP 地址的风险，无法满足用户连续抓取海量数据的需求。

3）基于网络爬虫的数据获取方法

网络爬虫是实现网页用户与产品交互数据获取的一般方法，也是互联网数据获取的主要途径。网络爬虫是一种按照一定的规则，自动地抓取网页信息的程序或者脚本，其基本原理为：首先发起请求（发送一个 request），使用 HTTP（hypertext transfer protocol，超文本传送协议）库向需要的数据所在的网站发起请求；其次获取响应内容，如果服务器能正常响应，则得到一个返回数据；再次解析返回数据，通过第三方解析返回的数据，从中获取所需要的部分；最后保存数据，将提取到的有用数据保存到本地。在网络爬虫系统中，抓取策略决定了抓取信息网页的顺序，常用的抓取策略有深度优先策略、广度优先策略以及混合最优策略。深度优先策略是指网络爬虫从起始页开始，按照链接顺序逐级跟踪下去，直到不能再深入为止，在完成一个爬行分支后返回到上一链接节点进一步搜索其他链接，所有链接遍历完后爬行任务结束。广度优先策略是指按照网页内容目录层次深浅来爬行页面，处于较浅目录层次的页面首先被爬行，同一层次中的页面爬行完毕后，爬虫再深入下一层继续爬行，所有链接遍历完后爬行任务结束。

与基于开放 API 的数据获取方法相比，基于网络爬虫的数据获取方法能够解决用户反复调用 API 带来的数据量限制等问题，能够获得较大的数据集，但是这种数据获取方法的效率较低，后续对获取到的数据的预处理工作也相对繁杂。

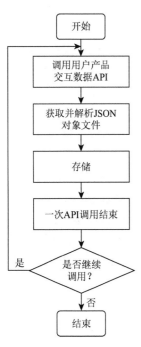

图 2-1　API 调用原理

2.3　基于增强图学习的协同过滤个性化需求预测方法

随着互联网和社交网络的快速发展，个性化需求预测技术不断进步，以帮助用户高效地做出符合自己偏好和需求的决策。在大多数个性化需求预测场景中，用户通常通过隐式反馈来表达他们的偏好，而不是明确的评分。在普遍存在的基于隐式反馈的协同过滤中，用户未观察到的行为被视为用户-项目二部图中的非连接。简单地将所有隐式反馈视为用户-项目二部图中没有连接的负边，忽略了真负行为和假负行为之间的差异，这种默认的固定图结构明显有噪声，缺少假负交互，会导致性能次优，特别是当用户有稀疏的交互记录时更显著。

为了解决上述问题，本节提出一种通过交互信息最大化实现协同过滤的增强图学习网络（enhanced graph learning network，EGLN）模型，让增强图学习模块和节点嵌入学习模块，在不输入任何特征的情况下相互迭代学习，同时设计一个增强图优化函数来捕获增强图学习过程中的全局属性，构建增强图的局部-全局一致性，以提供更好的增强图结构学习和节点嵌入学习。

2.3.1　问题定义

在基于协同过滤的个性化需求预测系统中，有两种数据集：用户集 $U(|U|=M)$ 和项目集 $V(|V|=N)$。考虑到隐式反馈在大多数个性化需求预测场景中更为常见，本节使用交互矩阵 $R \in \mathbb{R}^{M \times N}$ 表示用户-项目的交互，如果用户 a 与项目 i 交互，则 $r_{ai}=1$，反之 $r_{ai}=0$。给定交互矩阵 R，大多数神经图个性化需求预测模型将用户-项目二部图定义为：$\mathcal{G}=\{U \cup V, A\}$，其中邻接矩阵为非加权矩阵，定义如下：

$$A=\begin{bmatrix} 0^{M \times M} & R \\ R^T & 0^{N \times N} \end{bmatrix} \tag{2-1}$$

在基于隐式反馈的协同过滤中，固定图结构将所有未被观察到的行为与消极和未知的积极偏好作为固定图结构上的缺失链接，有噪声，缺少假负交互，会导致模型整体性能次优。因此，我们认为相比在协同过滤中采用固定的用户-项目图结构进行节点嵌入学习，研究更需要学习增强的用户-项目图结构。本节将增强图结构表示为 $\mathcal{G}^E=\{U \cup V, A^E\}$，其中，$A^E=A+A^R$，$A^R \in \mathbb{R}^{(M+N) \times (M+N)}$ 表示需要学习的残差非负边权矩阵。我们使用残差图学习结构作为原始用户-项目二部图中所有现有的边，表示用户的积极偏好。通过使用残差图结构，修正后的图结构被隐藏在未观察到的行为中的未知积极偏好增强。

我们的目标是找到一个具有边权值矩阵 A^R 的更好的残差图，从而更好地进行用户-项目的节点嵌入学习，以提高协同过滤个性化预测的性能。

2.3.2 模型构建

本节提出的 EGLN 模型的整体框架如图 2-2 所示，由增强图学习模块和节点嵌入学习模块组成。这两个模块并不是孤立的，而是密切相关的。一方面，增强图学习模块需要依赖于当前学习到的用户和项目嵌入，以找到可能的 A^E 链接。由于我们可以根据学习到的用户和项目嵌入来预测用户的偏好，因此可能的未知残差链路矩阵 A^R 可以表示为 $A^R = \mathrm{GL}(P,Q,U,V)$，其中 GL 是基于图的协同过滤模块输出的图学习模块。另一方面，得到增强图结构后，模型可以找到更好的用户和项目嵌入，即 $[P,Q,U,V] = \mathrm{GCF}(A+A^R)$。

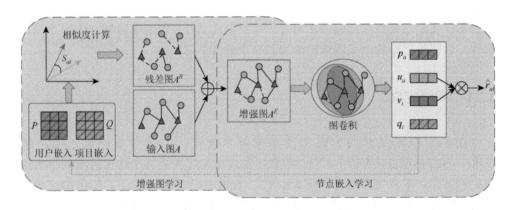

图 2-2 EGLN 模型整体框架

1. 通过学习过的嵌入进行增强图学习

给定从之前的基于图的协同过滤模型中学习到的节点嵌入为：$[P,Q,U,V] = \mathrm{GCF}(A+A^R)$，由于残差图的结构也是一个用户-项目二部图，因此其权重矩阵 A^R 可以被定义为

$$A^R = \begin{bmatrix} 0^{M \times M} & S \\ S^T & 0^{N \times N} \end{bmatrix} \tag{2-2}$$

其中，$S \in \mathbb{R}^{M \times N}$ 表示需要学习的残差用户-项目偏好矩阵，计算用户-项目相似度矩阵 S 可以被定义为

$$s_{ai} = \sigma\left(\frac{p_a \times W_1, q_i \times W_2}{|p_a \times W_1| \|q_i \times W_2|} \right) \tag{2-3}$$

其中，$\sigma(x)$ 表示将计算出的相似度转换为范围（0，1）的一个 sigmoid 函数；W_1 和 W_2 表示两个将用户/项目从自由潜在空间映射到相似空间的可训练矩阵；"，" 表示向量的内积操作。

通过式（2-3）学习到的相似度矩阵 S 是密集的，难以用于图的卷积，因此，我们对学习到的相似矩阵进行稀疏化以便进行残差图构造，本节采用阈值拦截的方式，它可以灵活地控制学习图的边缘。对于每个用户，我们保留具有 top-K 计算相似性的边，稀疏相似矩阵计算公式如下：

$$s_{ai} = \begin{cases} s_{ai}, & s_{ai} \in \text{topK}(s_a) \\ 0, & s_{ai} \notin \text{topK}(s_a) \end{cases} \tag{2-4}$$

其中，$s_a = [s_{a1}, s_{a2}, \cdots, s_{aN}]$ 表示基于式（2-3）每个用户学习到的相似度向量。

原始图中的边权值 A 等于 1，但在具有权值矩阵 A^E 的增强图中有所变化。原因是学习到的残差图有两种边：一种是已经出现在原始图中的旧边，另一种是与原始图相比新添加的边。因此，在具有残差图结构的增强图中，旧边的权重值大于 1，而新边的权重值小于 1，这表明增强图可以同时添加缺失的边并重新加权现有边的权重。

2. 通过增强图结构进行嵌入学习

给定了具有权值矩阵的增强图结构 A^E，节点嵌入学习模块学习更好的用户和项目嵌入，即 $[P, Q, U, V] = \text{GCF}(A + A^R)$。GCN$s$ 表示学习中最先进的技术，它将局部图结构编码为节点表示。因此，模型使用 GCN 作为编码器，将增强图 $\mathcal{G}^E$ 输入编码器以生成节点表示。

一般来说，给定初始的用户/项目嵌入矩阵 $P^0 = P$，$Q^0 = Q$，增强图权值矩阵 A^E 和预定义的嵌入传播深度 K，图卷积编码器输出最终用户嵌入矩阵 U 和最终项嵌入矩阵 V。在第（$k+1$）层，每个用户和项目的嵌入都通过邻近嵌入的聚合来更新，具体公式如下：

$$p_a^{k+1} = \text{AGG}\left(p_a^k, \left\{q_j^k : j \in A_a^E\right\}\right) \tag{2-5}$$

$$q_i^{k+1} = \text{AGG}\left(q_i^k, \left\{p_b^k : b \in A_{(M+i)}^E\right\}\right) \tag{2-6}$$

其中，$A_a^E = \left\{j | A_{aj}^E > 0\right\} \subseteq V$ 表示用户 a 链接到的项目集；$A_{(M+i)}^E = \left\{b | A_{(M+i)b}^E > 0\right\} \subseteq U$ 表示项目 i 链接到的用户集；AGG( ) 表示聚合操作，可以通过连接、加权和基于神经网络的聚合等众多可选功能来实现。

在基于图的协同过滤中，非线性激活和特征转换是不必要的，将会带来不必要的复杂性。因此，本节在图卷积编码器中只使用邻近聚合，其具体公式如下：

$$p_a^{k+1} = p_a^k + \frac{1}{\sum_{j=0}^{M+N-1} A_{aj}^E} \sum_{j \in A_a^E} A_{aj}^E q_j^k \tag{2-7}$$

$$q_i^{k+1} = q_i^k + \frac{1}{\sum_{b=0}^{M+N-1} A_{(M+i)b}^E} \sum_{b \in A_{M+i}^E} A_{(M+i)b}^E p_b^k \tag{2-8}$$

给定预定义的嵌入传播深度K，我们可以得到最终的用户嵌入矩阵$U = P^K$和最终项目嵌入矩阵$V = Q^K$。然后，用户a对项目i的偏好可以预测如下：

$$\hat{r}_{ai} = u_a, v_i \tag{2-9}$$

为了更清晰地说明嵌入的传播过程，便于批处理的实现，本节将等式（2-7）和等式（2-8）以矩阵形式表示。设矩阵P^K和矩阵Q^K表示第k次传播后的用户和项目的嵌入矩阵，则在$(k+1)$次传播上的嵌入矩阵的公式具体如下：

$$\begin{bmatrix} P^{k+1} \\ Q^{k+1} \end{bmatrix} = \left(\begin{bmatrix} P^k \\ Q^k \end{bmatrix} + D^{-1} A^E \times \begin{bmatrix} P^k \\ Q^k \end{bmatrix} \right) \tag{2-10}$$

其中，$k = 0, 1, 2, \cdots, K-1$（K为预定义的传播深度）；D表示权值矩阵的增强图结构A^E的次数矩阵。

3. 基于交互信息最大化的 EGLN 模型优化

给定学习到的残差图结构A^R，基于局部图学习的损失函数的具体公式如下：

$$\arg \min_{\Theta_G} \mathcal{L}_s = \left\| A - A^R \right\|_F^2 \tag{2-11}$$

其中，$\Theta_G = [P, Q, W_1, W_2]$是图学习的参数，这种边缘约束只学习了单个链接的相关性，而不能捕获全局图的属性。

通过局部-全局一致性学习来引入全局图的属性，给定增强图$\mathcal{G}^E = \{U \cup V, A^E\}$，对于每个边缘$(u_a, v_i)$，我们将以用户-项目对为中心的子图总结为局部表示，使用节点嵌入学习模块输出的最终用户和项目嵌入作为局部表示，其具体公式如下：

$$h_{ai} = [\sigma(u_a), \sigma(v_i)] \tag{2-12}$$

在获得局部表示之后，我们的目标是寻找全局表示来捕获整个图的信息，采用一个 readout 函数得到全局表示g，具体公式如下：

$$\mathbb{R}^{Z \times 2D} \rightarrow \mathbb{R}^{2D} \tag{2-13}$$

其中，Z表示增强型图$\mathcal{G}^E$上的边数，其具体的计算公式如下：

$$Z = \sum_0^{M-1} \sum_{i=M}^{M+N-1} \text{sign}(A_{ai}^E) \tag{2-14}$$

$$g = \sum_{[a,i] \in \mathcal{G}^E} \frac{h_{ai}}{Z} \tag{2-15}$$

其中，$\text{sign}(x)$ 表示逻辑函数，若 $x > 0$，则 $\text{sign}(x) = 1$，若 $x = 0$，则 $\text{sign}(x) = 0$，若 $x < 0$，则 $\text{sign}(x) = -1$。

在得到局部表示和全局表示之后，模型将最大化它们之间的交互信息来保持局部-全局之间的一致性。我们使用鉴别器 $\mathcal{D}$ 来计算分数，并分配给一个具有双线性映射函数的<局部、全局>对，具体计算公式如下：

$$\mathcal{D}(h, g) = h^{\mathrm{T}} W_d g \qquad (2\text{-}16)$$

其中，$W_d \in \mathbb{R}^{2D \times 2D}$ 表示一个变换权值矩阵；向量 h 表示增强图 $\mathcal{G}^E$ 上任何边的局部表示，将局部表示 h 和全局表示 g 结合起来，作为鉴别器 $\mathcal{D}$ 的正样本 $[h, g]$。

为了对鉴别器 $\mathcal{D}$ 进行对比学习，模型需要负样本来进行鉴别器优化。设 F 表示图 $\mathcal{G}^E$ 的节点嵌入矩阵，则 $\mathcal{G}^E$ 可以描述为 (A^E, F)，并通过数据增强实现了三种负抽样 $[\tilde{h}, g]$。

（1）伪边缘。给定增强图 (A^E, F)，随机抽取一条伪边缘 (u_a, v_i)，其中，$A_{aj}^E = 0$，并将伪边缘的局部表示 $\tilde{h}$ 和全局表示 g 组合为一个负样本。

（2）特征选择。通过随机打乱一定百分比的特征来生成一个损坏的图 $(A^E, \tilde{F})$，通过将 $(A^E, \tilde{F})$ 的局部表示 $\tilde{h}$ 和 (A^E, F) 的全局表示 g 配对组合为负样本。

（3）结构化扰动。通过随机添加或删除一定比例的边来生成一个损坏的图 $(\tilde{A}^E, F)$，通过将 $(\tilde{A}^E, F)$ 的局部表示 $\tilde{h}$ 和 (A^E, F) 的全局表示 g 合并组合为负样本。

获得正负样本后，正样本用 1 标记，负样本用 0 标记。局部-全局一致性交互信息最大化需要正确区分正、负样本的局部-全局对，模型使用二值交叉熵损失函数作为 $\mathcal{L}_d$，具体公式如下：

$$\arg\min_{\Theta_D} \mathcal{L}_d = -\sum_{z=0}^{Z-1} \frac{\log \mathcal{D}(h, g) + \left(1 - \log \mathcal{D}(\tilde{h}, g)\right)}{Z} \qquad (2\text{-}17)$$

其中，$\Theta_D = W_d$ 表示鉴别器参数。

4. 模型训练

本节采用 BPR（Bayesian personalized ranking，贝叶斯个性化排序）损失进行评分预测，它假设观察到的项目预测值应该高于那些未观察到的项目预测值，其目标函数具体如下：

$$\arg\min_{\Theta_G} \mathcal{L}_r = \sum_{a=0}^{M-1} \sum_{(i, j) \in D_a} -\ln \sigma\left(\hat{r}_{ai} - \hat{r}_{aj}\right) + \lambda P^2 + \lambda Q^2 \qquad (2\text{-}18)$$

其中，$\sigma(x)$ 表示一个 sigmoid 函数；$\Theta_G = [P, Q, W_1, W_2]$ 表示图学习参数；λ 表示正

则项系数；$D_a = \{(i,j) \mid i \in R_a \land j \notin R_a\}$ 表示用户 a 的成对训练数据；R_a 表示与用户 a 已经交互过的项目集。

给定评分损失函数 $\mathcal{L}_r$（2-18）、基于局部图学习的损失函数 $\mathcal{L}_s$（2-11）和基于全局图学习的损失函数 $\mathcal{L}_d$（2-17），本节将三种损失函数合并为最终的优化目标，分别设置了两个参数 α 和 β 来平衡这三个损失函数，总体目标函数具体如下：

$$\arg\min_{\Theta} \mathcal{L} = \mathcal{L}_r + \alpha \mathcal{L}_s + \beta \mathcal{L}_d \qquad (2\text{-}19)$$

其中，$\Theta = [\Theta_G, \Theta_D]$ 表示最终目标函数中的所有参数。

2.3.3　性能评测

1. 数据集

为了验证本节提出的 EGLN 模型，我们在三个公共数据集上进行了实验：MovieLens-1M 数据集、Amazon-Video Games 数据集和 Pinterest 数据集。在实验之前，我们对数据集进行了相应的预处理。对于 MovieLens-1M 数据集，我们将用户的显式评级转化为隐式反馈，其中只有当评级等于 5 时，每个条目才被视为 1。对于 Amazon-Video Games 数据集，每个用户至少有 5 条记录。对于 Pinterest 数据集，每个用户至少有 20 条记录。

经过数据预处理后，我们将历史交互数据随机分成一定比例的训练集、验证集和测试集，MovieLens-1M 数据集的数据划分方式为：训练集：验证集：测试集 = 1：7：2，Amazon-Video Games 数据集和 Pinterest 数据集的数据划分方式为：训练集：验证集：测试集 = 8：1：1。

2. 基线与评估指标

1）基线设置

为了检验 EGLN 模型的性能，我们设置了许多基线进行对比试验，具体分为三种类型：第一种是经典的基于矩阵分解的个性化需求预测算法 BPR[34]；第二种是基于神经图的协同过滤算法，具有固定的图结构，包括 NGCF（neural graph collaborative filtering，神经图协同过滤）[35]、BiGI（bipartite graph embedding via mutual information maximization，互信息最大化的二部图嵌入）[36]、LR-GCCF（linear residual graph convolutional collaborative filtering，线性残差图卷积协同过滤）[37]和 LightGCN（light graph convolutional network，轻量级图卷积网络）[38]；第三种是基于图学习的算法，包括 GAT（graph attention network，图注意力网络）[39]、DropEdge（dropout edge，边缘丢弃）[40]和 GLCN（graph learning convolutional network，图学习卷积网络）[41]。

2）评估指标

在实验评估指标方面，我们采用了两个广泛使用的排名指标：HR（hit rate，命中率）和 NDCG（normalized discounted cumulative gain，归一化折损累计增益）。HR 是指测试数据中用户喜欢的 top-N 列表中成功预测项目的比例。NDCG 是用来衡量排序质量的指标，高关联度的项目排序越靠前，NDCG 值越大。为了减少负抽样造成的随机性，我们为每个用户选择所有未评分的项目作为负样本，并将它们与用户在排名过程中喜欢的正项目相结合。对于每个模型，我们重复实验 10 次，并计算平均值作为最后的实验结果。

3. 实验结果分析

1）模型整体性能分析

我们将本节提出的 EGLN 模型在 MovieLens-1M 数据集、Amazon-Video Games 数据集和 Pinterest 数据集上与其他基线模型进行对比，具体实验结果数据如表 2-4、表 2-5 和表 2-6 所示（其中加粗数据表示本节提出的模型性能结果）。通过实验结果分析，我们可以得出以下几点结论。

（1）所有基于图的协同过滤模型（NGCF、BiGI、LR-GCCF 和 LightGCN）都优于 BPR，因为它们用高阶图结构信息编码用户-项目的嵌入，这大大缓解了交互数据的稀疏性问题。NGCF 通过注入邻居嵌入来进行节点表示学习而改进了 BPR。通过利用二部图的全局性质，BiGI 始终优于 NGCF，这证明了在基于图的协同过滤模型中最大化局部-全局图表示的有效性。通过设计残差偏好预测和线性嵌入传播，LR-GCCF 相比 NGCF 有了改进。LightGCN 是最好的基线，它消除了 GCN 中多余的成分——非线性激活和特征转换。

（2）对于所有基于图学习的模型，我们与 LightGCN 进行比较：GAT 在个性化需求预测任务上的性能并不优于 LightGCN，可能的原因是用户-项目二部图过于稀疏，不适合注意力权值学习；DropEdge 也比 LightGCN 性能差，因为所有观察到的交互作用都是模型优化的强正信号，而下降边在个性化需求预测场景中是无效的；GLCN 在这些基于图学习的模型中取得了最好的性能，然而该方法只进行一次图学习，并不能捕捉到更好的图结构。

（3）与所有的基线相比，我们提出的 EGLN 模型在三个数据集上始终表现出最好的性能，详细的改进率因不同的数据集而不同，但总体趋势是相同的。与具有固定图结构的基于图的协同过滤模型相比，EGLN 捕获了图上的假负边，并对输入图进行了修正，以更好地服务于协同过滤。与 GAT 相比，EGLN 用学习到的残差图重新加权边的权值，通过捕获丢失的边而不是随机删除的边来修改图结构。与 GLCN 相比，EGLN 通过迭代执行残差图学习和节点嵌入学习模块来捕捉更好的图结构。

表 2-4　在 MovieLens-1M 数据集上的对比实验结果

模型	HR@k			NDCG@k		
	$k = 10$	$k = 20$	$k = 30$	$k = 10$	$k = 20$	$k = 30$
BPR	0.200 61	0.289 40	0.354 69	0.155 21	0.185 67	0.205 59
NGCF	0.210 55	0.301 07	0.365 03	0.162 07	0.192 93	0.212 59
BiGI	0.212 25	0.299 36	0.367 08	0.164 83	0.194 35	0.214 77
LR-GCCF	0.211 60	0.298 88	0.362 90	0.165 95	0.195 75	0.215 69
LightGCN	0.223 81	0.313 22	0.379 71	0.174 39	0.205 11	0.225 63
GAT	0.218 13	0.311 48	0.378 18	0.167 77	0.199 55	0.220 21
DropEdge	0.216 60	0.307 35	0.377 85	0.166 09	0.197 25	0.218 87
GLCN	0.219 89	0.313 01	0.380 25	0.170 80	0.202 46	0.223 14
EGLN	**0.229 61**	**0.316 80**	**0.383 35**	**0.178 42**	**0.208 34**	**0.228 57**

表 2-5　在 Amazon-Video Games 数据集上的对比实验结果

模型	HR@k			NDCG@k		
	$k = 10$	$k = 20$	$k = 30$	$k = 10$	$k = 20$	$k = 30$
BPR	0.067 58	0.102 08	0.127 41	0.038 15	0.047 44	0.053 19
NGCF	0.082 68	0.125 75	0.156 80	0.046 80	0.058 39	0.065 44
BiGI	0.086 44	0.128 71	0.162 13	0.049 30	0.060 62	0.068 20
LR-GCCF	0.087 16	0.131 27	0.163 83	0.050 18	0.061 95	0.069 36
LightGCN	0.093 16	0.137 83	0.171 45	0.052 84	0.064 78	0.072 42
GAT	0.088 43	0.130 70	0.162 54	0.050 09	0.061 42	0.068 67
DropEdge	0.083 94	0.124 17	0.154 92	0.047 42	0.058 25	0.065 25
GLCN	0.090 69	0.135 46	0.168 45	0.052 11	0.064 10	0.071 57
EGLN	**0.097 54**	**0.142 89**	**0.176 33**	**0.055 67**	**0.067 81**	**0.075 44**

表 2-6　在 Pinterest 数据集上的对比实验结果

模型	HR@k			NDCG@k		
	$k = 10$	$k = 20$	$k = 30$	$k = 10$	$k = 20$	$k = 30$
BPR	0.083 23	0.138 79	0.183 11	0.058 74	0.078 54	0.091 91
NGCF	0.083 99	0.139 08	0.183 35	0.059 66	0.079 29	0.092 63
BiGI	0.084 71	0.140 04	0.185 63	0.060 26	0.079 97	0.093 73
LR-GCCF	0.085 66	0.140 85	0.186 16	0.061 04	0.080 65	0.094 03
LightGCN	0.091 60	0.150 33	0.197 75	0.065 90	0.086 80	0.101 12
GAT	0.089 53	0.148 07	0.195 92	0.062 87	0.083 68	0.098 13
DropEdge	0.092 03	0.151 68	0.200 27	0.064 84	0.086 07	0.100 73

续表

模型	HR@k			NDCG@k		
	$k = 10$	$k = 20$	$k = 30$	$k = 10$	$k = 20$	$k = 30$
GLCN	0.093 66	0.154 09	0.203 23	0.065 73	0.087 24	0.102 05
EGLN	**0.094 68**	**0.155 37**	**0.203 93**	**0.067 56**	**0.089 14**	**0.103 81**

2）消融实验分析

为了更好地评估本节提出的 EGLN 模型，我们对模型进行了消融实验分析，具体实验结果如表 2-7 所示。其中，EGLN-E 表示用固定图实现了 EGLN（$\alpha = \beta = 0$）；EGLN-M 表示没有互信息最大化约束（$\beta = 0$）的简化 EGLN；EGLN-FE 表示假边下的 EGLN；EGLN-FS 表示特征变换下的 EGLN；EGLN-SP 表示结构扰动下的 EGLN。通过实验结果分析，我们可以得出以下几个结论。

表 2-7　EGLN 模型的消融实验结果

模型	MovieLens-1M		Amazon-Video Games		Pinterest	
	HR@10	NDCG@10	HR@10	NDCG@10	HR@10	NDCG@10
EGLN-E	0.215 07 （−）	0.166 50 （−）	0.091 04 （−）	0.051 71 （−）	0.091 90 （−）	0.064 40 （−）
EGLN-M	0.226 60 （+ 5.36%）	0.174 24 （+ 4.65%）	0.093 92 （+ 3.16%）	0.053 04 （+ 2.57%）	0.093 38 （+ 1.61%）	0.065 94 （+ 2.39%）
EGLN-FE	**0.229 61** （+ 6.76%）	**0.178 42** （+ 7.16%）	**0.097 54** （+ 7.15%）	**0.055 67** （+ 7.27%）	0.094 02 （+ 2.31%）	0.067 11 （+ 4.21%）
EGLN-FS	0.229 24 （+ 6.59%）	0.176 06 （+ 5.74%）	0.095 70 （+ 5.12%）	0.053 81 （+ 4.06%）	0.094 55 （+ 2.88%）	0.067 30 （+ 4.50%）
EGLN-SP	0.225 20 （+ 4.71%）	0.174 35 （+ 4.71%）	0.097 24 （+ 6.81%）	0.055 14 （+ 6.63%）	**0.094 68** （+ 3.03%）	**0.067 56** （+ 4.91%）

注：括号中的数据表示不同模型相比 EGLN-E 模型的性能提升率（相对提升率）；加粗数据表示在不同数据集上效果最好的相应消融模型指标值

（1）与 EGLN-E 相比，EGLN-M 在三个数据集上都取得了明显的改进，验证了增强图学习的有效性。

（2）EGLN-FE、EGLN-FS 和 EGLN-SP 的表现都优于 EGLN-M，表明局部–全局一致性优化对增强图学习是有效的。

（3）EGLN-FE 在 MovieLens-1M 数据集和 Amazon-Video Games 数据集上的性能最好，EGLN-FS 在 Pinterest 数据集上的性能最好。我们推测可能的原因是 Pinterest 数据集包含更多的交互记录，所以假边不能为图学习提供与另外两个数据集相同的权重信号。

3）稀疏性分析

交互稀疏性问题通常限制了协同过滤算法，因为精确的用户偏好建模需要足够的交互数据。为此，我们进行了不同模型在不同数据稀疏性下的性能分析。我们根据所有测试用户在训练数据中观察到的交互作用，将他们分成几个组。以 MovieLens-1M、Amazon-Video Games 和 Pinterest 数据集为例，我们将用户分成五组，每个用户的交互数分别大于 0、8、16、32 和 64，具体实验结果如图 2-3 所示。通过实验结果分析，我们可以得出以下几个结论。

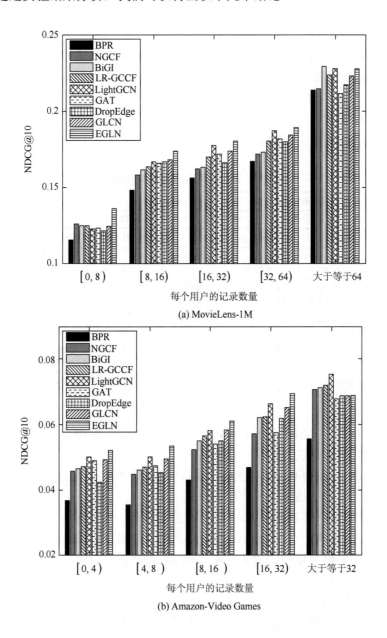

(a) MovieLens-1M

(b) Amazon-Video Games

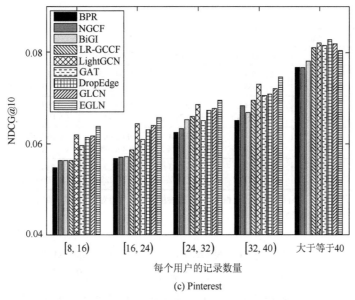

(c) Pinterest

图 2-3 不同稀疏性下的 EGLN 模型性能

（1）当交互数的数量增加时，所有模型的性能都会增加，这意味着高质量的用户表示需要更大的交互作用。

（2）总体来看，本节提出的 EGLN 模型在大多数组中表现最好，但在交互最密集的组中表现不是最佳的，可能的原因是协同过滤算法可以在足够的交互下获得良好的性能，所以本节提出的增强图学习模块在这个场景中不需要。

（3）相比在交互密集组，本节提出的 EGLN 模型在交互稀疏组上取得了更多的改进，这表明 EGLN 模型在稀疏用户情况下展现出更好的改进性能，因为 EGLN 模型能够通过添加没有出现在输入图中的缺失边来引入弱监督信号。

4）模型细节分析

（1）传播层深度分析。为了研究多个传播层深度模型性能的影响，我们在不同传播层进行了模型性能实验，设定了五种传播深度 $K = 0, 1, 2, 3, 4, 5$（当 $K = 0$，图卷积部分消失，EGLN 模型退化为 BPR），具体的实验结果如表 2-8 所示。通过实验结果分析，我们可以看到，当 K 从 0 增加到 1 时，在三个数据集上的性能迅速提高，表明嵌入传播层有效地缓解了数据的稀疏性问题。随着 K 的持续增加，我们发现模型性能到达某一峰值后会呈现下降趋势。

表 2-8 不同传播层深度下的模型性能

Depth K	MovieLens-1M		Amazon-Video Games		Pinterest	
	HR@10	NDCG@10	HR@10	NDCG@10	HR@10	NDCG@10
$K = 0$	0.200 61（−）	0.155 21（−）	0.067 58（−）	0.038 15（−）	0.083 23（−）	0.058 74（−）

续表

Depth K	MovieLens-1M		Amazon-Video Games		Pinterest	
	HR@10	NDCG@10	HR@10	NDCG@10	HR@10	NDCG@10
$K=1$	0.219 17 (+8.98%)	0.168 99 (+8.88%)	0.086 03 (+27.30%)	0.047 25 (+23.85%)	0.087 45 (+5.07%)	0.061 98 (+5.52%)
$K=2$	**0.229 61** **(+14.46%)**	**0.178 42** **(+15.25%)**	0.095 24 (+40.77%)	0.053 98 (+41.49%)	0.091 65 (+10.12%)	0.065 18 (+10.96%)
$K=3$	0.226 89 (+13.10%)	0.175 41 (+13.01%)	**0.097 54** **(+44.35%)**	**0.055 67** **(+45.40%)**	0.092 92 (+11.64%)	0.066 07 (+12.48%)
$K=4$	0.225 14 (+12.23%)	0.173 37 (+11.70%)	0.092 93 (+37.51%)	0.052 73 (+38.22%)	**0.094 68** **(+13.50%)**	**0.067 56** **(+13.77%)**

注：括号中的数据表示不同传播层深度相比 $K=0$ 的性能提升率（相对提升率）；加粗数据表示在不同传播层深度下模型效果最好的相应指标值

　　具体来说，本节提出的 EGLN 模型分别在 MovieLens-1M 数据集中的 $K=2$、Amazon-Video Games 数据集中的 $K=3$ 和 Pinterest 数据集中的 $K=4$ 中达到了最好的性能，原因是 Amazon-Video Games 数据集和 Pinterest 数据集比 MovieLens-1M 数据集有更多稀疏的交互。对于稀疏的数据集，更深层次的图卷积可以帮助聚合更多的邻近，这有利于表示学习，而对于密集的数据集，过深的传播层很容易导致图过于平滑。

　　（2）参数敏感性分析。为了分析不同超参数对本节提出的 EGLN 模型性能的影响，我们在 MovieLens-1M 数据集上进行了三种超参数敏感性分析（相似性约束系数 α、相互目标系数 β 和正则化系数 λ），具体的实验结果如图 2-4 所示。通过实验结果分析，我们可以得出：EGLN 在 $\alpha=0.1$、$\beta=0.1$ 和 $\lambda=1\times10^{-4}$ 中的性能最好；对于正则化系数 λ，当 λ 从 0 增加到 1×10^{-4} 时，性能有所提高，而当 λ 大于 1×10^{-4} 时，性能迅速下降。结果表明，适当的正则化可以有效地防止过拟合问题，但过强的正则化会限制模型的优化。与 λ 一样，对于目标平衡参数 α 和 β，选择合适的参数对于总体目标优化很重要。

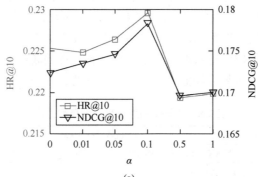

(a)

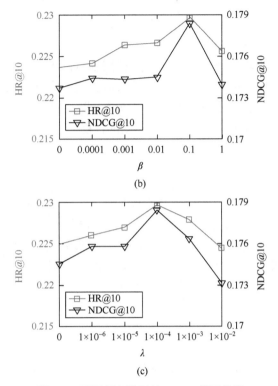

图 2-4　不同超参数下的 EGLN 模型性能

2.4　基于分层注意力的个性化需求预测方法

在用户与产品的交互过程中，用户侧和产品侧都会附着描述其特点的标签信息，这些标签信息在用户与产品反馈之外提供了附加推断用户偏好的信息。然而不同用户偏好不同，不同类型的信息对用户需求的预测存在差异。与此同时，每种信息中的不同元素也为用户需求预测提供了不同的权重。因此，如何有效地分别集成不同的元素和不同的信息成为需求预测的关键，与 2.3 节不同，本节介绍基于分层注意力的个性化标签推荐模型（hierarchical attention model for personalized tag recommendation，HAM-TR），针对用户与产品交互中出现的不同标签信息，通过顶层的注意力模型学习不同用户–项目对的不同信息注意力权重，底层的注意力模型学习不同元素对信息表示的影响，利用两个层次的注意力来有效地聚合不同的元素和不同的信息，以提升个性化需求预测的性能。

2.4.1　问题定义

与以对象为中心的需求预测不同，个性化需求预测不仅需要关注与项目相关的信息，还需要考虑到用户。因此，本节在以往研究的基础上确定了三种关键信息类型：内容信息、协同信息和个性化信息。

本节将个性化需求预测任务定义为：根据项目的内容信息 ConI、协同信息 ColI 和用户的个性化信息 PerI，为用户–项目对生成一组需求预测 T。本节主要研究了不同用户–项目对的不同信息的注意力分数，以及如何有效地整合不同的信息和不同的信息元素，以提高个性化需求预测的性能。

2.4.2 模型构建

本节提出的 HAM-TR 模型的总体框架如图 2-5 所示。底层注意力网络以三种信息（内容信息、协同信息和个性化信息）作为输入，输出上述三种信息的向量表示，并将这三个向量表示形式作为顶层注意力网络的输入。通过顶层注意力网络学习三种向量表示对每个需求预测的影响，最后使用循环神经网络结构 RNN（recurrent neural network，循环神经网络）来生成需求预测结果。

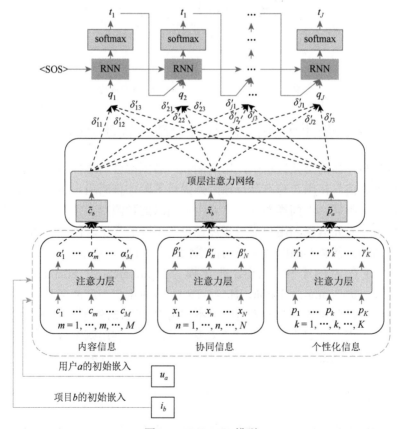

图 2-5　HAM-TR 模型

1. 底层的注意力网络建模

底层注意力网络的输入包括内容信息 ConI、协同信息 ColI 和个性化信息 PerI，首先通过一个嵌入层得到每种信息中单词的嵌入向量，嵌入层将输入文本转换为数字矩阵。以内容信息为例，将其视为 M 个字的序列，将内容中单词的嵌入向量连接起来，将内容信息表示为一个矩阵，单词嵌入向量是随机初始化的，则项目 b 的内容嵌入矩阵 $C_b \in \mathbb{R}^{d \times M}$ 可以表示为

$$C_b = [C_1, \cdots, C_m, \cdots, C_M] \qquad (2\text{-}20)$$

其中，d 表示单词嵌入向量的维数；M 表示内容信息的长度；C_m 表示内容信息中第 m 个字的单词嵌入向量。

以同样的方式，我们可以获得项目 b 的协同嵌入矩阵 $X_b = [x_1, \cdots, x_n, \cdots, x_N]$ 和用户的个性化嵌入矩阵 $P_a = [p_1, \cdots, p_k, \cdots, p_K]$，$x_n$ 和 p_k 分别为相应的单词嵌入向量，N 和 K 分别为协同信息和个性化信息的长度。

1）内容信息注意力

内容信息关注的是根据用户-项目对的特征，对组成内容的单词分配不同的权重，以获得更好的特征表示，本节对内容注意力分数 α_m 的建模如下：

$$\alpha_m = w_1^{\mathrm{T}} \cdot s(W_1[u_a, i_b, c_m]) \qquad (2\text{-}21)$$

其中，$w_1 \in \mathbb{R}^{d_1}$ 和 $W_1 \in \mathbb{R}^{d_1 \times 3d}$ 表示内容信息注意力网络的参数；d_1 表示底层注意力网络的第一层维数；$s(x)$ 表示一个非线性激活函数；u_a 和 i_b 分别表示通过参数化用户 a 和项目 b 得到的基嵌入。对于不同的用户，同一项内容信息的向量表示应该是不同的，因此模型采用三种嵌入（u_a, i_b, c_m）用作内容注意力网络的输入来学习更合适的向量表示。

对式（2-21）中的内容信息注意力分数 α_m 进行归一化，得到最终的内容信息注意力得分 α_m'，如下：

$$\alpha_m' = \frac{\exp(\alpha_m)}{\sum_{l=1}^{M} \exp(\alpha_l)} \qquad (2\text{-}22)$$

最后，加权组合得到项目 b 的内容信息向量表示 $\tilde{c}_b$，具体公式如下：

$$\tilde{c}_b = \sum_{m=1}^{M} \alpha_m' c_m \qquad (2\text{-}23)$$

2）协同信息注意力

协同信息注意力网络学习不同词对协同信息特征表示的权重。具体来说，本节对协同注意力分数 β_n 的建模如下：

$$\beta_n = w_2^{\mathrm{T}} \cdot s(W_2[u_a, i_b, x_n]) \qquad (2\text{-}24)$$

其中，w_2 和 W_2 表示协同信息注意力网络的参数。协同信息的向量表示通常受到

用户偏好的影响，同一项目的协同信息特征表示是不同的，因此模型以 u_a，i_b 和 x_n 作为输入。

对方程式（2-24）中的协同信息注意力分数 β_n 进行归一化，得到最终的协同信息注意力得分 $\beta_n^{\cdot}$，如下：

$$\beta_n^{\cdot} = \frac{\exp(\beta_n)}{\sum_{l=1}^{N} \exp(\beta_l)} \tag{2-25}$$

最后，加权组合得到项目 b 的协同信息向量表示 $\tilde{x}_b$，具体公式如下：

$$\tilde{x}_b = \sum_{n=1}^{N} \beta_n^{\cdot} x_n \tag{2-26}$$

3）个性化信息注意力

利用个性化信息注意力网络的目的是找出用户与项目的兴趣匹配，得到更合适的用户特征表示。具体来说，本节对个性化注意力分数 γ_k 的建模如下：

$$\gamma_k = w_3^T \cdot s\left(W_3[u_a, i_b, p_k]\right) \tag{2-27}$$

其中，w_3 和 W_3 表示个性化信息注意力网络的参数。用户的标记历史记录通常反映了用户的不同偏好，当进行用户需求预测时，应该关注个性化信息中与项目高度相关的偏好元素，因此模型以 u_a，i_b 和 p_k 作为输入。

对式（2-27）中的注意力评分 γ_k 进行归一化，得到最终的个性化信息注意力得分 $\gamma_k^{\cdot}$，如下：

$$\gamma_k^{\cdot} = \frac{\exp(\gamma_k)}{\sum_{l=1}^{K} \exp(\gamma_l)} \tag{2-28}$$

最后，加权组合得到用户 a 的个性化信息向量表示，具体公式如下：

$$\tilde{p}_a = \sum_{k=1}^{K} \gamma_k^{\cdot} p_k \tag{2-29}$$

2. 顶层的注意力网络建模

顶层注意力网络的目标是建模不同信息对需求预测的影响，模型将三种信息向量表示（$\tilde{c}_b$，$\tilde{x}_b$，$\tilde{p}_a$）输入到顶层注意力网络中，以帮助进行需求预测。具体来说，本节对顶层注意力分数 $\delta_{jj'}$ 的建模如下：

$$\delta_{jj'} = w^T \cdot \tanh\left(Vs_{j'} + Wh_j\right) \tag{2-30}$$

其中，w、V、W 表示顶层注意力网络的参数；h_j 表示 RNN 在第 j 个预测时的隐藏状态；$s_{j'}$（$j' = 1, 2, 3$）表示从底层注意力网络中获得的三种信息向量表示，具体来说，$s_1 = \tilde{c}_b$，$s_2 = \tilde{x}_b$，$s_3 = \tilde{p}_a$。

将式（2-30）中的注意力分数 $\delta_{jj'}$ 归一化，得到最终的三种信息的注意力得分 $\delta_{jj'}^{\cdot}$，如下：

$$\delta'_{jj'} = \frac{\exp(\delta_{jj'})}{\sum_{l=1}^{3}\exp(\delta_{jl})}$$　　（2-31）

在第 j 个需求预测时，来自顶层注意力网络的输入信息记为 q_j，具体公式如下：

$$q_j = \sum_{j'=1}^{3}\delta'_{jj'}s_{j'}$$　　（2-32）

3. 需求预测

为了捕获需求之间的相关性，本节模型采用 RNN 结构来生成预测结果。给定起始符号"<SOS>"，首先将"<SOS>"的嵌入和来自顶层注意力网络的第一个 RNN 的输入信息（即 q_1）输入到第一个 RNN 中，然后通过全连接层和 softmax 层，进行第一个需求预测 t_1。通过类推，还可以生成其他需求预测，在某一时刻生成的标记将被用作下一时刻 RNN 的附加输入信息，整个需求预测过程直到生成的预测数量达到指定的数量为止。模型将生成的预测结果表示为 t_1, t_2, $\cdots$, t_J，需求预测过程可以建模为

$$\underset{t_1,\cdots,t_J}{\mathrm{argmax}}\, P(t_1,t_2,\cdots,t_J q) = \underset{t_1,\cdots,t_J}{\mathrm{argmax}}\, P(t_1 q_1)\times P(t_2 q_2,t_1)\times\cdots\times P(t_J q_J vt_1 e\cdots rt_{J-1})$$

（2-33）

其中，q 表示来自顶层注意力网络的 RNN 输入信息；$P(t_j\,|\,q_j,t_1,\cdots,t_{j-1})$ 表示当前生成的预测结果依赖于之前的预测结果和 q_j。

模型训练的损失函数具体公式如下：

$$L = -\frac{1}{|D|}\sum_{(F,T)\in D}\sum_{t_j\in T}\log P(t_j\,|\,F)$$　　（2-34）

其中，D 表示训练集；F 表示三种输入信息；T 表示目标预测结果集合；t_j 表示当前预测的需求；$P(t_j\,|\,F)$ 表示给定输入信息 F 后选择 t_j 作为预测结果的概率。

2.4.3　性能评测

1. 数据集

为了验证本节提出的 HAM-TR 模型，我们在两个公共数据集上进行了实验：CiteULike 数据集和 MovieLens 数据集。在实验之前，我们对数据集进行了相应的预处理。CiteULike 是一个参考文献数据集，包含 89 566 篇文章和 154 924 个用户。MovieLens 是一个电影评分数据集，包括 58 099 部电影和 19 275 名用户。

在获得数据集后，我们执行以下步骤进行数据预处理。首先，将原始数据转换成实验需要的格式，其中包括六部分：项目 ID、项目标题、用户名、用来标记

项目的标签、用户的标记历史以及用户分配给项目的标记。其次，删除文本中的标点符号。再次，将文本分成单个词，并删除停止词，分别计算标题和标签中每个单词的频率，并删除频率低于 5 的单词，以减少噪声。最后，对于去除低频词后的数据，删除有空缺的数据。

经过数据预处理后，我们以 9∶1 的比例随机分割训练集和测试集，并选择10%的训练数据作为验证数据来调整模型的参数，两个预处理数据集的统计数据具体如表 2-9 所示。

表 2-9　两个预处理数据集的统计数据

数据集	标签记录	项目	用户	标签
CiteULike	293 622	74 564	15 252	20 352
MovieLens	212 944	15 790	9 776	11 589

2. 基线与评估指标

1）基线设置

为了检验 HAM-TR 模型的性能，按照信息种类与注意力机制的区别，我们设置了五种基线进行对比试验，具体的基线与 HAM-TR 模型区别如表 2-10 所示。与LDA（latent Dirichlet allocation，潜在狄利克雷分配）[42]、TAB-LSTM（topical attention-based long short-term memory，基于主题注意力的长短期记忆网络）[43]和TDR（tensor dimensionality reduction，张量降维）[44]相比，我们提出的 HAM-TR 方法不仅使用了更全面的信息，而且在注意力机制结构上有很大的差异；与RankSVM-based（rank support vector machine-based，基于排名方法的支持向量机）[45]和DeepTagRec（deep tag recommendation，深度标签推荐）[46]相比，我们提出的 HAM-TR方法在使用的信息类型上没有差异，主要的区别是模型的注意力机制结构。

表 2-10　基线与 HAM-TR 方法的对比

方法	信息类型			注意力机制	
	内容信息	协同信息	个性化信息	元素级注意力	信息级注意力
LDA		✓			
TAB-LSTM	✓	✓		✓	
TDR		✓	✓		
RankSVM-based	✓	✓	✓		
DeepTagRec	✓	✓	✓		
HAM-TR	✓	✓	✓	✓	✓

2）评估指标

在实验评估指标方面，我们采用了三种评价指标：f1 分数、均值平均精度（mean average precision，MAP）和平均倒数排名（mean reciprocal rank，MRR）。f1 分数结合了精确率（precision）和召回率（recall），认为二者同样重要。MAP 是信息检索中一个著名的度量标准，考虑了排名[47]。MRR 衡量个性化需求预测列表中第一个正确的需求预测的平均位置[48]。三个指标的计算公式具体如下：

$$\text{precision}@k = \frac{\sum_{(u,i)\in\text{Test}}\left|R(u,i)\bigcap T(u,i)\right|}{\sum_{(u,i)\in\text{Test}}\left|R(u,i)\right|} \tag{2-35}$$

$$\text{recall}@k = \frac{\sum_{(u,i)\in\text{Test}}\left|R(u,i)\bigcap T(u,i)\right|}{\sum_{(u,i)\in\text{Test}}\left|T(u,i)\right|} \tag{2-36}$$

$$\text{f1}@k = 2\times\frac{\text{precision}@k\times\text{recall}@k}{\text{precision}@k+\text{recall}@k} \tag{2-37}$$

其中，$R(u,i)$ 表示用户项目对 (u,i) 的一组需求预测；$T(u,i)$ 是用户 u 分配给项目 i 的标签集；Test 表示测试集。

$$\text{AP} = \frac{\dfrac{1}{l_1}+\dfrac{2}{l_2}+\cdots+\dfrac{n}{l_n}+\cdots+\dfrac{N}{l_N}}{N_t} \tag{2-38}$$

$$\text{MAP} = \frac{\sum_{i=1}^{M}\text{AP}_i}{M} \tag{2-39}$$

其中，l_n 表示正确的需求预测的第 n 个在预测列表中的位置；N 表示正确需求预测的数量；N_t 表示用户分配给项目的标签数量；AP 表示平均精度；M 表示测试集中的数据总数。

$$\text{MRR}(T,Y) = \begin{cases} \dfrac{1}{r(T,R)}, & \text{如果}\exists T_i,\ T_i\in Y \\ 0, & \text{其他} \end{cases} \tag{2-40}$$

其中，T 表示一组预测的需求；Y 表示用户分配给该项的一组标签；$r(T,R)$ 表示第一个正确预测的需求在预测列表中的位置。

3. 实验结果分析

1）模型整体性能分析

我们将 HAM-TR 模型在两个数据集上与基线进行比较，以分析 HAM-TR 模型的性能，具体的实验结果如表 2-11～表 2-13 所示。其中，实验结果是@$k(k=1, 2, 3, 4, 5)$的形式，其中 k 是一次给用户预测的数量。

表 2-11　两个数据集整体性能分析的 f1@k = 1(2, 3, 4, 5)结果

数据集	方法	f1@1	f1@2	f1@3	f1@4	f1@5
CiteULike	LDA	0.046	0.068	0.081	0.088	0.093
	TAB-LSTM	0.106	0.159	0.187	0.203	0.213
	TDR	0.182	0.224	0.221	0.211	0.195
	DeepTagRec	0.180	0.222	0.229	0.227	0.221
	RankSVM-based	0.228	0.276	0.264	0.240	0.218
	HAM-TR	0.274	0.345	0.351	0.331	0.304
MovieLens	LDA	0.023	0.036	0.044	0.050	0.055
	TAB-LSTM	0.024	0.063	0.073	0.077	0.080
	TDR	0.152	0.214	0.239	0.247	0.247
	DeepTagRec	0.167	0.229	0.254	0.264	0.265
	RankSVM-based	0.128	0.200	0.258	0.300	0.294
	HAM-TR	0.215	0.290	0.320	0.327	0.321

表 2-12　两个数据集整体性能分析的 MAP@k = 1(2, 3, 4, 5)结果

数据集	方法	MAP@1	MAP@2	MAP@3	MAP@4	MAP@5
CiteULike	LDA	0.031	0.044	0.051	0.056	0.060
	TAB-LSTM	0.071	0.105	0.124	0.138	0.149
	TDR	0.162	0.216	0.237	0.250	0.256
	DeepTagRec	0.156	0.206	0.230	0.246	0.256
	RankSVM-based	0.197	0.273	0.298	0.307	0.312
	HAM-TR	0.252	0.338	0.374	0.390	0.398
MovieLens	LDA	0.021	0.029	0.032	0.035	0.037
	TAB-LSTM	0.054	0.071	0.079	0.083	0.086
	TDR	0.126	0.177	0.205	0.222	0.233
	DeepTagRec	0.149	0.206	0.238	0.259	0.275
	RankSVM-based	0.100	0.140	0.178	0.212	0.237
	HAM-TR	0.213	0.281	0.319	0.342	0.356

表 2-13　两个数据集整体性能分析的 MRR@k = 1(2, 3, 4, 5)结果

数据集	方法	MRR@1	MRR@2	MRR@3	MRR@4	MRR@5
CiteULike	LDA	0.159	0.197	0.213	0.223	0.230
	TAB-LSTM	0.428	0.485	0.506	0.516	0.522
	TDR	0.297	0.356	0.375	0.384	0.388
	DeepTagRec	0.322	0.382	0.406	0.418	0.426
	RankSVM-based	0.383	0.442	0.453	0.459	0.463
	HAM-TR	0.516	0.580	0.600	0.605	0.608

续表

数据集	方法	MRR@1	MRR@2	MRR@3	MRR@4	MRR@5
MovieLens	LDA	0.147	0.187	0.203	0.213	0.218
	TAB-LSTM	0.197	0.233	0.246	0.252	0.257
	TDR	0.394	0.454	0.474	0.484	0.488
	DeepTagRec	0.328	0.395	0.421	0.435	0.443
	RankSVM-based	0.381	0.461	0.484	0.503	0.510
	HAM-TR	0.499	0.559	0.580	0.589	0.593

通过实验结果分析,我们可以得出结论:个性化需求预测方法 LDA 和 TAB-LSTM 在两个数据集上表现不佳,本节提出的 HAM-TR 模型一般优于基线,这可能是因为 HAM-TR 不仅利用了不同类型的信息,而且使用了两个层次的注意力来更好地整合信息。LDA、TAB-LSTM 和 TDR 所使用的信息相对较单一,虽然 DeepTagRec 和基于 RankSVM 的用户利用了不同类型的信息,但它们忽略了针对不同用户–项目对的不同信息的不同注意力分数。

2)模型注意力机制分析

为了验证注意力机制的效果,我们将 HAM-TR 与三种方法进行了比较。具体来说,首先使用没有注意力机制的模型 LSTM-TR(long short-term memory-tag recommendation,基于长短记忆力网络)来预测需求;将底部分层的注意力网络添加到 LSTM-TR 中,得到了 BAM-TR(bottom attention mechanism,底层注意力机制);在 LSTM-TR 中加入顶层注意力网络,得到了 TAM-TR(top attention mechanism,顶层注意力机制),两个数据集上的 f1 评分、MAP 和 MRR 结果分别如图 2-6～图 2-8 所示。

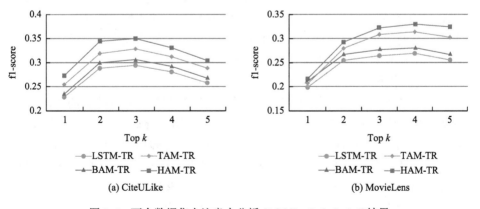

图 2-6　两个数据集上注意力分析 f1@k(k = 1, 2, 3, 4, 5)结果

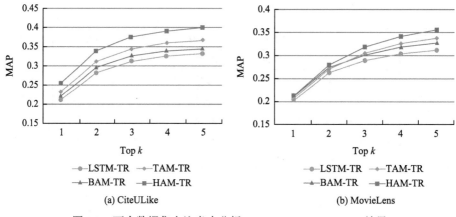

(a) CiteULike　　　　　　　　　　(b) MovieLens

图 2-7　两个数据集上注意力分析 MAP@$k(k = 1, 2, 3, 4, 5)$结果

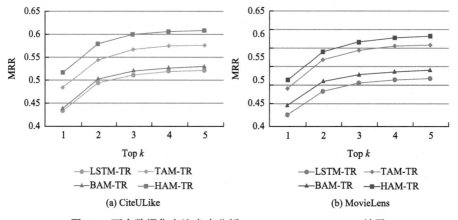

(a) CiteULike　　　　　　　　　　(b) MovieLens

图 2-8　两个数据集上注意力分析 MRR@$k(k = 1, 2, 3, 4, 5)$结果

通过实验结果分析，我们可以得出结论：HAM-TR 表现最好，而 BAM-TR 和 TAM-TR 在所有指标上的表现都优于 LSTM-TR，这直接证明了注意力机制的有效性。同时，与底层注意力网络相比，顶层注意力网络具有更好的性能，这表明建模不同信息对个性化需求预测的影响是非常重要的。

3）模型中不同信息分析

为了研究内容信息、协作信息和个性化信息对需求预测结果的影响，我们将 HAM-TR 与六种方法进行比较。具体来说，用于比较的六种方法如下：该方法仅基于内容信息（ConⅠ-TR）；该方法仅基于协同信息（ColI-TR）；该方法仅基于个性化信息（PerI-TR）；该方法基于内容信息和协同信息（ConI-ColI-TR）；该方法基于内容信息和个性化信息（ConI-PerI-TR）；该方法基于协同信息和个性化信息（ColI-PerI-TR）。两个数据集上的 f1 评分、MAP 和 MRR 结果分别如图 2-9～图 2-11 所示。通过实验结果分析，我们可以得出如下结论。

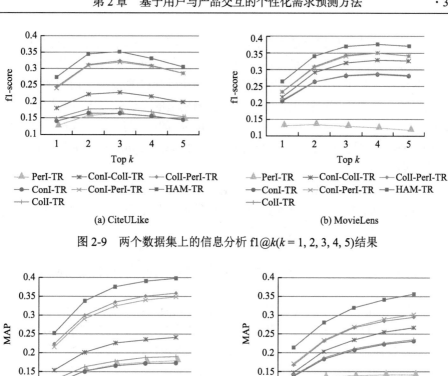

(a) CiteULike

(b) MovieLens

图 2-9　两个数据集上的信息分析 f1@k(k = 1, 2, 3, 4, 5)结果

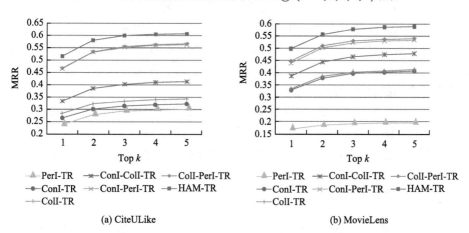

(a) CiteULike

(b) MovieLens

图 2-10　两个数据集上的信息分析 MAP@k(k = 1, 2, 3, 4, 5)结果

(a) CiteULike

(b) MovieLens

图 2-11　两个数据集上的信息分析 MRR@k(k = 1, 2, 3, 4, 5)结果

（1）基于一种信息的方法性能总是最差的，其次是基于两种信息的方法，基于三种信息的方法性能总是最好的。不同种类的信息通常包含不同的知识方面，比如内容信息反映了项目本身的独立特征，而个性化信息反映了用户的偏好。因此，仅使用一种信息进行需求预测会严重影响模型的个性化需求预测性能。

（2）基于两种信息的方法中 ConI-ColI-TR 的表现最差，ConI-PerI-TR 和 ColI-PerI-TR 表现更好，这说明同时使用项目相关信息和用户相关信息可以带来更好的结果。

（3）MovieLens 数据集上的 PerI-TR 结果出乎意料地差，可能的原因是 MovieLens 数据集中，用户分配给电影的标签通常与电影的独特内容高度相关，仅根据用户的偏好信息进行预测不能取得好的效果。

2.5　基于用户与产品交互的个性化需求预测应用

本节以天猫商城平台购物为例，首先介绍了天猫商城平台的功能，以及用户与产品之间如何进行交互进而影响用户个人对产品的偏好。其次介绍了体现用户与产品交互的数据的具体形式，并结合前文提出的基于用户与产品交互的个性化需求预测方法，将方法应用于天猫电商平台，对天猫商城的用户进行个性化需求预测。最后，基于对需求预测方法的实际应用，结合管理案例，得出相应的管理启示。

2.5.1　应用场景介绍

天猫商城是一个综合性的电商购物平台，用户可以在该平台购买产品并对产品进行评分和评论。当用户在平台浏览产品时，可以看到产品本身的介绍信息，如标题、价格、产品详情等，同时也可以看到产品的综合评分、评论，这些信息为用户的购买决策提供参考，用户在购买后同样会生成相应评价，从而形成良性循环。用户对产品的评价内容可以采用文字、图片和视频等形式，用户对产品评分采用的是五星制，分别对应：非常差、差、一般、好和非常好，最后的评分表示用户对产品的总体评级。

同时，用户在天猫商城浏览产品的同时，可以将自己喜欢的产品收藏/加入购物车/找相似，订阅/收藏喜欢的店铺，对于自己不感兴趣的产品可以点击不感兴趣，天猫商城也会根据这些信息来对用户进行个性化需求预测及推荐，提升用户的购物体验感。

2.5.2　交互数据形式

在天猫商城上，用户与产品的交互数据具体可以分为内容信息、协同信息以及用户的个性化信息。

内容信息是指产品本身的自包含信息，包括产品 ID、产品标题、产品价格和产品详情介绍。协同信息是指用户对产品的共同感知，包括在线用户协同对产品的分类标签、在线用户对产品的综合评分。个性化信息反映用户的偏好和兴趣，包括用户 ID、用户历史购买记录、用户加购/收藏记录、用户的关注记录。

内容信息、协同信息以及用户的个性化信息这三种线上交互行为信息构成了用户与产品的交互数据，有效利用这些交互数据有助于预测用户的个性化需求。

2.5.3　个性化需求预测

基于分层注意力的个性化需求预测方法有效地集成不同的元素和不同的信息，将预处理之后的内容信息、协同信息和个性化信息作为底层注意力网络的输入，学习不同元素对信息表示的影响，并将底层注意力网络输出的向量表示作为顶层的注意力网络的输入，学习三种向量表示对用户需求预测的影响，最终输出用户对产品的需求预测。具体步骤如下。

（1）数据预处理：首先，将原始的数据转换成需要的格式，其中包括六部分：产品 ID、产品标题、用户名、用来标记产品的评价标签、用户的历史购买记录以及用户对产品的评价。其次，删除文本中的标点符号。再次，将文本分成单个词，并删除停止词，分别计算标题和标记产品的评价标签中每个单词的频率，并删除频率低于 5 的单词，以减少噪声。最后，对于去除低频词后的数据，删除有空缺的数据。

（2）数据集划分：经过数据预处理后，我们以 9∶1 的比例随机分割训练集和测试集，并选择 10%的训练数据作为验证数据来调整模型的参数。

（3）学习不同元素对信息表示的影响：我们以预处理过后的三种信息作为模型底层注意力网络的输入，以学习不同元素对信息表示的影响权重，并输出上述三种信息的向量表示。

（4）学习不同信息对需求预测的影响：将上述三种向量表示形式作为顶层注意力网络的输入，通过顶层注意力网络来学习不同用户对不同信息的注意力分数。

（5）生成用户的个性化需求预测：分别集成不同的元素和不同的信息之后，使用循环神经网络结构 RNN 来生成用户的个性化需求预测。

2.5.4　管理启示

上述案例的分析表明，基于用户与产品交互的个性化需求预测方法通过深度挖掘用户与产品交互行为，准确预测用户个性化需求，帮助企业为用户提供个性化产品服务。通过本节的分析，我们将对企业进行用户个性化需求预测过程中的启示总结为以下几点。

（1）在高度信息化的时代，企业应充分利用大数据来不断完善自身的管理思维，基于用户与产品交互的个性化需求预测方法能够帮助企业更好地洞察用户画像，为用户提供个性化服务，提升用户的体验感，增强用户黏性，从而扩大企业的竞争优势，有利于企业的可持续发展。

（2）在进行用户与产品的个性化需求预测时，用户通常是通过隐式反馈来表达他们的偏好，而不是明确的评分，基于隐式反馈的深度挖掘有利于提升个性化需求预测效果。

（3）本章提出的基于增强图学习的协同过滤个性化需求预测方法以及基于分层注意力的个性化需求预测方法，能够深度建模用户的隐式反馈行为，进而很好地预测用户的个性化需求，对企业理解消费者和个性化营销方案的制订有着正向的积极作用，有助于企业后续管理决策的制定与部署。

参 考 文 献

[1] Gomez-Uribe C A, Hunt N. The netflix recommenders system: algorithms, business value, and innovation.ACM Transactions on Management Information Systems, 2015, 6 (4): 1-19.

[2] Davidson J, Liebald B, Liu J N, et al. The YouTube video recommendation system.Barcelona: The fourth ACM Conference on Recommender Systems, 2010.

[3] Breese J S, Heckerman D, Kadie C. Empirical analysis of predictive algorithms for collaborative filtering. Madison: The Fourteenth Conference on Uncertainty in Artificial Intelligence, 1998.

[4] Suganeshwari G, Syed Ibrahim S P. A survey on collaborative filtering based recommendation system. New York: The 3rd International Symposium on Big Data and Cloud Computing Challenges, 2016.

[5] Liu N, Li M X, Qiu H Y, et al. A hybrid user-based collaborative filtering algorithm with topic model. Applied Intelligence, 2021: 7946-7959.

[6] Jain K, Nagar S, Singh P K, et al. EMUCF: enhanced multistage user-based collaborative filtering through non-linear similarity for recommendation systems. Expert Systems with Applications, 2020, 161: 113724.

[7] Liu M, Li J J, Liu K, et al. Graph-ICF: item-based collaborative filtering based on graph neural network. Knowledge-Based Systems, 2022, 251: 109208.

[8] Zhang Z P, Kudo Y, Murai T, et al. Enhancing recommendation accuracy of item-based collaborative filtering via item-variance weighting. Applied Sciences, 2019, 9 (9): 1928.

[9] Ungar L H, Foster D P. Clustering methods for collaborative filtering.AAAI Workshop on Recommendation Systems. 1998: 114-129.

[10] Jin R, Si L. A Bayesian approach toward active learning for collaborative filtering. Banff: The 20th Conference on Uncertainty in Artificial Intelligence, 2004.

[11] Koren Y, Bell R, Volinsky C. Matrix factorization techniques for recommender systems. Computer, 2009, 42 (8): 30-37.

[12] Singh V K, Sabharwal S, Gabrani G. A novel collaborative filtering based recommendation system using

exponential grasshopper algorithm. Evolutionary Intelligence，2023：621-631.

[13]　Wu Q Y，Cheng X，Sun E X，et al. Collaborative filtering algorithm based on optimized clustering and fusion of user attribute features. Shanghai：2021 4th International Conference on Data Science and Information Technology，2021.

[14]　Yi B L，Shen X X，Liu H，et al. Deep matrix factorization with implicit feedback embedding for recommendation system. IEEE Transactions on Industrial Informatics，2019，15（8）：4591-4601.

[15]　Aljunid M F，Huchaiah M D. IntegrateCF：integrating explicit and implicit feedback based on deep learning collaborative filtering algorithm. Expert Systems with Applications，2022，207：117933.

[16]　Zheng L，Noroozi V，Yu P S. Joint deep modeling of users and items using reviews for recommendation. Cambridge：The Tenth ACM International Conference on Web Search and Data Mining，2017.

[17]　Balabanović M，Shoham Y. Fab：content-based，collaborative recommendation. Communications of the ACM，1997，40（3）：66-72.

[18]　Lin J，Wilbur W J. PubMed related articles：a probabilistic topic-based model for content similarity. BMC Bioinformatics，2007，8（1）：423.

[19]　Wang J，Hong L J，Davison B D. RSDC'09：tag recommendation using keywords and association rules. CEUR Workshop Proceedings，2009，497：261-274.

[20]　Goossen F，IJntema W，Frasincar F，et al. News personalization using the CF-IDF semantic recommender. Sogndal：The 2011 International Conference on Web Intelligence，Mining and Semantics，2011.

[21]　Dat N，Toan P，Thanh T M. Solving distribution problems in content-based recommendation system with Gaussian mixture model. Applied Intelligence，2022：1602-1614.

[22]　Ali Masood M，Abbasi R A，Maqbool O，et al. MFS-LDA：a multi-feature space tag recommendation model for cold start problem. Program，2017，51（3）：218-234.

[23]　Ahmad Albatayneh N，Ghauth K I，Chua F F. Discriminate2Rec：negation-based dynamic discriminative interest-based preference learning for semantics-aware content-based recommendation. Expert Systems with Applications，2022，199：116988.

[24]　Guo W S，Kraines S B. Semantic content-based recommendations using semantic graphs. Advances in Computational Biology，2010，680：653-659.

[25]　Shu J B，Shen X X，Liu H，et al. A content-based recommendation algorithm for learning resources. Multimedia Systems，2018，24（1）：163-173.

[26]　Afoudi Y，Lazaar M，AI Achhab M. Hybrid recommendation system combined content-based filtering and collaborative prediction using artificial neural network. Simulation Modelling Practice and Theory，2021，113：102375.

[27]　Guo Y H，Deng G S. Hybrid recommendation algorithm of item cold-start in collaborative filtering system. Computer Engineering，2008，34（23）：11-13.

[28]　Aljunid M F，Huchaiah M D. An efficient hybrid recommendation model based on collaborative filtering recommender systems. CAAI Transactions on Intelligence Technology，2021，6（4）：480-492.

[29]　Yoshii K，Goto M，Komatani K，et al. Hybrid collaborative and content-based music recommendation using probabilistic model with latent user preferences. ISMIR 2006-7th International Conference on Music Information Retrieval，2006：296-301.

[30]　Wang H，Chen B Y，Li W J. Collaborative topic regression with social regularization for tag recommendation. Beijing：The Twenty-Third International Joint Conference on Artificial Intelligence，2013.

[31] Zhao J K，Liu Z，Chen H M，et al. Hybrid recommendation algorithms based on ConvMF deep learning model. Guilin：The 2019 International Conference on Wireless Communication，Network and Multimedia Engineering，2019.

[32] Xu Y，Zhu N. Hybrid recommendation algorithm based on long-term and short-term interest and matrix factorization for collaborative filtering. Journal of Physics：Conference Series，2020，1624：042015.

[33] Smith B，Linden G. Two decades of recommender systems at amazon.com. IEEE Internet Computing，2017，21（3）：12-18.

[34] Rendle S，Freudenthaler C，Gantner Z，et al. BPR：Bayesian personalized ranking from implicit feedback. Montreal：the Twenty-Fifth Conference on Uncertainty in Artificial Intelligence，2009.

[35] Wang X，He X N，Wang M，et al. Neural graph collaborative filtering. https://arxiv.org/pdf/1905.08108.pdf [2019-05-20].

[36] Cao J X，Lin X X，Guo S，et al. Bipartite graph embedding via mutual information maximization. The 14th ACM International Conference on Web Search and Data Mining，2021.

[37] Chen L，Wu L，Hong R C，et al. Revisiting graph based collaborative filtering：a linear residual graph convolutional network approach. Proceedings of the AAAI Conference on Artificial Intelligence，2020，34（1）：27-34.

[38] He X N，Deng K，Wang X，et al. LightGCN：simplifying and powering graph convolution network for recommendation. The 43rd International ACM SIGIR Conference on Research and Development in Information Retrieval，2020.

[39] Veličković P，Cucurull G，Casanova A，et al. Graph attention networks. https://arxiv.org/abs/1710.10903.pdf [2017-10-30].

[40] Rong Y，Huang W B，Xu T Y，et al. DropEdge：towards deep graph convolutional networks on node classification. https://arxiv.org/abs/1907.10903[2019-07-25].

[41] Jiang B，Zhang Z Y，Lin D D，et al. Semi-supervised learning with graph learning-convolutional networks. Long Beach：The 2019 IEEE/CVF Conference on Computer Vision and Pattern Recognition，2019.

[42] Krestel R，Fankhauser P，Nejdl W. Latent dirichlet allocation for tag recommendation. New York：The third ACM Conference on Recommender Systems，2009.

[43] Li Y，LiuT，Jiang J，et al. Hashtag recommendation with topical attention-based LSTM. Osaka：The 26th International Conference on Computational Linguistics：Technical Papers，2016.

[44] Symeonidis P，Nanopoulos A，Manolopoulos Y. Tag recommendations based on tensor dimensionality reduction. Lausanne：The 2008 ACM Conference on Recommender Systems，2008.

[45] Belém F M，Martins E F，Almeida J M，et al. Personalized and object-centered tag recommendation methods for Web 2.0 applications. Information Processing & Management，2014，50（4）：524-553.

[46] Maity S K，Panigrahi A，Ghosh S，et al. DeepTagRec：a content-cum-user based tag recommendation framework for stack overflow.Advances in Information Retrieval，2019：125-131.

[47] Jäschke R，Marinho L，Hotho A，et al. Tag Recommendations in Folksonomies. European Conference on Principles of Data Mining and Knowledge Discovery. Berlin：Springer，2007.

[48] Sigurbjörnsson B，van Zwol R. Flickr tag recommendation based on collective knowledge. Beijing：The 17th International Conference on World Wide Web，2008.

第 3 章　融合用户与好友交互的个性化需求预测方法

社交网络的普及极大地丰富了人们的社交活动。它已经成为互联网上不可或缺的重要应用。为了充分利用这些关系来解决个性化需求预测的问题，提高预测质量，学者提出了融合好友交互信息的个性化需求预测方法[1, 2]。这些方法可以根据用户之间的好友关系进行预测。对于新用户，只要网络中存在与新用户有直接或间接社交关系的用户，就可以预测其需求，并相应地向用户推荐偏好产品。研究表明，比起基于类似匿名用户[3, 4]的个性化需求预测，人们更倾向于相信网络中朋友的偏好。例如，电子商务网站 Epinions 允许用户根据评论的质量来标记他们对其他用户的信任和不信任，并基于这些信任信息预测用户的个性化需求。与用户建立了社交关系的好友在一定程度上与用户存在相似性，用户更信任来自好友的信息。因此，融合用户与好友的交互信息有助于更精准预测用户的个性化需求。

本章将主要介绍融合用户与好友交互的个性化需求预测方法，内容组织如下：3.1 节对融合好友交互的需求预测问题的国内外现状进行综述，主要介绍社会网络理论、基于矩阵分解的个性化需求预测方法和基于网络图模型的个性化需求预测方法。3.2 节介绍用户与好友的交互行为及交互数据的获取。3.3 节介绍融合用户与好友交互的深度学习需求预测方法，在学习用户嵌入过程中捕获隐藏在高阶社交网络中的好友交互信息，对用户个性化需求进行准确预测。3.4 节介绍考虑社会化关系强度的深度学习需求预测方法，学习用户与直接好友及社群好友的交互信息及关系强度，对用户个性化需求进行准确预测。3.5 节介绍了融合用户与好友交互的个性化需求预测的应用案例及管理启示。

3.1　国内外研究现状

3.1.1　社会网络理论

社会网络理论的基本观点是社会情境下的人由于彼此间的纽带关系而以相似的方式思考和行事。社会网络理论研究既定的社会行动者（包括社会中的个体、群体和组织）所形成的一系列关系和纽带，将社会网络系统作为一个整体来解释社会行为。

社会网络中的一个核心概念是"中心度"，即位于社会网络最中心的点是最有利可图的点。网络中的社会行动者往往通过社会结构或社会网络中的定位来获取相应的社会资本。社会网络理论的第二个核心观点是嵌入性。嵌入性是指意图持续停留在某社会网络，并随时间的推移不断创造、更新和拓展网络关系的倾向[5]。与正常的网络关系相比，富有嵌入性的社会网络关系因行动者间的高度信任、频繁的信息交互和问题解决的能力而更强劲有力。社会网络理论的第三个核心观点是社会网络中的行动者具有网络聚合、连通性和趋中性的长期特征。社会网络分析同时研究整体社会网络和个体社会网络[6]。社会网络理论的第四个核心观点是社会网络连接的社会效用性，或由行动者所创造的网络关系给对其自身十分重要的组织产出所带来的机遇和挑战。Burt[7]提出了结构洞理论。结构洞是指两个社会行动者虽不直接发生关系却共享一段间接关系的情况。个体或组织与其他个体或组织的唯一关系可为其提供优质的信息和资源通道，从而带来实施控制的更大机遇。

融合用户与好友交互的个性化需求预测可以利用社会网络的研究成果和相关理论，如社会相关理论[8, 9]、状态分析[10, 11]、社区发现[12-14]、在线信任研究[15, 16]和异构网络[17-19]来进行预测。社会网络的研究成果可以为社会关系的研究奠定基础，并被用来构建个性化需求预测系统。

3.1.2　基于矩阵分解的个性化需求预测方法

矩阵分解技术广泛应用于个性化需求预测方法中。它可以将用户-项目得分矩阵分解为两个或多个低维矩阵条目，实现维数的规范，并利用低维空间数据研究高维数据的属性。矩阵分解对于高斯噪声有很好的概率解释，且矩阵模型非常灵活，允许使用先验知识[20, 21]。矩阵分解主要包括奇异值分解（singular value decomposition，SVD）[22, 23, 24]、非负矩阵分解（nonnegative matrix factorization，NMF）[25]、概率矩阵分解（probabilistic matrix factorization，PMF）[3]。在融合好友交互的个性化需求预测中，矩阵分解方法分为以下两种。

第一种是基于矩阵分解的因子学习模型，该模型的目标是将用户-项目打分矩阵分解为用户因子矩阵与项目因子矩阵相乘的形式，大量的研究[22, 26-30]表明这样的模型对数据的稀疏性有显著的影响，Chen 等[27, 31]提出了一种基于特征的矩阵分解模型，Ma 等[32]提出了网络图的非对称因子模型。基于矩阵的分解模型的优点是能够集成用户和物品的多个社会学属性，并缓解数据稀疏和冷启动问题，但缺点是需要研究的参数较多，预测效果仅限于历史数据。

第二种是社会化矩阵分解，在融合好友交互的需求预测任务中，矩阵分解方法关注用户的社交网络信息对用户潜在特征向量的影响。社会化矩阵分解将用户的各种社交网络信息整合到矩阵的最优分解过程中，提取出更好的潜在特征向量[33]，Ma 等[34]提出了 STE（social trust ensemble，社会信任模型），该模型将用户对项目的偏好得分与所有好友对项目的评分加权平均后进行需求预测。社会化矩阵分解的优点是不需要专业知识，可以缓解数据稀疏和用户冷启动问题，可以自动生成预测结果，但它也存在项目冷启动问题，对于新引入的项目，由于缺乏足够的用户交互数据，难以准确预测用户对这些新项目的需求，个性化需求预测结果较差。

在需求预测中，矩阵分解技术对高维数据的约简和数据稀疏性有很大的影响。将用户的社会关系信息加权应用到矩阵优化分解过程中，在一定程度上缓解了用户冷启动的问题。但在实际的网络环境中，用户对项目评价信息中用户与网络信息之间的社会关系往往不属于同一个数据源，同时，用户之间的社会强度关系也没有统一的标准，这是一个需要在研究中解决的问题。

3.1.3　基于网络图模型的个性化需求预测方法

图是社会网络关系最自然、最直接的形式。图的节点可以表示网络社会中的用户或物品，加权边表示它们之间的连接。目前，用户-项目评分网络异构图和用户-用户社会关系网络同构图的基本特征被广泛应用于个性化需求预测。

基于随机游走策略的需求预测方法已经得到了广泛的研究，并且被大量应用于捕捉同构图以及异构图中节点之间的复杂关系[35]。Shi 等[36]提出的 HERec 基于异质信息网络中元路径的随机游走生成节点序列以学习节点的相应嵌入表示，并且将其送入矩阵分解模型中最终完成需求预测。Nandanwar 等[37]采用异质信息网络中顶点增强的随机游走策略，从而避免多个相邻且重要度较高的节点对多样性的影响。

为了利用深度神经网络的优势，可以将不同节点及其特征信息构建为异构图嵌入表示。异构图嵌入旨在将异构图中的节点投影到低维向量空间中。Liu 等[38]提出的 HOSR（high-order social recommender，高阶社交推荐）致力于对社交网络中高阶邻居的影响力进行建模，进而完成需求预测任务。考虑到不同用户拥有的朋友数量不均衡，对朋友数量较多的用户来说，与之直接相连的邻居信息已经足够，如果数量稀少就探索与之间接相连的高阶邻居信息。Yu 等[39]提出的 ESRF（enhanced social recommendation framework，增强的社交推荐框架）采用对抗学习框架为用户挑选出高质量的社交关系，并利用 motif 邻接矩阵对高阶社交信息进行表征。通过对候选邻居进行排序、降噪等得到较可靠的朋友关系，再利用这些信息学习用户偏好预测需求。Chen 等[40]提出的 SAMN（social attentional memory network，社交注意力记忆网络）主要包括两个部分，基于注意力的记忆模块用来学习目标用户与朋友间的兴趣差异，基于朋友的注意力模块用来区分不同朋友的影响力，结合这两个模块完成需求预测任务。Fan 等[41]提出的 GraphRec 定义了用户社交图和用户项目交互图来刻画用户画像。其中，用户社交图是同质图，社交影响力的传播会对需求预测结果产生级联影响，了解用户的社会影响力在社交图上的传播有助于需求预测。用户项目交互图是异质图，反映了用户对项目的购买或者评价关系。将用户作为桥梁连接两个图，利用图神经网络迭代聚合用户和项目的相关信息进行表征。伴随着图神经网络的兴起，不少研究学者将其与异质信息网络结合起来应用在需求预测任务上，并且取得了不错的成效。Wang 等[42]提出的 HAN（heterogeneous attention network，异构注意力网络）基于元路径表示，在原来异构图的基础上重构出同质图，同时采用图注意力机制汇聚邻近节点以及来自不同元路径的信息。Xu 等[43]提出的 PGCN（personalized graph convolutional networks，个性化图卷积网络）认为用户在与项目序列交互过程中释放了丰富信息，从中构建出用户-项目图、项目共现图以及用户-项目子序列图，在这三个子图上利用池化和卷积聚合邻居特征以学习用户和物品表示。Fan 等[44]提出的 MEIRec（metapath-guided embedding method for intent recommendation，元路径指导的意图推荐表征方法）针对淘宝的实际业务需求，提出基于元路径的异质图神经网络，分别采用节点级别和语义级别的注意力机制学习需求预测中的节点表征。Wang 等[45]提出的 MCCF（multi-component collaborative filtering，多组件协同过滤）初步探索用户购买动机，提出多成分图神经网络来基于不同动机分别聚合商品信息实现更细粒度的用户偏好建模，先利用分解器将用户商品交互，拆分成多个可能导致购买行为的潜在组件，再利用合成器重新组合这些组件以获得用户和项目的嵌入表示，最终进行预测。

3.2　用户与好友交互行为及交互数据获取

　　Web 2.0 的快速发展和广泛应用促进了个性化需求预测任务融合用户与好友交互行为的信息。在传统的需求预测中，大多数用户都是基于项目的历史评分数据，建立用户兴趣偏好模型，然后为用户生成预测结果[46]。随着 Twitter、Facebook 等在线社交网络的普及，用户可以很容易地交流和表达自己，收集社会属性信息和社会交互行为数据变得更加容易。用户的社交行为是个人偏好和兴趣的体现，并且用户在一定程度上受到与其有社会关系的其他用户的影响。在现实社会生活中，社会成员之间的相互影响也时有发生。因此，考虑社交性影响的用户行为偏好因素进行个性化需求预测，不仅可以更准确地预测用户需求，而且可以使需求预测系统更符合人类生活的社交特征。

3.2.1　用户与好友的交互行为

用户与好友的交互行为包括感知、互动、沟通、信息传递和体验分享。在社交平台上，用户可以基于兴趣、共同特征或相似行为互相感知，并建立联系。对于用户而言，关注、阅读、点赞、评论、平台推荐等都是用户有效感知的重要途径。建立联系后的用户往往会进行互动和沟通，并随着互动和沟通的频次增多而成为好友，好友间通过信息交互和体验分享，影响着彼此的决策和行为，从而引发好友用户间的兴趣和行为的趋同。

用户与好友的交互行为特征表现为交互行为的社会性、多样性、复杂性和差异性。社交网络中的用户交互行为具有明显的社会性，一方面表现在信息资源的社会化分享，另一方面表现在基于兴趣的用户交流及群体聚合。基于用户交互形成的用户关系网络，使得信息通过社交关系迅速传播，加速了信息分享和创造过程，也满足了用户的信息需求。用户的交互行为因行为主体数量大、关系复杂，且信息需求各异而呈现出多样性，表现为一方面用户的交互对象的类别多样，另一方面用户的交互行为多样。社交网络环境中用户与好友的交互既是信息获取与吸收利用的过程，同时也是一种与他人互动、社会化聚合过程。一方面，个人信息交互行为能够与他人的行为聚合形成强大的社会效应；另一方面，作为个体用户，其交互行为往往不是基于个体的自主判断与选择，而是在社会环境作用下的复杂过程。交互意味着个体与社会之间的一种紧密双向互动。同时，网络用户知识结构、所处环境的不同会导致交互行为有很大的差异。

3.2.2　用户与好友交互数据的获取

用户与好友交互数据的获取来源分为两大类，企业内部来源和外部来源，其中外部来源包括企业合作获取、网络爬取、免费开源数据等。

搭建了公共社交平台的企业，如 Twitter、Yelp、Epinions、大众点评等，其内部数据库中包含了用户与其好友在平台上的交互数据，企业可以根据实际需求抽取这部分数据进行处理分析。而对于本身不具备社交属性，但希望能利用用户社交信息进行需求预测的企业来说，需要从外部获取数据。例如，企业可以通过与社交平台企业合作，搭建数据共享平台，获取所需数据，或者直接向平台企业或第三方数据服务商购买数据。除此之外，企业可以通过网络爬虫从网络中爬取数据，但需警惕网络爬虫可能带来的法律风险和隐私泄露问题，此方式仅限于非营利性质的数据用途。另外，伴随数据开放和数据共享的趋势，越来越多的社交平台企业选择公布数据集供外部使用，企业可以通过获取免费开源的数据解决社交数据短缺问题，目前公开的可获取数据集如表 3-1 所示。

表 3-1　包含好友交互信息的数据集

文献序号	作者&年份	数据集
[47]	Wan 等，2021	Epinions，Flixte
[48]	Tahmasebi 等，2021	Twitter
[49]	Pan 等，2020	Epinions and Ciao datasets
[50]	Gao 等，2021	Sina Weibo and Twitter
[51]	Pramanik 等，2020	Meetup and Yelp
[52]	Zhang 等，2019	NUS-WIDE object + Flick
[53]	Ｃ C N 和 Mohan，2019	Github
[54]	Zheng 等，2019	Yahoo Movies，Amazon Video Games and Amazon Movies and TV
[55]	Zhang 和 Mao，2019	MovieLens
[56]	Shamshoddin 等，2020	Amazon
[57]	Garg 等，2019	Yoochoos，Diginetica，RetailRocket
[58]	Chen 和 Li，2019	MovieLens，Last.fm
[59]	Zhang 等，2019	Adressa，Last.fm and Weibo-Net-Tweet
[60]	Song 等，2019	Douban，Delicious，Yelp
[61]	Wu 等，2019	Netflix and MovieLens
[62]	Qu 等，2018	Sina Weibo
[63]	Lu 等，2018	Yelp，Amazon
[64]	Ludewig 和 Jannach，2018	E-commerce Datasets，Media Datasets
[65]	Neammanee 和 Maneeroj，2018	MovieLens
[66]	Niu 等，2018	Flickr YFCC100M
[67]	Liang 等，2018	MovieLens-20M，Netflix-price，Million Song
[68]	Wei 等，2017	Netflix
[69]	Deng 等，2017	Epinions and Flixster
[70]	Dang 和 Ignat，2017	Epinions and Ciao
[71]	Nguyen 等，2017	NUS-WIDE and Flickr-PTR
[72]	Zheng 等，2017	Yelp，Beer，Amazon
[73]	Wang 等，2017	Own dataset Created
[74]	Cao 等，2017	MovieLens，Netflix and Yelp
[75]	Hidasi 等，2016	VIDXL，CLASS
[76]	Tan 等，2016	Quote dataset
[77]	Lee 等，2016	real twitter dialogue
[78]	Zhou 等，2016	ILSVRC-2012

3.3 融合用户与好友交互的深度学习需求预测方法

大量的研究表明,深度学习方法在学习用户表征的任务上具有非常出色的表现。深度神经网络可以有效地从输入数据学习潜在的解释因素和有用的表示。通常,在实际应用程序中可以获得有关项目和用户的大量描述性信息。利用这些信息可以促进对项目和用户的理解,从而更好地预测用户需求。使用深度神经网络来辅助表示学习的优点有两方面。

(1)它减少了手工特征设计的工作量。特征工程是一项劳动密集型工作,深度神经网络能够在无监督或监督的方法中自动从原始数据中学习特征。

(2)它使推荐模型能够包括异构内容信息,如文本,图像、音频甚至视频。因此,本节以社交推荐为例,介绍在社交推荐任务中,深度学习模型是如何融合好友交互的信息,表征用户需求,并依据预测的用户个性化需求进行推荐。

3.3.1 问题定义

在社交推荐系统中,存在两组实体:用户集 $U(|U|=M)$ 和商品集 $V(|V|=N)$。用户在社交平台中形成了两种行为:与其他用户进行社交联系和表达商品兴趣。这两种行为可以定义为两个矩阵:用户–用户社交联系矩阵 $S\in R^{M\times M}$,用户–商品交互矩阵 $R\in R^{M\times N}$。在社交联系矩阵 S 中,如果用户 a 信任或关注用户 b,则 $s_{ba}=1$,否则为 0。本书使用 S_a 表示用户 a 所关注的用户集,即 $S_a=[b\,|\,s_{ba}=1]$。用户–商品交互矩阵 R 体现了用户对商品的评级偏好和兴趣。由于一些隐式反馈(如看电影、购买物品、听歌曲)在现实应用中更常见,本书也考虑了隐式反馈的推荐场景。设 R 表示用户隐式反馈的评分矩阵,若用户 a 对第 i 项商品感兴趣,则 $r_{ai}=1$,否则为 0。我们使用 R_a 表示用户 a 消费的商品集,即 $R_a=[i\,|\,r_{ai}=1]$,R_i 表示消费商品 i 的用户集,即 $R_i=[a\,|\,r_{ia}=1]$。

考虑到用户的两种行为,将用户–用户社交网络表示为用户–用户有向图:$G_S=\langle U,S\rangle$,其中 U 为该社交网络中所有用户的节点。如果社交网络是无向的,则用户 a 连接到用户 b 表示 a 关注 b,b 也跟随 a,即 $s_{ab}=1\wedge s_{ba}=1$。用户兴趣网络表示用户对商品的兴趣,由用户–商品评级矩阵 R 构造为一个无向二部网络:$G_I=\langle U\bigcup V,R\rangle$。

此外,每个用户 a 与其实值属性(如用户配置文件)相关联,在用户属性矩阵 $X\in R^{d1\times M}$ 中表示为 x_a。同样,每个商品 i 在商品属性矩阵 $Y\in R^{d2\times N}$ 中有一个属性向量 y_i(如商品的文本表示、商品的视觉表示等)。本书将基于图的社交推荐问题表述如下。

定义 3-1（基于图的社交推荐）：给定用户社交网络 G_S 和用户兴趣网络 G_I，可以将这两个网络表示为 G_S 和 G_I 结合的异构图：$G = G_S \bigcup G_I = \langle U \bigcup V, X, Y, R, S \rangle$。则基于图的社交推荐问题为：给定社交网络图 G，目标是预测用户对物品的未知偏好，即预测缺失链接 $\hat{R} = f(G) = f(U \bigcup V, X, Y, R, S)$，其中 $\hat{R} \in R^{M \times N}$ 表示用户对物品的预测偏好。

3.3.2 模型构建

本节首先展示模型 DiffNet++ 的整体架构；其次介绍模型的每个组件；再次将介绍 DiffNet++ 的学习过程；最后，本节对所提出的模型进行了详细的讨论。

DiffNet++ 的体系结构包括四个主要部分：嵌入层、融合层、影响和兴趣扩散层、评级预测层，模型框架如图 3-1 所示。具体来说，嵌入层通过获取相关的输入输出来得到用户和商品的嵌入，融合层融合内容特征和嵌入。影响和兴趣扩散层设计了一个多层次的注意力结构，可以有效地扩散更高阶的社会和兴趣网络。在扩散过程稳定后，输出层预测每个未观察到的用户–商品对的偏好得分。

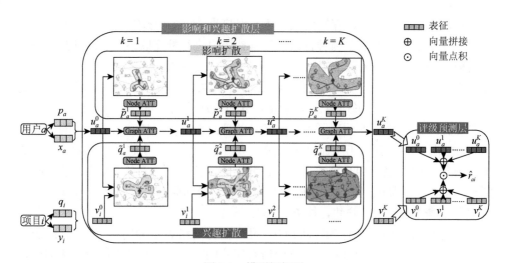

图 3-1　模型框架图

1. 嵌入层

它用相应的向量表示对用户和商品进行编码。设 $P \in R^{M \times D}$，$Q \in R^{N \times D}$ 表示 D 维用户和商品的嵌入矩阵。给定用户 a 的一个独热编码表示，嵌入层进行索引选择并输出用户嵌入 p_a，即用户嵌入矩阵 P 的第 a 行转置。同理，商品 i 的嵌入 q_i 为嵌入矩阵 Q 的第 i 行转置。

2. 融合层

对于每个用户 a，融合层以 p_a 及其相关特征向量 x_a 作为输入，输出一个用户融合嵌入 u_a^0，该嵌入从不同类型的输入数据中捕获用户的初始兴趣。聚变层建模为

$$u_a^0 = g\left(W_1 \times [p_a, x_a]\right) \tag{3-1}$$

其中，W_1 表示变换矩阵；$g(x)$ 表示变换函数。为了避免混淆，这里省略了偏差项。这个融合层可以推广为许多典型的融合操作。例如，通过将 W_1 设为单位矩阵，将 $g(x)$ 设为单位函数，实现 $u_a^0 = [p_a, x_a]$ 的拼接操作。

同理，对于每一个商品 i，融合层将嵌入 v_i^0 的项建模为其自由潜向量 q_i 与特征向量 y_i 之间的函数：

$$v_i^0 = g\left(W_2 \times [q_i, y_i]\right) \tag{3-2}$$

3. 影响和兴趣扩散层

通过将每个用户 a 的融合嵌入 u_a^0 和每个商品 i 的融合嵌入 v_a^0 的输出输入到影响和兴趣扩散层中，这些层通过逐层卷积递归地建模该用户的潜在偏好和商品的潜在偏好。在每一层 $k+1$，以用户 a 的嵌入 u_a^k 和商品 i 的前一层 k 的嵌入 v_i^k 作为输入，这些层通过扩散操作递归输出 v_i^{k+1} 和 u_a^{k+1} 的更新嵌入。这个迭代步骤从 $k=0$ 开始，当递归过程到达预定义深度 k 时停止。由于每个商品只出现在用户-商品兴趣图 G_I 中，因此接下来将首先介绍如何更新商品嵌入，然后介绍用户嵌入的影响和兴趣扩散。对于每一个商品 i，给定它的第 k 层嵌入 v_i^k，G_I 对第 $(k+1)$ 层嵌入 v_i^{k+1} 的更新项建模为

$$\tilde{v}_i^{k+1} = \text{AGG}_u\left(u_a^k, \forall a \in R_i\right) = \sum_{a \in R_i} \eta_{ia}^{k+1} u_a^k$$

$$v_i^{k+1} = \tilde{v}_i^{k+1} + v_i^k \tag{3-3}$$

其中，$R_i = [a \mid r_{ia} = 1]$ 表示评价商品 i 的用户集；u_a^k 表示用户 a 的第 k 层嵌入；$\tilde{v}_i^{k+1}$ 表示项目 i 的聚合嵌入；η_{ia}^{k+1} 表示聚合权重。在从 k 层获得聚合的嵌入 $\tilde{v}_i^{k+1}$ 后，每个商品的更新嵌入 v_i^{k+1} 融合了邻居的嵌入和商品的前一层 k 的嵌入。

由于不同用户的重要值在商品表示上是不同的，因此利用注意网络学习 η_{ia}^{k+1} 的注意力权重为

$$\eta_{ia}^{k+1} = \text{MLP}_i\left([v_i^k, u_a^k]\right) \tag{3-4}$$

使用多层感知器（multilayer perceptron，MLP）学习相关的用户和商品嵌入的节点注意权值之后，将注意力权重归一化为

$$\eta_{ia}^{k+1} = \frac{\exp\left(\eta_{ia}^{k+1}\right)}{\sum_{b \in R_i} \exp\left(\eta_{ia}^{k+1}\right)} \tag{3-5}$$

对于每个用户 a，u_a^k 表示其第 k 层的潜在嵌入。由于用户在社交网络 G_S 和兴趣网络 G_I 中都扮演着核心角色，除了用户自己的潜在嵌入 u_a^k 外，其在 $k+1$ 层的更新嵌入 u_a^{k+1} 受到两个图的影响：G_S 中的影响扩散和 G_I 中的兴趣扩散。$\tilde{p}_a^{k+1}$ 表示来自社会邻居影响扩散的聚合嵌入；$\tilde{q}_a^{k+1}$ 表示来自兴趣商品邻居的聚合兴趣扩散的 $k+1$ 层嵌入。每个用户的更新嵌入 u_a^{k+1} 被建模为

$$u_a^{k+1} = u_a^k + \left(\gamma_{a1}^{k+1} \tilde{p}_a^{k+1} + \gamma_{a2}^{k+1} \tilde{q}_a^{k+1}\right)$$

$$\tilde{p}_a^{k+1} = \sum_{b \in S_a} a_{ab}^{k+1} u_b^k$$

$$\tilde{q}_a^{k+1} = \sum_{i \in R_a} \beta_{ai}^{k+1} v_i^k \tag{3-6}$$

由于三组权重代表多层次结构，因此使用多层次注意网络对注意权重进行建模。具体来说，图注意网络设计用来学习在更新 a 的嵌入与不同的图时每个方面的贡献权重，即 $\tilde{p}_a^{k+1}$ 和 $\tilde{q}_a^{k+1}$，并且节点注意网络设计用来分别学习每个社会图和每个兴趣图中的注意权重。具体而言，社会影响得分 a_{ab}^{k+1} 的计算方法如下：

$$a_{ab}^{k+1} = \mathrm{MLP}_2\left(\left[u_a^k, u_b^k\right]\right) \tag{3-7}$$

同样，以相关用户嵌入和商品嵌入为输入，计算兴趣影响评分 β_{ai}^{k+1}：

$$\beta_{ai}^{k+1} = \mathrm{MLP}_3\left(\left[u_a^k, v_i^k\right]\right) \tag{3-8}$$

在得到两组节点注意权值后，将节点注意权值的输出发送到图注意网络，可以将 γ_{al}^{k+1}（$l = 1, 2$）的图注意权值建模为

$$\gamma_{a1}^{k+1} = \mathrm{MLP}_4\left(\left[u_a^k, \tilde{p}_a^k\right]\right)$$

$$\gamma_{a2}^{k+1} = \mathrm{MLP}_4\left(\left[u_a^k, \tilde{q}_a^k\right]\right) \tag{3-9}$$

对于每个用户 a，图注意层得分不仅依赖于用户的嵌入 $\left(u_a^k\right)$，还依赖于从节点注意网络学习到的加权表示。

4. 评级预测层

经过 k 层的迭代扩散过程，得到了 $k = [0, 1, 2, \cdots, K]$ 时 u 和 i 的嵌入集的 u_a^k 和 v_i^k。然后，对于每个用户 a 的最后嵌入表示为：$u_a^* = \left[u_a^0 \| u_a^1 \| \cdots \| u_a^K\right]$。同样每一项商品 i 的最终嵌入为 $v_i^* = \left[v_i^0 \| v_i^1 \| \cdots \| v_i^K\right]$。之后，预测评分被建模为最终用户和商品嵌入之间的内积：

$$\hat{r}_{ai} = \left[u_a^0 \| u_a^1 \| \cdots \| u_a^K \right]^T \left[v_i^0 \| v_i^1 \| \cdots \| v_i^K \right] \tag{3-10}$$

5. 模型训练

使用基于成对排序的损失函数进行优化：

$$L = \min_{\Theta} \sum_{(a,i) \in R^+ \bigcup (a,j) \in R^-} -\ln \sigma \left(\hat{r}_{ai} - \hat{r}_{aj} \right) + \lambda \| \Theta \|^2 \tag{3-11}$$

其中，R^+ 表示正样本集（观察到的用户–商品对）；R^- 表示负样本集（从 R 随机抽样的未观察到的用户–商品对）；$\sigma(x)$ 表示 sigmoid 函数。$\Theta = [\Theta_1, \Theta_2]$ 表示模型中的正则化参数，$\Theta_1 = [P, Q]$ 是融合层和多级注意建模中设置的参数，$\Theta_2 = [W_1, W_2, [\text{MLP}_i], i = 1, 2, 3, 4]$。

对于所有可训练的参数，将其初始化为均值为 0、标准差为 0.01 的高斯分布。此外，在卷积层中没有刻意调整每个嵌入的维度，所有的嵌入维度都保持相同。对于多层次注意网络中的多个 MLP 采用两层结构。

3.3.3　性能评测

1. 数据集

本文在四个真实世界的数据集上进行实验：Yelp、Flickr、Epinions 和大众点评。Yelp 是一个著名的基于位置的在线社交网络，用户可以与他人交朋友，并评论餐厅，本书使用公开的 Yelp 数据集。Flickr 是一个基于图片的在线社交分享平台，用户可以关注他人并分享图片喜好。在本书中使用了爬取并公开发布的社交图片推荐数据集，同时包含了图片的社交网络结构和用户的评级记录。Epinions 是一个基于社交的产品评论平台，数据集已经对外公开。大众点评是中国最大的基于位置的社交网络，本书使用的数据集是经由爬取后并公开发布的。

在这四个数据集中，Yelp 和 Flickr 是两个具有用户属性和项目属性的数据集，并作为上文提出的 DiffNet 模型的数据集。Epinions 和大众点评两个数据集不包含用户属性和项目属性。本书对四个数据集使用相同的预处理步骤。具体来说，由于原始评分以具体的数值呈现，需要先将原始评分转换为二元值。如果评分值大于 3，则将其转换为 1，否则等于 0。对于这两个数据集，过滤出少于 2 条评分记录和 2 条社交链接的用户，并删除评分少于 2 次的项目。随机选取 10% 的数据进行测试。在剩余的 90% 数据中，为了优化参数，从训练数据中选择 10% 作为验证集。表 3-2 概述了这四个数据集的特征，其中表格最后一行显示了额外的用户和项目属性在这个数据集中是否可用。

表 3-2　数据集统计

数据集	Yelp	Flickr	Epinions	大众点评
用户	17 237	8 358	18 202	59 426
项目	38 342	82 120	47 449	10 224
评分	204 448	327 815	298 173	934 334
链接	143 765	187 273	381 559	813 331
评分密度	0.03%	0.05%	0.03%	0.12%
链接密度	0.05%	0.27%	0.15%	0.02%
属性	√	√	×	×

2. 评价指标

对于结果的评估，使用了两个广泛使用的指标，即 HR 和 NDCG。具体来说，HR 衡量的是排名靠前的物品的命中百分比，而 NDCG 更强调排名靠前的物品。对于每个用户，随机选择 1000 个用户没有交互的未评级的商品作为负样本。然后，将这些负样本与对应的正样本（测试集中）混合，以选择 top-N 潜在候选样本。为了降低这个过程的不确定性，重复进行这个过程 5 次，并展示平均结果。

为了说明本书方法的有效性，将 DiffNet ++ 与有竞争力的基准方法进行了比较，包括经典协同过滤模型（BPR[79]，FM[80]），基于社交的推荐模型（SocialMF[81]，TrustSVD[22]，ContextMF[82]，CNSR（collaborative neural social recommendation，协调神经社交推荐）[83]），以及基于图神经网络的推荐模型（GraphRec[41]，PinSage[84]，NGCF[85]）。在 PinSage 中，将用户和商品的特征都作为输入，以便将该模型转换为推荐任务。对于提出的 DiffNet[86] 和 DiffNet ++ 模型，由于这两个模型都很灵活，可以简化为不含用户和物品特性的简单版本，所以本书使用 DiffNet-nf 和 DiffNet ++ -nf 来表示在移除用户和物品特性时 DiffNet 和 DiffNet ++ 的简化版本。

为了更好地说明，表 3-3 中列出了所有这些模型的主要特征。可以看出，本书提出的 DiffNet ++ -nf 和 DiffNet ++ 是唯一同时考虑高阶社会影响和高阶兴趣网络的社交推荐模型。

表 3-3　算法对比

模型		模型输入		用户嵌入			
		F	S	OI	OS	HI	HS
经典的协同过滤算法	BPR	×	×	×	×	×	×
	FM	√	×	×	×	×	×

续表

模型		模型输入		用户嵌入			
		F	S	OI	OS	HI	HS
社交推荐	SocialMF	×	√	×	√	×	×
	TrustSVD	×	√	√	√	×	×
	ContextMF	√	√	×	√	×	×
	CNSR	×	√	×	√	×	√
基于图神经网络的推荐	GraphRec	×	√	√	√	×	×
	PinSage	√	×	√	×	√	×
	NGCF	×	×	√	×	√	×
	DiffNet-nf	×	√	×	√	×	√
	DiffNet	√	√	×	√	×	√
	DiffNet ++ -nf	×	√	√	√	√	√
	DiffNet ++	√	√	√	√	√	√

表 3-3 中，F 表示特征输入；S 表示社交网络输入。在建模过程中，使用 OI 和 OS 表示观察到的一阶兴趣网络和用于用户嵌入学习的社交网络。用 HS 表示用于嵌入学习的高阶社会信息；用 HI 表示用于嵌入学习的高阶兴趣信息。

3. 实验结果分析

表 3-4 到表 3-7 展示了不同嵌入大小 D 的 top-10 推荐的所有模型的总体性能。在表 3-4 中，展示了在数据集 Yelp 和 Flickr 上的比较，其中节点属性值是可用的。在表 3-5 中，用不带属性值的 Epinions 和大众点评对结果进行了刻画。在 Epinions 和大众点评上，不展示需要以属性数据作为输入的模型。除了 BPR 之外，几乎所有的模型都表现出了更好的性能，随着维数 D 的增加，所有的模型都比 BPR 更好，BPR 仅利用观察到的用户-商品评级矩阵进行推荐，在实践中存在数据稀疏问题。TrustSVD 和 SocialMF 利用每个用户的社交邻居作为辅助信息来缓解这一问题。GraphRec 进一步改进了这些传统的社交推荐模型，在用户嵌入过程中联合考虑了一阶社交邻居和兴趣邻居。然而，GraphRec 在用户嵌入学习中只建模了两个图的一阶关系，忽略了高阶图结构。对于基于 GCN 的模型，PinSage 和 NGCF 模型模拟高阶用户-项目图结构，DiffNet 模型模拟高阶社交结构。这些图神经模型在很大程度上击败了基于矩阵的基准方法，显示了利用高阶图结构进行推荐的有效性。本书提出的 DiffNet ++ 模型在任意维数 D 下的性能都是最好的，这表明了建模社会利益网络递归扩散过程的有效性。此外，可以观察到 DiffNet ++ 和

DiffNet 总是表现出比不建模用户和物品特征的算法更好的性能，这显示了在融合层融入特征和潜在嵌入的有效性。表 3-6 和表 3-7 进一步比较了不同 top-N 值的不同模型的性能，总体趋势与上述分析的相同。因此，可以通过实证得出本书所提出模型的优越性。由于几乎所有的模型都在 $D = 64$ 处表现出更好的性能，在接下来的分析中使用这个设置来展示不同模型的比较。

表 3-4 算法在 Yelp 和 Flickr 的结果对比（一）

模型	Yelp						Flickr					
	HR			NDCG			HR			NDCG		
	$D=16$	$D=32$	$D=64$	$D=16$	$D=32$	$D=64$	$D=16$	$D=32$	$D=64$	$D=16$	$D=32$	$D=64$
BPR	0.2435	0.2616	0.2632	0.1468	0.1573	0.1554	0.0773	0.0812	0.0795	0.0611	0.0652	0.0628
FM	0.2768	0.2835	0.2825	0.1698	0.1720	0.1717	0.1115	0.1212	0.1233	0.0872	0.0968	0.0954
SocialMF	0.2571	0.2709	0.2785	0.1655	0.1695	0.1677	0.1001	0.1056	0.1174	0.0862	0.0910	0.0964
TrustSVD	0.2826	0.2854	0.2939	0.1683	0.1710	0.1749	0.1352	0.1341	0.1404	0.1056	0.1039	0.1083
ContextMF	0.2985	0.3011	0.3043	0.1758	0.1808	0.1818	0.1405	0.1382	0.1433	0.1085	0.1079	0.1102
CNSR	0.2702	0.2817	0.2904	0.1723	0.1745	0.1746	0.1146	0.1198	0.1229	0.0913	0.0942	0.0978
GraphRec	0.2873	0.2910	0.2912	0.1663	0.1677	0.1812	0.1195	0.1211	0.1231	0.0910	0.0924	0.0930
PinSage	0.2944	0.2966	0.3049	0.1753	0.1786	0.1855	0.1192	0.1234	0.1257	0.0937	0.0986	0.0998
NGCF	0.305	0.3068	0.3042	0.1826	0.1844	0.1828	0.1110	0.1150	0.1189	0.0880	0.0895	0.0945
DiffNet-nf	0.3126	0.3156	0.3195	0.1854	0.1882	0.1928	0.1342	0.1317	0.1408	0.1040	0.1034	0.1089
DiffNet	0.3293	0.3437	0.3461	0.1982	0.2095	0.2118	0.1476	0.1588	0.1657	0.1121	0.1242	0.1271
DiffNet ++ -nf	0.3194	0.3199	0.3230	0.1914	0.1944	0.1942	0.1410	0.1480	0.1503	0.1100	0.1132	0.1169
DiffNet + +	0.3406	0.3552	0.3694	0.2070	0.2158	0.2263	0.1562	0.1678	0.1832	0.1213	0.1286	0.1420

表 3-5 算法在 Epinions 和大众点评的结果对比（一）

模型	Epinions						大众点评					
	HR			NDCG			HR			NDCG		
	$D=16$	$D=32$	$D=64$	$D=16$	$D=32$	$D=64$	$D=16$	$D=32$	$D=64$	$D=16$	$D=32$	$D=64$
BPR	0.2620	0.2732	0.2822	0.1702	0.1788	0.1812	0.2160	0.2302	0.2299	0.1286	0.1326	0.1319
SocialMF	0.2720	0.2842	0.2893	0.1732	0.1824	0.1857	0.2325	0.2345	0.2410	0.1360	0.1377	0.1416
TrustSVD	0.2726	0.2854	0.2884	0.1773	0.1839	0.1848	0.2364	0.2371	0.2341	0.1381	0.1401	0.1390
CNSR	0.2757	0.2874	0.2898	0.1748	0.1856	0.1876	0.2356	0.2377	0.2418	0.1394	0.1413	0.1435
GraphRec	0.3093	0.3117	0.3156	0.1994	0.2016	0.2051	0.2408	0.2541	0.2622	0.1412	0.1503	0.1556
PinSage	0.2980	0.3003	0.3073	0.1911	0.1933	0.1928	0.2353	0.2452	0.2552	0.1390	0.1434	0.1489
NGCF	0.3029	0.3065	0.3192	0.1977	0.2008	0.1958	0.2489	0.2586	0.2584	0.1470	0.1503	0.1534
DiffNet	0.3242	0.3281	0.3407	0.2007	0.2054	0.2191	0.2522	0.2600	0.2645	0.1483	0.1521	0.1555
DiffNet ++	0.3367	0.3434	0.3503	0.2158	0.2217	0.2288	0.2676	0.2682	0.2713	0.1593	0.1589	0.1605

表 3-6　算法在 Yelp 和 Flickr 的结果对比（二）

模型	Yelp						Flickr					
	HR			NDCG			HR			NDCG		
	$N=5$	$N=10$	$N=15$	$N=5$	$N=10$	$N=15$	$N=5$	$N=10$	$N=15$	$N=5$	$N=10$	$N=15$
BPR	0.1695	0.2632	0.3252	0.1231	0.1554	0.1758	0.0651	0.0795	0.1037	0.0603	0.0628	0.0732
FM	0.1855	0.2825	0.3440	0.1341	0.1717	0.1876	0.0989	0.1233	0.1473	0.0866	0.0954	0.1062
SocialMF	0.1739	0.2785	0.3365	0.1324	0.1677	0.1841	0.0813	0.1174	0.1300	0.0723	0.0964	0.1061
TrustSVD	0.1882	0.2939	0.3688	0.1368	0.1749	0.1981	0.1089	0.1404	0.1738	0.0978	0.1083	0.1203
ContextMF	0.2045	0.3043	0.3832	0.1484	0.1818	0.2081	0.1095	0.1433	0.1768	0.0920	0.1102	0.1131
CNSR	0.1877	0.2904	0.3458	0.1389	0.1746	0.1912	0.0920	0.1229	0.1445	0.0791	0.0978	0.1057
GraphRec	0.1915	0.2912	0.3623	0.1279	0.1812	0.1956	0.0931	0.1231	0.1482	0.0784	0.0930	0.0992
PinSage	0.2105	0.3049	0.3863	0.1539	0.1855	0.2137	0.0934	0.1257	0.1502	0.0844	0.0998	0.1046
NGCF	0.1992	0.3042	0.3753	0.1450	0.1828	0.2041	0.0891	0.1189	0.1399	0.0819	0.0945	0.0998
DiffNet-nf	0.2101	0.3195	0.3982	0.1535	0.1928	0.2164	0.1087	0.1408	0.1709	0.0979	0.1089	0.1192
DiffNet	0.2276	0.3461	0.4217	0.1679	0.2118	0.2307	0.1178	0.1657	0.1855	0.1072	0.1271	0.1301
DiffNet ++-nf	0.2112	0.3230	0.3989	0.1551	0.1942	0.2176	0.1140	0.1503	0.1799	0.1021	0.1169	0.1256
DiffNet ++	0.2503	0.3694	0.4493	0.1841	0.2263	0.2497	0.1412	0.1832	0.2203	0.1269	0.1420	0.1544

表 3-7　算法在 Epinions 和大众点评的结果对比（二）

模型	Epinions						大众点评					
	HR			NDCG			HR			NDCG		
	$N=5$	$N=10$	$N=15$	$N=5$	$N=10$	$N=15$	$N=5$	$N=10$	$N=15$	$N=5$	$N=10$	$N=15$
BPR	0.2005	0.2822	0.3256	0.1526	0.1812	0.1917	0.1412	0.2299	0.2864	0.1024	0.1319	0.1482
SocialMF	0.2098	0.2893	0.3431	0.1575	0.1857	0.2016	0.1546	0.2410	0.3063	0.1111	0.1416	0.1608
TrustSVD	0.2102	0.2884	0.3396	0.1574	0.1848	0.2001	0.1521	0.2341	0.2966	0.1100	0.1390	0.1574
CNSR	0.2151	0.2898	0.3444	0.1592	0.1876	0.2035	0.1564	0.2418	0.3077	0.1132	0.1435	0.1621
GraphRec	0.2335	0.3156	0.3620	0.1764	0.2051	0.2199	0.1725	0.2622	0.3300	0.1240	0.1556	0.1755
PinSage	0.2207	0.3073	0.3073	0.1589	0.1908	0.2008	0.1631	0.2552	0.3177	0.1141	0.1489	0.1664
NGCF	0.2308	0.3192	0.3777	0.1706	0.1958	0.2131	0.1695	0.2584	0.3263	0.1220	0.1534	0.1733
DiffNet	0.2457	0.3407	0.3967	0.1857	0.2191	0.2357	0.1734	0.2645	0.3302	0.1235	0.1555	0.1748
DiffNet ++	0.2602	0.3503	0.4051	0.1973	0.2288	0.2450	0.1798	0.2713	0.3375	0.1281	0.1605	0.1802

　　多层次注意力的影响：本书模型的一个主要特点是融合了社交网络和兴趣网络的多层次注意力建模。表 3-8 中展示了不同注意力建模组合的结果，AVG 表示直接设置相等的注意力权重，不需要任何注意力学习过程；ATT 表示通过学习得到注意力权重。

表 3-8　HR@10 和 NDCG@10 的性能

图级注意力	节点级注意力	Yelp				Flickr			
		HR	提升率	NDCG	提升率	HR	提升率	NDCG	提升率
AVG	AVG	0.3631	–	0.2224	–	0.1733	–	0.1329	–
AVG	ATT	0.3657	+ 0.72%	0.2235	+ 0.49%	0.1792	+ 3.40%	0.1368	+ 2.93%
ATT	AVG	0.3662	+ 0.85%	0.2249	+ 1.12%	0.1814	+ 4.67%	0.1387	+ 4.36%
ATT	ATT	0.3694	+ 1.74%	0.2263	+ 1.75%	0.1832	+ 5.71%	0.1420	+ 6.85%

从表 3-8 中可以看出，无论是节点级注意力还是图级注意力建模都可以提高推荐结果，且图级注意力效果更好。同时结合节点级注意力和图级注意力可以进一步提高性能。例如，对于 Flickr 数据集，图级注意力比平均注意力的结果提高了 4%以上，结合节点级注意力的结果进一步提高了 2%左右。但注意力建模的改进在不同的数据集中是不同的，在 Yelp 数据集上的结果不如在 Flickr 数据集上显著。这一结果表明，在建模过程中考虑不同元素的重要性强度的有效性是不同的，提出的多层次注意力建模可以适应不同数据集的需求。

3.4　考虑社会化关系强度的深度学习需求预测方法

在现实的在线社会化环境中，对于每个用户，其决策受直接好友和社群好友的影响是不一致的。而且在好友影响中，用户受每个直接好友影响的程度是不一致的。因此，本节介绍考虑社会化关系强度的深度学习需求预测方法，引入深度学习注意力机制学习用户不同强弱社交关系对个性化需求预测的影响。

3.4.1　问题定义

在本节中，提出了区分社交关系强度（即好友影响、社群好友影响及标签影响）的基于层次注意力模型的社会化推荐框架，如图 3-2 所示。本节的社会化推荐模型专注于挖掘社交关系对用户购买决策的内在复杂影响。在这个框架中，本节引入了直接好友信息、社群好友信息和标签信息来推断用户的未知偏好。正如图 3-2 所示，关于不同的用户，底层注意力模拟不同元素对信息的特征表示的影响，顶层注意力模拟不同信息对用户兴趣偏好的影响程度。对于每一个用户，用户的标签信息、好友信息及群组信息对用户偏好的影响是不一样的。而对于用户的标签影响而言，其每个标签的影响程度是不一致的；对于用户的好友影响而言，用户受各个直接好友影响的程度是不一致的；对于用户的社群好友影响而言，用户受各个社群好友影响的程度是不一致的。本框架使用双层注意力模型学习出好友信息、群组信息及标签信息的不同影响，推测用户的复杂偏好，准确地预测用户的个性化需求。

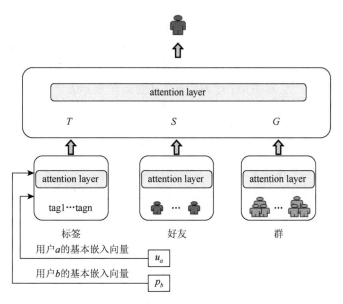

图 3-2　考虑社会化关系强度的个性化需求预测框架

3.4.2　模型构建

1. 模型描述

本方法旨在推荐在线社交网络中用户感兴趣的项目，同时考虑直接好友信息、社群好友信息及标签信息的复杂影响。本方法通过先进的深度学习技术与社交推荐技术相结合的方式，期望进一步提升预测的精度。

该模型的输入为用户与项目的交互集合 D、标签信息集合 T、好友关系集合 F 及社群好友关系集合 G。为了使用层次注意力模型，本书对直接好友关系、社群好友关系和标签信息使用现有算法进行预训练，从而得到其向量表示。对于直接好友关系集合 F，好友词嵌入尝试将好友关系网络中每个用户表示为连续向量空间中的一个向量。由于本书的重点不是设计更复杂的模型来学习出好友网络嵌入，因此本书利用在许多基于网络的应用中展示出高性能的 node2vec 方法进行好友网络词嵌入学习。node2vec 使用好友关系集合 F 作为输入，学习到好友关系网络中用户的向量表示矩阵 $S \in R^{M \times d}$，其中第 i 行表示用户 i 的向量表示 s_i，M 表示用户数，d 表示潜在向量维度。对于社群好友关系集合 G，群组词嵌入尝试将用户加群网络中每个好友社群表示为一个连续向量空间中的向量。由于本书的重点不是设计更复杂的模型来学习用户加群网络的子群表示，因此本书使用了先进且有效算法 sub2vec 方法来进行子群词嵌入的学习。sub2vec 使用社群好友关系集合 G 作为输入，学习到用户加群网络中子群的向量表示矩阵 $Z \in R^{E \times d}$，其中第 i 行表示子群 i 的向量表示 z_i，E 表示群组个数，d 表示潜在向量维度。对于标签信息，本书采用现有的有效算法 doc2vec 方法进行标签词嵌入的学习。doc2vec 使用标签信息集合 T 作为输入，学习到标签词向量表示矩阵 $H \in R^{L \times d}$，其中第 i 行表示标签 i 的向量表示 h_i，L 表示标签数，d 表示潜在向量维度。

2. 注意力网络建模

本节提出了一个使用分层注意力神经网络的模型，它充分考虑社交上下文环境并从两个不同的级别对用户偏好建模。顶层注意力网络描述了三个社交因素（即直接好友信息、社群好友信息、标签信息）对用户决策的重要性，其重要程度是对底层注意力网络的重要性分别进行汇总得出的。给定一个用户 a 和项目 p，使用 ω_{ai}（$i = 1, 2, 3$）表示用户 a 在顶层注意力模型上对社交因素 i 的关注度。关注度越大，表示该社交因素 i 对用户 a 偏好的影响越大。此外，本节对三个社交因素分别构建底层注意力网络。对于直接好友关系 f_a^*，使用 α_{ab} 表示在社交好友网络环境中用户 b 对用户 a 的影响强度，其值越大，表示用户 b 对用户 a 的影响越大。对于社群好友关系 g_a^*，使用 β_{ak} 表示社交好友社群中群组 k 对用户 a 的影响程度，其值越大，表示群组 k 对用户 a 的影响越大。对于标签 t_a^*，使用 γ_{al} 表示标签 l 对用户 a 的影响程度，其值越大，表示标签 l 对用户 a 的影响越大。本书使用四个注意力网络在同一模型中学习得到这些注意力得分。接下来，将自下而上详细讲述模型的构建过程。

底层注意力建模：输入包括用户的直接好友信息、用户的社群好友信息、用户的标签信息三个方面。本书利用注意力模型分别对这三方面信息进行建模，下面依次进行介绍。

（1）直接好友信息注意力建模。直接好友信息进行注意力建模的目的是学习出社交好友关系网络中，对单个用户而言，其每个好友对该用户的影响权重。若用户 b 是用户 a 的好友，则使用 α_{ab} 表示社交好友网络环境中用户 b 对用户 a 的影响强度，其计算公式如下：

$$\alpha_{ab} = w_1^T \sigma \left(W_1 [u_a, s_b, p_a] \right) \tag{3-12}$$

其中，$\theta_{f^*} = [W_1, w_1]$ 表示直接好友信息注意力网络的参数；σ 表示非线性激活函数。该好友信息注意力网络还包括用户 a 的基本词嵌入表示 u_a，用户好友 b 的词嵌入 s_b，物品的基本词嵌入 p_a。若给定嵌入向量维度 d，注意力网络的第一层输出维

度为 d_1，则 $W_1 \in R^{d_1 \times 3d}$ 是注意力网络第一层的矩阵参数，$w_1 \in R^{d_1}$ 是注意力网络的第二层向量参数。

然后，将式（3-12）的结果归一化处理，得到用户 b 对用户 a 的最终的注意力得分：

$$\alpha'_{ab} = \frac{\exp(\alpha_{ab})}{\sum_{b=1}^{M} \exp(f_{ba}\alpha_{ab})} \qquad (3\text{-}13)$$

则用户 a 的直接好友信息的特征表示为

$$\tilde{f}_a^* = \sum_{b=1}^{M} f_{ba}\alpha'_{ab}s_b \qquad (3\text{-}14)$$

（2）社群好友信息注意力建模。社群好友进行注意力建模的目的是学习出用户社群好友关系网络中，对单个用户而言，其加入的每个好友社群对该用户的影响程度。若好友社群 i 是用户 a 加入的群，则使用 β_{ai} 表示社交网络环境中群组 i 对用户 a 的影响强度，其计算公式如下：

$$\beta_{ai} = w_2^{\mathrm{T}} \times \sigma\left(W_2[u_a, z_i, p_a]\right) \qquad (3\text{-}15)$$

其中，$\theta_{g^*} = [W_2, w_2]$ 表示社群好友信息注意力网络的参数。该社群好友信息注意力网络的参数还包括用户的基本词嵌入表示 u_a，群组的词嵌入 z_i，物品的基本词嵌入 p_a。

然后，将式（3-15）的结果归一化处理，得到好友社群 i 对用户 a 最终的注意力得分：

$$\beta'_{ai} = \frac{\exp(\beta_{ai})}{\sum_{j=1}^{E} \exp(g_{ja}\beta_{aj})} \qquad (3\text{-}16)$$

则用户 a 的社群好友信息的特征表示为

$$\tilde{g}_a^* = \sum_{j=1}^{E} g_{ja}\beta'_{aj}z_j \qquad (3\text{-}17)$$

（3）标签信息注意力建模。标签信息进行注意力建模的目的是学习出不同用户在标签序列中的受影响程度。若标签 i 是用户 a 打过的标签，则使用 γ_{ai} 表示社交网络环境中标签 i 对用户 a 的影响强度，其计算公式如下：

$$\gamma_{ai} = w_3^{\mathrm{T}} \times \sigma\left(W_3[u_a, h_i, p_a]\right) \qquad (3\text{-}18)$$

其中，$\theta_{t^*} = [W_3, w_3]$ 表示标签信息注意力网络的参数。该标签信息注意力网络的参数还包括用户的基本词嵌入表示 u_a，标签的词嵌入 h_i，物品的基本词嵌入 p_a。

然后，将式（3-18）的结果归一化处理，得到标签 i 对用户 a 最终的注意力得分：

$$\gamma'_{ai} = \frac{\exp(\gamma_{ai})}{\sum_{j=1}^{L} \exp(c_{ja}\gamma_{aj})} \tag{3-19}$$

则用户 a 的标签信息的特征表示为

$$\tilde{t}_a^* = \sum_{j=1}^{L} c_{ja}\gamma'_{aj}h_j \tag{3-20}$$

（4）顶层注意力建模。顶层注意力模型将底层注意力网络中形成的三个因素特征表示作为输入，对用户决策过程中每个因素的重要性进行建模。具体而言，就是对于用户 a 和项目 p，可以从底层注意力模型得到用户 a 的好友信息特征表示 $\tilde{f}_a^*$、社群好友信息特征表示 $\tilde{g}_a^*$ 以及标签信息特征表示 $\tilde{t}_a^*$。然后，顶层注意力网络可建模为

$$\omega_{ai} = w^{\mathrm{T}} \times \sigma(Wx_i) \tag{3-21}$$

其中，$\theta_a = [W, w]$ 表示顶层注意力网络的参数；x_i 表示该注意力网络的参数，其中 $x_1 = \tilde{f}_a^*$ 为好友信息的特征表示，$x_2 = \tilde{g}_a^*$ 为社群好友信息的特征表示，$x_3 = \tilde{t}_a^*$ 为标签信息的特征表示。

然后，将由式（3-21）得到的注意力得分进行归一化处理，得到最终的注意力得分：

$$\omega'_{ai} = \frac{\exp(\omega_{ai})}{\sum_{j=1}^{3} \exp(\omega_{aj})} \tag{3-22}$$

针对每个用户 a，个性化定制社会化因素的得分，以区分三个社会化因素在用户决策过程中的重要性。对于所有学习到的社交因素的重要性得分，其值越大，用户的决定就越有可能受到此相应的社会因素的影响。

介绍完注意力网络建模，接下来介绍将 4 个注意力模型集成在同一模型中，其预测函数的构建。通过层次注意力模型，学习到了社交因素的复杂影响，从而得到每个用户 a 对项目 j 的预测得分如下：

$$\hat{r}_{aj} = p_j^{\mathrm{T}}\left(u_a + \omega'_{a_1}\tilde{f}_a^* + \omega'_{a_2}\tilde{g}_a^* + \omega'_{a_3}\tilde{t}_a^*\right) \tag{3-23}$$

其中，$\tilde{f}_a^* = \sum_{b=1}^{M} f_{ba}\alpha'_{ab}$，$\tilde{g}_a^* = \sum_{j=1}^{E} g_{ja}\beta'_{aj}$，$\tilde{t}_a^* = \sum_{j=1}^{L} c_{ja}\gamma'_{aj}$。

3. 模型训练

本书专注于使用隐式反馈数据的社会化推荐研究，因此采用基于隐式反馈数据的项目推荐模型常用的基于排名的损失函数，将目标函数设计为

$$\min_{\theta} \phi = -\sum_{a=1}^{M} \sum \delta\left(\hat{r}_{ai} - \hat{r}_{aj}\right) + \lambda\|\theta_1\|^2 \tag{3-24}$$

其中，δ 表示 sigmoid 函数；λ 表示正则化系数；$\theta = [\theta_1, \theta_2]$，其中 $\theta_1 = [U, P]$ 表

示用户和项目的基本词嵌入矩阵，$\theta_2 = [\theta_f, \theta_g, \theta_t, \theta_a]$ 表示每个注意力网络的参数。用户构建配对的项目组 (i, j)，其中 $i \in D$ 且 $j \notin D$。

　　在实验中，采用 TensorFlow 框架，并使用小批量 Adam 训练模型参数。详细的训练算法在表 3-9 进行展示。具体地，在每次迭代时，对于每个正反馈，本实验将随机抽取 4 个缺失未观测值的反馈为伪负反馈。

表 3-9　算法及参数学习流程

HAM-FGT 算法
输入：用户–项目交互集合，好友关系集合，社群好友关系集合，标签集合，小批量 m 输出：用户和项目的基本嵌入矩阵，注意力模型参数 随机初始化参数
for epoch=1；epoch<=MaxIter；do 对每个用户的一个正反馈随机抽取 4 次负反馈<*a, i, j*>，其中且 　 for mini_epoch=1；mini_epoch<=|D/m| do 　　　随机抽取 m 对偏序产品对 　 for k=1；k<=m;do 　　　利用式（3-23）计算正反馈项目的偏好得分 　　　利用式（3-23）计算负反馈项目的偏好得分 　　　利用式（3-24）计算损失函数 　 end 　 end end return 用户和项目的基本嵌入矩阵和注意力模型参数

　　注：HAM-FGT 全称是 hierarchical attention model for friends, groups, and tags，用于朋友、群组和标签的层次注意力模型

3.4.3　性能评测

1. 数据集

　　为了验证模型有效性，使用现实世界中存在的社交网络数据集 Last.fm（http://www.last.fm）对本节的个性化需求预测方法进行实验验证。个性化音乐共享服务 Last.fm 是全球规模排名第一的社会化音乐共享平台。该站点提供个性化的推荐服务，通过类似的品位与用户建立社交联系，利用每个用户收听的音乐以量身定制广播和其他服务。在 Last.fm 中，人们也能创建或加入好友社群以共享音乐。同时，用户会为自己喜欢的音乐打上个性化的标签，为音乐更好地分类。本次实验为了验证好友信息、社群好友信息及标签信息对用户的不同影响，对数据集进行了筛选以保证每个用户都有好友信息、社群好友信息及标签信息。同时，本次实验筛选数据以保证每个用户至少有 5 个交互的项目，每个项目至少与 10 个用户产生交互。对于标签数据未进行筛选，保留所有用户个性化标签。其中，该数据集中共有 10 539 个不同的好友社群，22 067 个不同的标签。表 3-10 显示了详细的数据信息。

表 3-10　Last.fm 数据集的描述

项目	实验数据集
用户数	2 776
项目数	8 581
用户-产品交互数	189 568
好友关系	9 817
群组关系	38 080
标签列表	90 508
每个用户的平均产品数	68.29
每个用户的平均好友数	7.07
每个用户的平均群组数	13.72
每个用户的平均标签数	32.60
稀疏度（%）	99.99

　　本节使用 Last.fm 数据集的四个子集，即好友关系数据集、群组关系数据集、标签数据集和用户-项目交互数据集。用户-项目交互数据集是指用户对项目的交互记录，在本数据集中指用户收藏了音乐。

　　在实验中，对于每个用户，将其项目列表分为 80%训练集和 20%测试集。另外，根据训练集，可以得到好友关系数据集、群组关系数据集和标签数据集。详细信息如表 3-11 所示。

表 3-11　训练集和测试集的描述

项目	训练集	测试集
用户数	2 776	2 776
项目数	8 581	8 192
用户-产品交互数	152 681	36 887
稀疏度（%）	99.993	99.998

2. 评价指标

为了评估提出的社会化需求预测方法的有效性，本书采用以下四个评估标准。

（1）$\mathrm{Rec}@K$：用户 u 的召回率定义为

$$\mathrm{Rec}_u @ K = \frac{\mathrm{hit}}{|u_u^{\mathrm{te}}|} \tag{3-25}$$

其中，hit 表示用户 u 的预测列表中有多少用户 u 实际购买的项目数；$\left|u_u^{te}\right|$ 表示用户 u 实际的购买项目数。一般来说，召回率是要计算用户测试集中有多少比例的项目被预测准了。接着，有

$$\text{Rec}@K = \sum_{u \in u^{te}} \text{Rec}_u@K \Big/ \left|u^{te}\right| \tag{3-26}$$

其中，$\left|u^{te}\right|$ 表示测试集中的用户数，即总样本的召回率是个体样本召回率的均值。

（2）Pre@K：准确度描述为相关结果在前 k 个结果中所占的比例。用户 u 的预测准确度定义为

$$\text{Pre}_u@K = \frac{\text{hit}}{K} \tag{3-27}$$

其中，hit 表示用户 u 的预测列表中有多少用户 u 实际购买的项目数；K 表示预测项目数。一般来说，准确度是用户的预测列表中项目预测准了的比例。因此，可以将 Pre@K 描述为

$$\text{Pre}@K = \sum_{u \in u^{te}} \text{Pre}_u@K \Big/ \left|u^{te}\right| \tag{3-28}$$

也就是说，总样本的精度是单个精度的平均值。

（3）NDCG@K：该指标是依次对每个推荐结果进行分级别评分的排序度量方式。有如下定义：

$$\text{NDCG}@K = \frac{1}{\left|u^{te}\right|} \sum_{u \in u^{te}} \frac{\text{DCG}_u@K}{\text{IDCG}_u} \tag{3-29}$$

其中，

$$\text{DCG}_u@K = \sum_{i=1}^{K} \frac{2^{\text{rel}_i} - 1}{\log_2(i+1)} \tag{3-30}$$

$$\text{IDCG}_u = \sum_{i=1}^{|\text{rel}|} \frac{2^{\text{rel}_i} - 1}{\log_2(i+1)} \tag{3-31}$$

其中，rel 表示人工抽样数据，然后按照一定规则评定的等级得分。

（4）MAP@K：用于评估平均精度均值。用户 u 的平均精度定义如下：

$$\text{AP}_u@K = \sum_{i=1}^{K} (\text{Pre}_u@i) / \text{hit} \tag{3-32}$$

其中，$\text{Pre}_u@i$ 表示预测列表长度为 i 时的精度；hit 表示预测列表长度为 K 时准确预测的次数。通常，MAP@K 是所有用户的 AP@K 均值。故 MAP@K 为

$$\text{MAP}@K = \sum_{u \in u^{te}} (\text{AP}_u@K) / \left|u^{te}\right| \tag{3-33}$$

3. 实验结果分析

在本节中，主要显示实验结果，并对实验结果进行系列分析，包括总体性能、注意力分析和信息分析。

1）总体性能

在该部分，将本节提出的基于双层注意力的社交需求预测方法与一些基准方法进行比较。为了验证模型，本书使用四种预测方法作为基准算法。

BPR：传统的贝叶斯个性化排序推荐算法使用用户-项目交互信息来随机构造二元组〈正反馈，负反馈〉以获取项目的排序偏好[79]。

SBPR（social Bayesian personalized ranking，社交贝叶斯个性化排序）：此方法将好友信息集成到 BPR 算法中。通过使用用户之间的正面反馈信息和好友信息，可以通过随机构造三元组〈正面反馈，朋友反馈，负面反馈〉来获得项目排序的偏好[87]。

NCF（neural collaborative filtering，神经协同过滤）：该方法是利用深度学习做推荐的先进方法，该方法使用神经网络代替内积对用户-项目的交互建模以学习到用户交互数据中的复杂结构信息[88]。本节在 NCF 算法的基准上进行扩展，得到 HAM-FGT 模型。

G_SBPR（group social Bayesian personalized ranking，群组社交贝叶斯个性化排序）：该方法利用好友信息和社群好友信息扩展传统的贝叶斯个性化排序算法，其已被证明在该数据集中具有有效改善推荐性能的作用。

从表 3-12 可以看到，HAM-FGT 和基准方法的实验结果。首先，可以看到在 Pre@10、Rec@10、MAP@10 和 NDCG@10 四个指标上，本节提出的方法 HAM-FGT 表现最优。与融入社会化信息的基准方法 BPR 和 NCF 相比，HAM-FGT 具有明显的改善作用。其中，在性能上，HAM-FGT 相较于未加入社会化信息和注意力模型的基准方法 NCF，在 Pre@10 指标上提升了 20.86%，在 Rec@10 上提升了 34.22%，在 MAP@10 上提升了 40.35%，在 NDCG@10 上提升了 20.16%。这证明社会化信息和注意力模型对需求预测性能具有改善作用。与社会化需求预测的代表性算法 SBPR 相比，HAM-FGT 在四个指标上也有改善。相较于使用好友信息和好友社群信息扩展传统的贝叶斯模型的方法 G_SBPR，HAM-FGT 在指标 Pre@10 指标上提升了 2.45%，在 Rec@10 上提升了 3.52%，在 MAP@10 上提升了 9.19%，在 NDCG@10 上提升了 3.73%。以上结果均证明了 HAM-FGT 在推荐性能上的改善，但是其并未详细说明社会化信息和注意力模型对需求预测性能的影响，所以后续两部分分别从注意力分析和信息分析角度揭示该模型的用处。

表 3-12　模型评估

方法	Pre@10	Rec@10	MAP@10	NDCG@10
BPR	0.072 299	0.076 337	0.033 756	0.080 221
SBPR	0.078 350	0.087 666	0.034 383	0.083 034
NCF	0.069 957	0.070 378	0.029 447	0.076 666
G_SBPR	0.082 529	0.091 244	0.037 849	0.088 810
HAM-FGT	**0.084 547**	**0.094 460**	**0.041 329**	**0.092 119**

注：加粗字体代表最优的模型结果

2）注意力分析

在这一部分中，为了验证注意力模型的效果，我们将本节提出的方法 HAM-FGT 与三种方法进行了比较。具体来说，本书首先使用没有注意力模型（NCF-FGT）的方法来推荐项目。NCF-FGT 在训练过程中没有对两个重要的注意力方面进行建模，仅使用 NCF 进行训练并生成推荐列表。其次，本书将底层注意力网络添加到 NCF-FGT 中，并获得方法 BAM-FGT。BAM-FGT 建模了不同元素对信息潜在特征的重要性。最后，将顶层注意力网络添加到 NCF-FGT 中，以获得新方法 TAM-FGT。TAM-FGT 模拟了不同类型的社会化信息对用户兴趣爱好的影响。

首先，表 3-13 结果显示 NCF-FGT 在 Pre@10、Rec@10、NDCG@10 和 MAP@10 四个指标上的表现都是最差的，而 HAM-FGT 则表现最佳。这说明注意力模型的加入对推荐结果有改善作用，证明了其必要性和有效性。其次，观察加了单层注意力模型的算法 BAM-FGT 和 TAM-FGT，可以发现其在 Pre@10、Rec@10、NDCG@10 和 MAP@10 四个指标上均优于未加注意力模型的算法 NCF-FGT，而 TAM-FGT 在四个指标上优于 BAM-FGT。这可以说明顶层注意力模型有助于改善实验结果。这就引出了第三部分的信息分析，研究不同信息对用户偏好的影响以及组合信息对用户偏好影响是十分有必要的。

表 3-13　不同注意力层次的性能分析

方法	Pre@10	Rec@10	MAP@10	NDCG@10
NCF-FGT	0.072 047	0.077 887	0.031 262	0.078 939
BAM-FGT	0.082 782	0.092 554	0.040 188	0.090 707
TAM-FGT	0.083 898	0.094 295	0.041 261	0.092 059
HAM-FGT	**0.084 547**	**0.094 460**	**0.041 329**	**0.092 119**

注：加粗字体代表最优的模型结果

3）信息分析

在本节中，将 HAM-FGT 与六种方法进行比较，以研究好友信息、社群好友信息和标签信息分别如何影响推荐结果。六种方法如下：①仅基于好友信息的方法（HAM-F）；②仅基于社群好友信息的方法（HAM-G）；③仅基于标签信息的方法（HAM-T）；④基于好友信息和社群好友信息的方法（HAM-FG）；⑤基于好友信息和标签信息的方法（HAM-FT）；⑥基于社群好友信息和标签信息的方法（HAM-GT）。

不同信息性能分析的实验结果在图 3-3 进行展示，本书将从 3 个角度对结果进行解读。

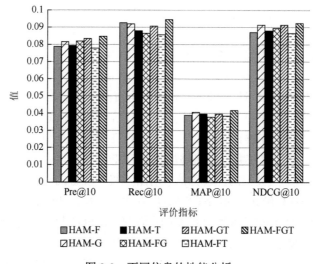

图 3-3　不同信息的性能分析

首先，从单个信息融入的角度来看，HAM-G 在 Pre@10、NDCG@10 和 MAP@10 三个指标上基本优于 HAM-T 和 HAM-F，而 HAM-T 有三个指标优于 HAM-F。这表明在该数据集中，单独使用辅助信息而言，仅使用社群好友信息要优于仅使用好友信息和仅使用个性化标签信息。可以解释为，在 Last.fm 共享音乐平台中，用户的好友链接相对稀疏，用户对项目的个性化标签还没出现成熟的体系（即用户随心所欲地打标签，标签的词义重合度较低），而用户的加群信息十分稠密且针对性更强（即用户因兴趣自发加入音乐社群，每一个音乐社群都有特定的主题，从而可以代表用户的某一特定偏好）。通常而言，好友信息和标签信息都可以代表用户偏好，但是在该数据集中标签信息的数据量远远大于好友信息的数据量，这也导致了在该数据集中仅融入好友信息的推荐方法 HAM-F 略逊于仅融入标签信息的推荐方法 HAM-T。

其次，从两个信息的组合融入来看，HAM-GT 方法在 Pre@10、Rec@10、NDCG@10 和 MAP@10 四个指标上要优于 HAM-FT 和 HAM-FG。而 HAM-FG 在三个指标上的表现要强于 HAM-FT。呈现这样的趋势的原因同单个信息融入的情况是一样的。两个信息融入算法与单个信息融入的算法相比的结果如下：
HAM-FG 与 HAM-G 相比没有绝对优势，在三个指标上劣于 HAM-G；HAM-GT
与 HAM-G 相比没有绝对优势，在两个指标上优于 HAM-G；HAM-FT 在四个指
标上均劣于 HAM-F，在四个指标上均劣于 HAM-T。该结果显示在该数据集情
况下，多元信息的融入并非是单纯的"1＋1＞2"，辅助信息的加入可能会对原
有算法性能带来提升，也有可能对原有算法带来额外的噪声使得算法性能下降。
针对二元信息融合的算法，可以看到社群好友信息和标签信息融入的算法
HAM-GT 相对原有算法来说起到了一个改善性能的作用，好友信息和社群好友
信息的融入算法 HAM-FG 以及好友信息和标签信息的融入算法 HAM-FT 则相对
而言没有起到提升原有算法性能的作用。这一现象可以解释为社群好友信息和
标签信息都是关注于用户本身自我选择兴趣点和自我创造的信息，其为用户偏
好的直接体现。而用户的好友则是用户偏好的间接体现，用户的社交好友与用
户本身的兴趣可能只重叠了一小部分。

　　最后，从三个信息融入的结果来看，HAM-FGT 在 Pre@10、Rec@10、
NDCG@10 和 MAP@10 四个指标上要优于两个信息融入的所有算法，且在四个指
标上要优于单个信息融入的所有算法。该结果表明多个信息融入的性能还会受加
入信息数据之间相互作用的影响。正如本实验的基础模型 NCF，该模型本身就是
使用神经网络模拟用户和项目之间的交互，其可学习到非线性特征。在该数据集
中，社会化信息的组成就是本实验所使用的社群好友信息、标签信息和好友信息，
这三个信息可以很好地体现出该社会化环境下用户的偏好。所以社群好友信息、
标签信息和好友信息的一起融入，可以强调出相同的兴趣点，并且弱化由多个信
息加入带来的噪声。

3.5　融合用户与好友交互的个性化需求预测应用

　　本节以大众点评为例，首先介绍了大众点评平台的功能，以及用户与好友之
间如何进行交互进而相互影响用户个人对商家的偏好。其次介绍了体现用户与好
友交互的数据的具体形式，包括用户个人及社交信息、商家信息和评论信息。再
次结合前文提出的基于矩阵分解的个性化需求预测方法，将方法应用于大众点评
平台，对大众点评用户需求进行个性化预测。最后，基于对需求预测方法的实际
应用，结合管理案例，得出相应的管理启示。

3.5.1　应用场景介绍

　　大众点评是用户对商家生成内容的分享平台，由用户在平台上撰写对商家的

评分和评价内容。评分采用星级制，最低分 1 颗星，即 1 分；最高 5 颗星，即 5 分。评分的高低表示用户对商家的总体评级。评价内容包括文字和图片的形式，以文字的形式记录用户的用餐体验是必要的，且字数不低于 10 个字，内容可以包括商家环境、菜品口味和人员服务等方面，用户可以选择上传就餐拍摄的图片进行直观的评价和分享。用户生成评分评论后，平台后端工作人员对评价内容进行 3～24 小时的审核，保证评论评分和评论内容真实有效。

当用户浏览商家信息时，一方面通过商家界面的介绍信息和商家自传图片了解商家情况，另一方面通过用户对商家总体评分和用户上传的评论信息与图片获取其他用户对商家情况的反馈和口碑。大众点评为用户了解商家信息提供平台信息，为线下消费提供参考，并形成评论和图片，从而形成良性循环。

并且，大众点评作为 UGC（user generated content，用户生成内容）平台，有很强的社交属性，用户主动参与度高，互动空间大。用户除了可以关注喜欢的商家，也可以关注平台用户，关注后的用户的最新评价内容会在社区内更新，类似于微信中的"朋友圈"系统，可以随时查看关注用户的动态，并且进入商家的界面后，优先提示用户已经关注的人之前何时来过，以及对商家的评分和评价。

3.5.2　交互数据形式

用户在平台上的交互数据具体体现为用户的个人及社交信息数据、商家的信息数据和评论数据。

用户个人及社交信息数据记录了用户的信息，包括用户 ID、用户名称、注册时间、家乡、用户性别、出生日期、用户等级、用户关注数、用户粉丝数、用户关注 ID、用户粉丝 ID 和是否为平台 VIP。

商家的信息数据记录了商家信息，包括商家 ID、商家名称、商家地区、具体地址、商家类型、商家电话、商店营业时间、商家是否提供拼团、商家是否提供提前预约、商家是否提供外卖配送服务、商家的平均每人消费金额、商家连锁店 ID 序列集、商家总评分、商家环境评分、口味评分、服务评分。商家信息中，包括了商家的基础性信息，也包括了商家历史平均评分和人均消费等属性。

评论信息数据中的单条评论为单一用户对单一商家的评论而产生，包括用户名称、用户 ID、商家 ID、评论 ID、总评分、评论时间、评价内容、评价图片数、回复数、点赞数，以及用户对店铺环境、口味和服务的三方面评分。

用户的个人信息、商家的基础信息、用户与好友的交互及用户与商家的交互等多种线上交互行为构成了用户交互数据，有效利用用户交互数据有助于预测用户需求。

3.5.3　个性化需求预测

融合好友交互的网络图模型个性化需求预测方法主要融合了用户间的社交关系，因此将用户的个人兴趣和用户的社交关系作为输入，通过对社交行为的挖掘和融合，形成用户的个人偏好，输出层预测用户对商家的偏好得分。具体步骤如下。

（1）用户与商家表示。通过嵌入层对用户和商家进行编码，每个用户对商家的偏好使用用户评分和用户点击次数等表示。评分数据是最直接的显式反馈行为，可以较精准地对用户偏好进行分析和预测，本例选取用户评分数据进行建模和预测。

（2）社交关系融合。将用户和商家输入融合层得到融合嵌入，将融合嵌入输入影响和兴趣扩散层，通过该层的多层次注意力结构，可以有效地挖掘更高阶的社会网络信息和兴趣网络信息并进行融合。

（3）产生需求预测列表。在影响和兴趣扩散层扩散过程稳定后，输出层预测用户对每个商家的偏好得分，剔除目标用户已经评分过的商家，形成预测的商家集合，并根据偏好得分排序。

3.5.4　管理启示

上述案例表明，融合用户与好友交互的信息进行个性化需求预测可以很好地辅助用户选择合适的商家进行消费，通过个性化的需求预测，既帮助了用户选择合适的商家，也提高了商家的实际收益。通过本节分析，总结企业融合好友交互进行个性化需求预测的实际用途，有以下几点管理启示。

（1）社会属性信息包括了影响用户行为偏好的个体属性信息和社会关系信息。其中，个体属性信息在传统的个性化需求预测中被广泛使用，而对被忽略的社会关系信息的有效挖掘将有助于完成需求预测任务。

（2）隐私和安全问题是所有需求预测任务不可回避的问题，在利用好友信息进行需求预测时，隐私和安全问题显得尤为重要，如何有效利用用户好友关系而不泄露用户私人信息是企业需要考虑的问题。

（3）对于没有搭建社交平台的企业，想要利用用户的社交信息，就需要利用跨领域数据，挖掘用户的社交关系信息，企业需要对数据的获取、处理、整合、存储和分析等流程有完备的操作规范和指导，实现对数据资源的有效治理。

参 考 文 献

[1]　Tang J L, Hu X, Liu H. Social recommendation: a review. Social Network Analysis and Mining, 2013, 3: 1113-1133.

[2] Quijano-Sanchez L，Recio-Garcia J A，Diaz-Agudo B，et al. Social factors in group recommender systems. ACM Transactions on Intelligent Systems and Technology，2013，4（1）：1-30.

[3] Golbeck J. Generating Predictive Movie Recommendations from Trust in Social Networks. Berlin：Springer Berlin Heidelberg，2006：93-104.

[4] Granovetter M S. Economic action and social structure：the problem of embeddedness. American Journal of Sociology，1985，91（3）：481-510.

[5] Victor P，Cornelis C，de Cock M，et al. Key figure impact in trust-enhanced recommender systems. AI Communications，2008，21（2/3）：127-143.

[6] Moliterno T P，Mahony D M. Network theory of organization：a multilevel approach. Journal of Management，2011，37（2）：443-467.

[7] Burt R S. Structural Holes：The Social Structure of Competition. Harvard：Harvard University Press，1992.

[8] Anabella-Maria T. Homophily in social networks，bridging and bonding social capital. Implications for development. Ovidius University Annals Economic Sciences，2015，1：203-208.

[9] Kleinberg J M. Authoritative sources in a hyperlinked environment. Journal of the ACM，1999，46（5）：604-632.

[10] Herbach J D. Improving authoritative sources in a hyperlinked environment via similarity weighting . Bse Thesis，2001.

[11] Tang L，Liu H. Community detection and mining in social media. Synthesis Lectures on Data Mining and Knowledge Discovery，2010，2（1）：1-137.

[12] Croitoru A，Wayant N，Crooks A，et al. Linking cyber and physical spaces through community detection and clustering in social media feeds. Computers，Environment and Urban Systems，2015，53：47-64.

[13] Wang X F，Tang L，Gao H J，et al. Discovering overlapping groups in social media. Sydney：2010 IEEE International Conference on Data Mining，2011.

[14] Wu H C，Wang X J，Peng Z H，et al. PointBurst：Towards a Trust-Relationship Framework for Improved Social Recommendations. Berlin：Asia-Pacific Web Conference，2012.

[15] Gao L，Ma J，Chen Z M. Learning to recommend with multi-faceted trust in social networks. Rio de Janeiro：The 22nd International Conference on World Wide Web，2013.

[16] Zou H T，Gong Z G，Zhang N，et al. Adaptive ensemble with trust networks and collaborative recommendations. Knowledge and Information Systems，2015，663-688.

[17] Sun Y Z，Han J W. Mining heterogeneous information networks：principles and methodologies. Synthesis Lectures on Data Mining and Knowledge Discovery，2012，3（2）：1-159.

[18] Han J W. Mining heterogeneous information networks：the next frotier. Beijing：The 18th ACM SIGKDD International Conference on Knowledge Discovery and Data Mining，2012.

[19] Gupta M，Gao J，Yan X F，et al. On detecting association-based clique outliers in heterogeneous information networks. Niagara Falls：2013 IEEE/ACM International Conference on Advances in Social Networks Analysis and Mining，2013.

[20] Dunlavy D M，Kolda T G，Acar E. Temporal link prediction using matrix and tensor factorizations. ACM Transactions Knowledge Discovery from Data，2011，5（2）：1-27.

[21] Menon A K，Elkan C. Link prediction via matrix factorization. Athens：Machine Learning and Knowledge Discovery in Databases - European Conference，2011.

[22] Guo G B，Zhang J，Yorke-Smith N. TrustSVD：collaborative filtering with both the explicit and implicit influence of user trust and of item ratings. Austin：Twenty-Ninth AAAI Conference on Artificial Intelligence，2015.

[23]　Koren Y. Factorization meets the neighborhood: a multifaceted collaborative filtering model. Las Vegas: The 14th ACM SIGKDD International Conference on Knowledge Discovery and Data Mining, 2008.

[24]　Guo G B, Zhang J, Yorke-Smith N. A novel recommendation model regularized with user trust and item ratings. IEEE Transactions on Knowledge and Data Engineering, 2016, 28 (7): 1607-1620.

[25]　Wang Y X, Zhang Y J. Nonnegative matrix factorization: a comprehensive review. IEEE Transactions on Knowledge and Data Engineering, 2013, 25 (6): 1336-1353.

[26]　Lian D F, Zhao C, Xie X, et al. GeoMF: joint geographical modeling and matrix factorization for point-of-interest recommendation. New York: The 20th ACM SIGKDD International Conference on Knowledge Discovery and Data Mining, 2014.

[27]　Chen T Q, Zheng Z, Lu Q X, et al. Informative ensemble of multi-resolution dynamic factorization models. Kdd Cup Workshop, 2011.

[28]　Koren Y, Bell R, Volinsky C. Matrix factorization techniques for recommender systems. Computer, 2009, 42 (8): 30-37.

[29]　Chen K L, Chen T Q, Zheng G Q, et al. Collaborative personalized tweet recommendation. Portland: The 35th International ACM SIGIR Conference on Research and Development in Information Retrieval, 2012.

[30]　Yang B, Lei Y, Liu D Y, et al. Social collaborative filtering by trust. Beijing: Twenty-Third International Joint Conference on Artificial Intelligence, 2013.

[31]　Chen T Q, Zheng Z, Lu Q X, et al. Feature-based matrix factorization. http://arXiv: 1109.2271[2011-09-11].

[32]　Ma T L, Yang Y J, Wang L W, et al. Recommending people to follow using asymmetric factor models with social graphs//Snášel V, Krömer P, Köppen M, et al. Soft Computing in Industrial Applications. Cham: Springer, 2014.

[33]　Jiang M, Cui P, Liu R, et al. Social contextual recommendation. Maui: The 21st ACM International Conference on Information and Knowledge Management, 2012.

[34]　Ma H, King I, Lyu M R. Learning to recommend with social trust ensemble. Boston: The 32nd International ACM SIGIR Conference on Research and Development in Information Retrieval, 2009.

[35]　Baluja S, Seth R, Sivakumar D, et al. Video suggestion and discovery for youtube: taking random walks through the view graph. Beijing: The 17th International Conference on World Wide Web, 2008.

[36]　Shi C, Hu B B, Zhao W X, et al. Heterogeneous information network embedding for recommendation. IEEE Transactions on Knowledge and Data Engineering, 2019, 31 (2): 357-370.

[37]　Nandanwar S, Moroney A, Murty M N. Fusing diversity in recommendations in heterogeneous information networks. Marina Del Rey: The Eleventh ACM International Conference, 2018.

[38]　Liu Y, Chen L, He X N, et al. Modelling high-order social relations for item recommendation. IEEE Transactions on Knowledge and Data Engineering, 2022, 34 (9): 4385-4397.

[39]　Yu J L, Yin H Z, Li J D, et al. Enhancing social recommendation with adversarial graph convolutional networks. IEEE Transactions on Knowledge and Data Engineering, 2022, 34 (8): 3727-3739.

[40]　Chen C, Zhang M, Liu Y Q, et al. Social attentional memory network: modeling aspect-and friend-level differences in recommendation. Melbourne VIC: The Twelfth ACM International Conference on Web Search and Data Mining, 2018.

[41]　Fan W Q, Ma Y, Li Q, et al. Graph neural networks for social recommendation. San Francisco: The World Wide Web Conference, 2019.

[42]　Wang X, Ji H Y, Shi C, et al. Heterogeneous graph attention network. San Francisco: The World Wide Web Conference, 2019.

[43] Xu Y N, Zhu Y M, Shen Y Y, et al. Learning shared vertex representation in heterogeneous graphs with convolutional networks for recommendation. Macao: The Twenty-Eighth International Joint Conference on Artificial Intelligence, 2019.

[44] Fan S H, Zhu J X, Han X T, et al. Metapath-guided heterogeneous graph neural network for intent recommendation. Anchorage: The 25th ACM SIGKDD International Conference on Knowledge Discovery and Data Mining, 2019.

[45] Wang X, Wang R J, Shi C, et al. Multi-component graph convolutional collaborative filtering. Proceedings of the AAAI Conference on Artificial Intelligence, 2020, 34 (4): 6267-6274.

[46] Koren Y. Collaborative filtering with temporal dynamics. Paris: The 15th ACM SIGKDD International Conference on Knowledge Discovery and Data Mining, 2009.

[47] Wan L T, Xia F, Kong X J, et al. Deep matrix factorization for trust-aware recommendation in social networks. IEEE Transactions on Network Science and Engineering, 2021, 8 (1): 511-528.

[48] Tahmasebi H, Ravanmehr R, Mohamadrezaei R. Social movie recommender system based on deep autoencoder network using Twitter data. Neural Computing and Applications, 2021: 1607-1623.

[49] Pan Y T, He F Z, Yu H P. Learning social representations with deep autoencoder for recommender system. World Wide Web, 2020: 2259-2279.

[50] Gao J M, Zhang C X, Xu Y Y, et al. Hybrid microblog recommendation with heterogeneous features using deep neural network. Expert Systems with Applications, 2021, 167: 114191.

[51] Pramanik S, Haldar R, Kumar A, et al. Deep learning driven venue recommender for event-based social networks. IEEE Transactions on Knowledge and Data Engineering, 2020, 32 (11): 2129-2143.

[52] Zhang J, Yang Y, Zhuo L, et al. Personalized recommendation of social images by constructing a user interest tree with deep features and tag trees. IEEE Transactions on Multimedia, 2019, 21 (11): 2762-2775.

[53] C C N, Mohan A. A social recommender system using deep architecture and network embedding. Applied Intelligence, 2019, 49 (5): 1937-1953.

[54] Zheng L, Lu C T, He L F, et al. MARS: memory attention-aware recommender system. Washington: 2019 IEEE International Conference on Data Science and Advanced Analytics, 2019.

[55] Zhang R C, Mao Y Y. Movie recommendation via Markovian factorization of matrix processes.IEEE Access, 2019, 7: 13189-13199.

[56] Shamshoddin S, Khader J, Gani S . Predicting consumer preferences in electronic market based on IoT and social networks using deep learning based collaborative filtering techniques. Electronic Commerce Research, 2020: 241-258.

[57] Garg D, Gupta P, Malhotra P, et al. Sequence and time aware neighborhood for session-based recommendations: Stan. Paris: The 42nd International ACM SIGIR Conference on Research and Development in Information Retrieval, 2019.

[58] Chen H Y, Li J. Adversarial tensor factorization for context-aware recommendation. Copenhagen: The 13th ACM Conference on Recommender Systems, 2019.

[59] Zhang L M, Liu P, Gulla J A. Dynamic attention-integrated neural network for session-based news recommendation. Machine Learning, 2019, 108 (10): 1851-1875.

[60] Song W P, Xiao Z P, Wang Y E, et al. Session-based social recommendation via dynamic graph attention networks. Melbourne VIC: The Twelfth ACM International Conference on Web Search and Data Mining, 2019.

[61] Wu X, Shi B X, Dong Y X, et al. Neural tensor factorization for temporal interaction learning. Melbourne VIC:

The Twelfth ACM International Conference on Web Search and Data Mining，2019.

[62] Qu Z W，Li B W，Wang X R，et al. An efficient recommendation framework on social media platforms based on deep learning. Shanghai：2018 IEEE International Conference on Big Data and Smart Computing，2018.

[63] Lu Y C，Dong R H，Smyth B. Coevolutionary recommendation model：mutual learning between ratings and reviews. Lyon：The 2018 World Wide Web Conference，2018.

[64] Ludewig M，Jannach D. Evaluation of session-based recommendation algorithms. User Modeling and User-Adapted Interaction，2018：331-390.

[65] Neammanee T，Maneeroj S. Time-aware recommendation based on user preference driven. Tokyo：2018 IEEE 42nd Annual Computer Software and Applications Conference，2018.

[66] Niu W，Caverlee J，Lu H K. Neural personalized ranking for image recommendation. Marina Del Rey：The Eleventh ACM International Conference on Web Search and Data Mining，2018.

[67] Liang D W，Krishnan R G，Hoffman M D，et al. Variational autoencoders for collaborative filtering. Lyon：The 2018 World Wide Web Conference，2018.

[68] Wei J，He J H，Chen K，et al. Collaborative filtering and deep learning based recommendation system for cold start items. Expert Systems with Applications，2017，69：29-39.

[69] Deng S G，Huang L T，Xu G D，et al. On deep learning for trust-aware recommendations in social networks. IEEE Transactions on Neural Networks and Learning Systems，2017，28（5）：1164-1177.

[70] Dang Q V，Ignat C L. dTrust：a simple deep learning approach for social recommendation. San Jose：2017 IEEE 3rd International Conference on Collaboration and Internet Computing，2017.

[71] Nguyen H T H，Wistuba M，Grabocka J，et al. Personalized Deep Learning for Tag Recommendation//Kim J，Shim K，Cao L，et al. Pacific-Asia Conference on Knowledge Discovery and Data Mining. Cham：Springer，2017：186-197.

[72] Zheng L，Noroozi V，Yu P S. Joint deep modeling of users and items using reviews for recommendation. Cambridge：The Tenth ACM International Conference on Web Search and Data Mining，2017.

[73] Wang X J，Yu L T，Ren K，et al. Dynamic attention deep model for article recommendation by learning human editors' demonstration. Halifax：The 23rd ACM SIGKDD International Conference on Knowledge Discovery and Data Mining，2017.

[74] Cao S X，Yang N，Liu Z Z. Online news recommender based on stacked auto-encoder. Wuhan：2017 IEEE/ACIS 16th International Conference on Computer and Information Science，2017.

[75] Hidasi B，Quadrana M，Karatzoglou A，et al. Parallel recurrent neural network architectures for feature-rich session-based recommendations. Boston：The 10th ACM Conference on Recommender Systems，2016.

[76] Tan J W，Wan X J，Xiao J G . A neural network approach to quote recommendation in writings. Indianapolis：The 25th ACM International on Conference on Information and Knowledge Management，2016.

[77] Lee H，Ahn Y，Lee H，et al. Quote recommendation in dialogue using deep neural network. Pisa：The 39th International ACM SIGIR Conference on Research and Development in Information Retrieval，2016.

[78] Zhou J，Albatal R，Gurrin C. Applying Visual User Interest Profiles for Recommendation and Personalisation//Tian Q，Sebe N，Qi G J，et al. International Conference on Multimedia Modeling. Cham：Springer，2016：361-366.

[79] Rendle S，Freudenthaler C，Gantner Z，et al. BPR：Bayesian personalized ranking from implicit feedback. https://arXiv preprint arXiv:1205.2618.pdf[2012-05-09].

[80] Rendle S. Factorization machines. Sydney：2010 IEEE International Conference on Data Mining，2010.

[81] Jamali M，Ester M. A matrix factorization technique with trust propagation for recommendation in social networks.

Barcelona: The Fourth ACM Conference on Recommender Systems, 2010.

[82] Jiang M, Cui P, Wang F, et al. Scalable recommendation with social contextual information. IEEE Transactions on Knowledge and Data Engineering, 2014, 26 (11): 2789-2802.

[83] Wu L, Sun P J, Hong R C, et al. Collaborative neural social recommendation. IEEE Transactions on Systems, Man, and Cybernetics: Systems, 2021, 51 (1): 464-476.

[84] Ying R, He R N, Chen K F, et al. Graph convolutional neural networks for web-scale recommender systems. Londa: The 24th ACM SIGKDD International Conference on Knowledge Discovery and Data Mining, 2018.

[85] Wang X, He X N, Wang M, et al. Neural graph collaborative filtering. Paris: The 42nd International ACM SIGIR Conference on Research and Development in Information Retrieval, 2019.

[86] Wu L, Sun P J, Fu Y J, et al. A neural influence diffusion model for social recommendation. Paris: The 42nd International ACM SIGIR Conference on Research and Development in Information Retrieval, 2019.

[87] Zhao T, McAuley J, King I. Leveraging social connections to improve personalized ranking for collaborative filtering. Shanghai: the 23rd ACM International Conference on Conference on Information and Knowledge Management, 2014.

[88] He X N, Liao L Z, Zhang H W, et al. Neural collaborative filtering. Perth: The 26th International Conference on World Wide Web, 2017.

第4章　融合用户与群组交互的个性化需求预测方法

在线社交网络的普及促进了在线社群的发展，用户通常被动或主动地参与来自不同在线社区的讨论群，如百度贴吧和豆瓣群。这些群体的形成可能源自共同的文化背景、相似的兴趣偏好或热点、事件讨论等。虽然群组形成的原因不同，但这些群组通常以某种方式显示群组内用户的共同偏好。当用户参与群组时，他们会与群组互动，其偏好会受到群组的影响。用户与群组的交互中隐含着用户行为特征、兴趣偏好等信息，有效利用用户与群组的交互信息，能够减少数据稀疏性的影响，提高个性化需求预测的准确性。

本章将主要介绍融合用户与群组交互的个性化需求预测方法，内容组织如下：4.1 节对融合用户与群组交互的需求预测问题的国内外研究进行综述，主要从群组相关理论，融合用户与群组交互的群组需求预测，融合用户与群组交互的个体用户需求预测三个方面进行介绍。4.2 节介绍用户与群组交互行为及交互数据的获取。4.3 节介绍基于群偏好反馈排序的个性化需求预测方法，通过群偏好反馈指导用户对潜在产品的需求预测。4.4 节介绍基于群偏好与用户偏好双向增强的个性化需求预测方法，使用图神经网络对用户偏好和群组偏好进行双向建模，指导用户个性化需求预测。4.5 节介绍融合用户与群组交互的个性化需求预测方法的应用案例及管理启示。

4.1　国内外研究现状

已有研究发现，在线社区和群组对于平台的开发和活动具有重要作用[1]。同时，随着社交媒体的快速发展和普及，群组和社区逐渐成为网络平台的重要流量门户[2]。许多学者开始研究群组如何对用户偏好产生影响，提出群组相关理论，并设计群组需求预测方法和个性化需求预测方法。

4.1.1　群组相关理论

当用户参与群组时，他们会与群组互动，其偏好会受到群组的影响。兴趣相同的人往往更容易组成群组。Shaw 将群组定义为至少由两个相互影响的人组成的集合[3]。也有学者将其定义为有相同的目标追求，相互吸引或喜欢的群体。对于社会中的每个用户，其个人偏好会受到其加入的群组的影响[4]。群体认同理论可以解释这种行为，它是从社会认同理论发展而来的[5]。群组身份表示用户对特定群组的身份感，群组通常会给群组成员带来特定的价值和意义。一旦一个人将自己视为一个群组的一部分，他就会认同这个群组的价值观，因成为群组成员获得自尊，并采取与该群组一致的行为[6]。

而在群体营销理论中，群体是一个有用的抽象概念，包含了营销中研究的各种结构，如品牌社区、消费部落、消费群体和相关群体。

当一个用户与一个群体有关联时，他的认知过程就会发生根本性的变化，即会受到群组的影响。McPherson 等[7]通过实验表明，当用户与焦点群组相关时，他愿意为符合群组的产品付出更高的代价。此外，同样的推荐，来自群组成员比来自非群组成员的推荐影响力大近 3 倍。群组对用户的影响很大，整合用户群组的偏好可以准确地建模用户的偏好，更好地满足用户需求，为企业创造更高的利润。

4.1.2　融合用户与群组交互的群组需求预测

首先，群组交互也是一种社交关系。研究发现，用户的购买决策不仅基于自身偏好，还会受到他们的社会关系提供的信息和建议的影响[8]。其次，用户同质性（具有社交关系的两个用户在行为上有一定的相似性）是社交关系中的一个重要特征[7, 9]。因此，研究人员已经开始对用户的社交关系进行建模，以提高需求预测系统的有效性[10]。同时，融入社交关系可以缓解需求预测系统的稀疏性问题。

最近的研究表明，信任与社交关系的同质性密切相关[11]。Jamali 和 Ester 提出了一种 TrustWalker 算法来预测用户对物品的评分[12]，该算法使用随机游走将用户之间的信任值添加到评分预测模型中。将用户之间的信任关系集成到矩阵分解模型是主流思想，具体包括两类方法：一类是将用户之间的社交关系作为正则项添加到矩阵分解方法中，如 SoRec 算法[13]；另一类是对用户和用户好友的偏好进行加权平均，如 STE 模型[14]。此外，Krohn-Grimberghe 等[15]将用户的社交关系融入 BPR模型中，并使用矩阵分解模型进行联合分解，以改善模型对稀疏用户的影响。Zhao等提出了 SBPR 模型，假设用户喜欢的产品优于好友喜欢的产品，好友喜欢的产品优于用户和好友都不喜欢的产品[16]。随着深度学习特别是图神经网络的发展，学者开始使用图神经网络建模用户之间的关系。Wu 等提出了 CNSR 模型[17]，将用户的社交网络嵌入到神经网络需求预测模型中，并设计了一种高效的联合学习算法。实验结果表明，该模型优于基准算法。2019 年，Wu 等进一步提出 DGR（dynamic graph recommendation，动态图推荐）模型[18]，对社会关系进行建模，并使用图注意力网络自适应生成不同的权重,以了解好友对用户行为的影响。

用户的社交关系不仅包括与用户直接相关的好友关系,还包括用户参与的在线群组和社区。这些群组是用户交流的重要场所,细分群组在一定程度上保持了组内相关性和组间异质性。

群组需求预测指融合用户与群组的交互,从而预测群组偏好。根据群组偏好的融合策略,可以将群组需求预测方法划分为基于预测结果融合和基于模型融合两种类别。基于预测结果融合的群组预测方法的实现思路比较简单,该方法根据静态策略(均值策略、最小痛苦策略和最大满意度策略)对所有成员在同一物品上的得分进行汇总。这种策略预先确定了每个成员的权重,效果往往是次优的。因此,为了达到更好的群组预测性能,目前的研究主要面向基于模型融合的方法。基于模型融合的方法旨在为每个用户学习对应的特征表示,并自定义融合策略形成群组偏好。

基于模型融合的方法主要是对群组内潜在的交互关系(如群组内成员之间的交互关系、成员和项目之间的交互关系、群组和项目之间的交互关系等)进行推理,进而更好地服务于群组推荐。Yin 等[19]提出基于社交影响力的群组预测模型,该模型利用注意力机制和二分图嵌入技术学习群组-项目以及用户-项目的交互关系,进而利用社交影响力融合群组成员的偏好以学习群组最终偏好。Cao 等[20]提出一种基于注意力机制的群组预测模型,该模型利用注意力机制来学习用户-项目的交互关系以确定用户在群组中的权重系数,然后加权融合群组所有用户的偏好向量,并加入群组自身的偏好向量,以构成群组最终的偏好表示。Yuan 和 Chen[21]提出了一种结合用户群体性和活动性的群体兴趣点需求预测模型,该模型利用了好友关系和用户相似性,提取出用户的社交权重和活动权重,从而提取出用户偏好,完成群组需求预测。Zhao 等[22]提出一种基于用户交互行为的群组需求预测模型,该模型通过建立用户之间交互的全局信任估计模型,计算用户对于群组最终决策的影响力,进而完成群组需求预测。Wang 等[23]提出一种基于双向张量分解的群组需求预测模型,以捕捉用户偏好和群组偏好之间的双向交互作用。其中,群组偏好由用户偏好经过均值策略计算得到。此外,由于一些场景中群组的决定会对个人决策产生影响,群组偏好也会影响用户偏好,用户偏好将由用户-物品的交互信息、群组-物品的交互信息共同决定。

4.1.3　融合用户与群组交互的个体用户需求预测

除了将用户与群组交互的记录应用于群组需求预测外,研究者也将其融合到个体用户的个性化需求预测中。

Pan 和 Chen[24]提出了一个融入群组偏好的 GBPR(group Bayesian personalized

ranking，群组贝叶斯个性化排序）模型。实验结果表明，融合群组偏好有助于获得更好的个性化需求预测结果。此后，Gao 等[25]在融入用户社交关系的基础上，进一步利用用户参与的真实群组和群组对事件的偏好来构建效果更好的事件需求预测模型。所有这些工作都证明了群组偏好会影响用户的个性偏好。此外，由于群组和个人偏好之间的交互作用，许多用于群组需求预测任务的模型也可以执行个性化需求预测任务。例如，Cao 等[26]提出的 AGREE（attentive group recommendation，注意力群组推荐）模型也可以利用用户参与的群组信息进行个性化需求预测。基于 AGREE 模型，Cao 等[20]使用社会关注者数据来增强用户在群组中的代表性，并提出了 SoAGREE（social-enhanced attentive group recommendation，社交增强的注意力群组推荐）模型来提高预测的精度。Ma 等[27]提出了一种全新双桥接群组预测模型，该模型与神经协同过滤方法一起发现潜在的用户群组和物品群组，并利用用户和物品的交互信息来桥接相似的用户和物品。在双桥接群组预测模型中，用户对未交互过的物品的偏好可以由同一群组的相似用户对该物品的评分进行估算，这也是传统协同过滤方法的思想。

4.2　用户与群组交互行为及交互数据获取

4.2.1　用户与群组的交互行为

用户与群组的交互数据是消费者在社交平台上形成的群组中产生的交互行为的记录，分布在电商平台、第三方服务平台、社交媒体上，具有较高的分析价值。例如，豆瓣中的群聊就可以视为一个群组，用户在群组内的聊天、电影分享等行为都可以视作群组交互行为。在线平台中，群组和个人之间的关系是复杂的，并且会相互影响。群组是由有相同目标追求、彼此相互吸引、存在一定联系的个体构成的群体，具有自发性、非结构性、非个性化等特点。与好友关系相比，它的关系强度没那么紧密，但也能够影响和反映用户的偏好。一方面，不同的个人用户由于其相似的兴趣和偏好形成群组，因此群组偏好反映了聚合的个人用户偏好。此外，群组之间的偏好差异反映在不同的群组组成中。这导致使用不同的用户偏好来构建群组偏好时存在困难。另一方面，个人用户参与不同数量的群组，这些群组反映了偏好的不同方面。当使用群组偏好来预测个体偏好时，不仅要考虑群组偏好的影响，还要考虑群组中其他用户偏好的影响。例如，同一群组中，可能有科幻电影迷，也可能存在喜欢喜剧或动作片的用户。同一群组中具有不同偏好的用户也会对目标用户产生影响，如果群组内大家讨论一部电影，有可能会引导用户观看该电影，即使该电影不是用户喜欢的类型。如果要预测用户的电影需求，不仅要考虑用户自身的偏好、电影的特点，还要考虑该用户所在群组中其他用户的偏好。通过对用户与群组交互数据的挖掘，能辅助挖掘出群组中用户的偏好，预测其需求，有利于企业营销策略的制定。

4.2.2　交互数据的获取

群组交互数据主要分为内部数据与外部数据两种。

内部数据一般指企业的内部数据。大型企业都会构建自己的数据库，存放日积月累形成的内部数据。网络内部数据主要包括关系数据库管理系统（relation database management system，RDBMS）中存储的各种业务数据和办公自动化系统中包含的各类文档数据，一般存放在企业操作型数据库中，如很多企业使用传统的关系型数据库 MySQL 和 Oracle 等来存储数据。

用户与群组交互相关的内部数据主要以日志的形式存在。在现实中，很多大型互联网企业的数据中心会安装多种服务器软件，这些服务器软件每天都会产生大量的日志文件。除此之外，许多金融行业、零售行业、医疗行业等都有自己的业务平台，这些平台上每天也会产生大量的系统日志文件。由于日志一般为流式数据，通过采集系统日志，就可以获得大量内部数据。

为了高效、快速地获取内部数据中的信息，一些比较有实力的公司根据自身需求开发了相应的日志采集工具，如 Facebook 公司的 Scribe，Apache 公司的 Chukwa，Cloudera 公司的 Flume 等，以对日志进行及时处理和充分分析，从而满足各种应用需求。这些工具均采用分布式架构，能满足每秒数百兆的日志采集和传输需求。通过使用日志实时数据采集工具采集数据，再对其进行保存和分析，企业能够挖掘到具有潜在价值的信息，为公司决策和公司后台服务器平台性能评估提供可靠的数据保证，从而获得更大的商业价值。

外部数据的获取主要分为三种：API、爬虫和公开数据集。

（1）API，即应用程序接口，是预先定义的接口，以实现特定的功能。许多网站都推出了开放平台，它们允许用户申请平台数据的采集权限，并提供相应的 API 采集工具。企业既可以通过 API 将数据开放给用户，也可以获取其他企业处理后的内部数据。第三方通过身份认证，即可获取平台开放的数据，如个人信息数据、浏览记录、购买记录、产品信息、群组交互信息等。这类信息通常都会进行脱敏处理，如用户 ID 会用随机生成的数字来代替。通过 API 获取数据的优点是数据结构清晰，无用数据少，用户可以直接对这些数据进行数据分析，缺点是数据量受限，API 一般有访问次数和抓取数量的限定。

API 获取数据主要有两类。第一类是开放认证协议。开放认证协议不需要提供用户名和密码，它给第三方应用提供一个令牌。每个令牌授权对应的特定网站，并且只能在令牌规定的时间范围内访问特定的资源。第二类是开源 API 调用。开源 API 是网站自身提供的接口，可以自由地通过该接口访问网站指定的数据。

（2）爬虫。爬虫工具是按照一定规则自动抓取互联网信息的程序或脚本，主要分为通用网络爬虫、聚集网络爬虫。

通用网络爬虫的目标资源分布在全互联网，目标数据量巨大，主要应用于大型搜索引擎中，具有很高的应用价值。它采集的网页信息能够为搜索引擎建立索引，提供支持。同时，它也决定了搜索引擎系统的内容是否丰富，信息是否及时，因此其性能优劣直接影响搜索引擎的效果。通用网络爬虫的策略主要分为深度优先爬行策略和广度优先爬行策略。与通用网络爬虫相比，聚集网络爬虫只爬取特定主题，并选择性地爬取与目标主题相关的页面，在极大程度上节省了时间和硬件资源，能为特定需求的人群服务。聚集网络爬虫的通用策略包括基于内容评价的爬行策略、基于链接评价的爬行策略等。出于隐私保护原则，部分网站会限制爬虫的访问，也以此减轻反复的访问请求给网站服务器带来的压力。

（3）公开数据集。除了自行获取群组交互数据，许多网站公开了群组交互数据集，以用于科研用途。如 Last.fm，它是一个著名的音乐社区网站。在这个网站上，用户可以浏览最新的单曲或最受欢迎的音乐创作者，并为这些音乐或艺术家贴上标签。同时，用户可以加入现有群组或创建新的群组并邀请其他人加入，一起讨论和分享喜爱的音乐。

4.3   基于群偏好反馈排序的个性化需求预测方法

在线社交网络中，用户的偏好会受到其参与群组的影响。在群组中交流时，用户会与其他志同道合的用户形成群组好友关系，这些群组好友也会直接影响到用户的偏好。为捕捉群组和群组好友对用户的影响，本节介绍基于群偏好反馈排序的个性化需求预测方法，该方法认为用户直接交互过的物品是用户最喜欢的物品，其次是群组内其他用户交互过的物品或者用户的群组好友交互过的物品，最后是用户、群组内其他用户以及用户的群组好友未交互过的物品。该方法不直接建模群组好友和群组两种实体，而是利用群组好友的正反馈和群组内其他用户的正反馈构建这种偏好排序关系，从而更准确地预测用户的偏好。

图 4-1 展示了本节方法的模型框架图。如图所示，模型关于隐反馈数据的定义：数字"1"表示用户 a 对物品 i 有正反馈（如购买等）；符号"?"表示用户 a 对物品 i 没有反馈，用户对此物品的偏好未知。隐反馈数据中无负反馈，即用户没有明确表达不喜欢某个物品。在本节中，采用 AMAN（all missing are negative，所

有缺失值作为负例）策略，将所有无反馈的数据视作负反馈。在模型框架中，引入好友信息和群组信息来推断用户的未知偏好。

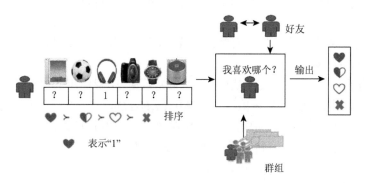

图 4-1　基于群偏好反馈排序的个性化需求预测方法模型框架

4.3.1　问题定义

在此场景下，定义用户集 U，物品集 V，二元组 $\langle a,i\rangle \in D$ 表示用户 a 对物品 i 有正反馈（如喜欢、购买等），其中 $a \in U$，$i \in V$；二元组 $\langle a,b\rangle \in F$ 表示用户 a 与用户 b 是群组好友关系。二元组 $\langle a,c\rangle \in G$ 表示用户 a 与用户 c 在同一个群组中。

需求预测的任务是预测用户对未知物品的偏好。首先，将群组好友信息和群组信息加入需求预测模型，并将偏好关系划分为更细的粒度。根据偏好排序关系分别构造偏好集。其次，使用矩阵表示偏好度，并基于偏好集构造了贝叶斯个性化排序的目标函数。使用 BPR-MF（贝叶斯个性化排序-矩阵分解）模型，将群组好友信息和群组信息融入其中，以探讨群组信息对预测用户需求的影响。

4.3.2　模型构建

首先，介绍所提的三个假设，并在此基础上构建偏好集。其次，基于这些假设构建贝叶斯个性化排序的目标函数。

1. 模型假设

本节首先分析正反馈信息以及群组好友信息与群组信息，其次提出假设。

已有研究[16]表明，融合可以帮助区分非交互物品（即用户与物品没有浏览、收藏、购买等交互行为），更精细地建立偏好关系，并提高预测效果。

在社交网络环境中，好友关系是用户之间的直接联系。群组关系是指用户因共同兴趣而加入同一群组。好友关系是用户之间的双向链接，通常非常稀疏；而群组关系是一种从用户到物品的单向链接。因为用户可以加入多个群组，所以群组相对稠密。

对于每个用户，我们将所有物品定义为四个部分：正反馈集、好友反馈集、群组反馈集和负反馈集。

正反馈集：正反馈是直接从用户-物品关系集 D 提取出的二元组。我们将用户 a 的正反馈集定义为 $\mathrm{PF}_a = \{\langle a,i \rangle\}$，其中 $\langle a,i \rangle \in D$。

好友反馈集：好友反馈指用户 a 自身对物品 f 没有正反馈，但他的一个朋友 b 与物品 f 有交互。我们将用户 a 的好友反馈集定义为 $\mathrm{FF}_a = \{\langle a,f \rangle\}$，其中 $\langle a,f \rangle \notin D$，且 $\exists \langle a,b \rangle \in F, \langle b,f \rangle \in D$。

群组反馈集：群组反馈指用户 a 自身对物品 g 没有正反馈，他的所有好友 b 与物品 g 也无交互，但他所在群组中有用户 c 与物品 g 有交互。我们将用户 a 的群组反馈集定义为 $\mathrm{GF}_a = \{\langle a,g \rangle\}$，其中 $\langle a,g \rangle \notin D, \forall \langle a,b \rangle \in F, \langle b,g \rangle \notin D$，且 $\exists \langle a,c \rangle \in G, \langle c,g \rangle \in D$。

负反馈集：负反馈指用户 a 自身对物品 j 没有正反馈，他的所有好友与物品 j 也无交互，且他所在群组中也没有用户与物品 j 有交互。我们将用户 a 的负反馈集定义为 $\mathrm{NF}_a = \{\langle a,j \rangle\}$，其中 $\langle a,j \rangle \notin D, \forall \langle a,b \rangle \in F, \langle b,j \rangle \notin D$，且 $\forall \langle a,c \rangle \in G, \langle c,g \rangle \notin D$。负反馈仅代表用户没有与物品交互过，并不代表用户不喜欢这些物品。事实上，负反馈包括两部分：真实的负反馈（用户对购买该物品不感兴趣）和缺失值（用户将来可能想购买该物品）。因此，添加负反馈也有利于学习用户偏好。

从上述定义中，很容易发现 $\mathrm{PF}_a \cap \mathrm{FF}_a \cap \mathrm{GF}_a \cap \mathrm{NF}_a = \varnothing$，且 $\mathrm{PF}_a \cup \mathrm{FF}_a \cup \mathrm{GF}_a \cup \mathrm{NF}_a = V$ 包含了整个物品集。

为了研究好友信息与群组信息对需求预测的影响，提出三个假设。

考虑到好友关系是双向的，可以将其视为强链接；群组链接是单向链接，可以被视为弱链接。我们提出假设 4-1：

正反馈 > 好友反馈 > 群组反馈 > 负反馈

关于正反馈集、好友反馈集、群组反馈集、负反馈集的定义上文已介绍，不再赘述。

一方面，我们认为群组关系基于用户的兴趣，用户是独立加入群组的；而好友关系要求两者之间有明确的关系，因此群组反馈比好友反馈要稠密得多。另一方面，本方法主要解决需求预测的稀疏问题，因此需要引入较多的额外信息。基于这两点考虑，我们认为稠密的群组反馈比稀疏的好友反馈更有效。我们提出假设 4-2：

正反馈＞群组反馈＞好友反馈＞负反馈

因为群组关系和好友关系都是在在线社交网络中建立的，所以可能没有区别。因此，我们可以将群组反馈和好友反馈视为具有相同偏好水平的反馈。假设 4-3 如下：

正反馈＞群组反馈／好友反馈＞负反馈

我们以与假设 4-1 类似的方式构建假设 4-2 与假设 4-3 的偏好集。

2. 需求预测模型设计

BPR[28]是 Top-N 需求预测任务中流行的技术之一。它只考虑用户-物品交互记录。除了明确的正反馈（即用户与物品有交互），还从所有用户-物品的非交互记录中随机抽取负反馈。本书选择它作为框架的基本模型，并对其进行扩展。

BPR 将用户 U 和物品 V 的排序矩阵 R 分解为用户矩阵 $P_{M \times K}$ 和物品矩阵 $Q_{N \times K}$，满足：

$$\hat{R} = PQ^{\mathrm{T}} + b$$

其中，K 表示矩阵的秩；$P_{M \times K}$ 表示用户集 U 的特征矩阵；$Q_{N \times K}$ 表示物品集 P 的特征矩阵；b 表示物品集 V 的偏置项。

基于以上三个假设，我们构建了目标函数。本书仅以假设 4-1 为例。我们的目标是最大化以下目标函数：

$$\Psi = \sum_{a}^{M} \left[\sum_{i \in \mathrm{PF}_a} \sum_{f \in \mathrm{FF}_a} \ln\left(\sigma\left(\frac{\hat{x}_{ai} - \hat{x}_{af}}{1 + C_f}\right)\right) + \sum_{i \in \mathrm{FF}_a} \sum_{g \in \mathrm{GF}_a} \ln\left(\sigma\left(\frac{\hat{x}_{af} - \hat{x}_{ag}}{1 + C_g}\right)\right) + \sum_{g \in \mathrm{GF}_a} \sum_{j \in \mathrm{NF}_a} \ln\left(\sigma\left(\hat{x}_{ag} - \hat{x}_{aj}\right)\right) \right] - \lambda_{\Theta} \Theta^2$$

$$(4\text{-}1)$$

其中，$\hat{x}_{ai}$ 表示用户 a 在正反馈集 PF_a 中对物品 i 的偏好；$\hat{x}_{af}$ 表示用户 a 在好友反馈集 FF_a 中对物品 f 的偏好；$\hat{x}_{ag}$ 表示用户 a 在群组反馈集 GF_a 中对物品 g 的偏好；$\hat{x}_{aj}$ 表示用户 a 在负反馈集 NF_a 中对物品 j 的偏好。$\sigma(?)$ 表示 sigmoid 函数，$\Theta = \{P, Q, b\}$ 表示目标函数中的参数集。由式（4-1）可知，$\hat{x}_{ai} = P_{ak}^{\mathrm{T}} Q_{ik} + b_i$，$\hat{x}_{af} = P_{ak}^{\mathrm{T}} Q_{fk} + b_f$，$\hat{x}_{ag} = P_{ak}^{\mathrm{T}} Q_{gk} + b_g$，$\hat{x}_{aj} = P_{ak}^{\mathrm{T}} Q_{jk} + b_j$。

好友系数：对于给定的用户 a 和物品 f，C_f 是用户 a 的好友中与物品 f 交互的好友数。$(1 + C_f)$ 的值越大，用户 a 对正反馈物品 i 和好友反馈物品 f 的偏好越接近。

群组系数：对于给定的用户 a 和物品 g，C_g 是用户 a 所在群组中，与物品 g 交互的用户数。$(1 + C_g)$ 的值越大，用户 a 对正反馈物品 i 和群组反馈物品 g 的偏好越接近。对于每个训练实例，我们计算导数并沿梯度上升方向更新相应的参数。

3. 参数学习

我们使用随机梯度下降（stochastic gradient descent，SGD）算法来求解式（4-1）的目标函数。SGD 的主要过程分为两个步骤：首先，对于用户 a，随机抽取正反馈物品 i，好友反馈物品 f，群组反馈物品 g，负反馈物品 j，由此构成用户偏好物品组合 $C(i, f, g, j)$；其次，我们交替更新参数。

$$\nabla b_i = \frac{\partial \Psi}{\partial b_i} = \frac{1}{1+e^{\frac{x_{ai}-x_{af}}{1+C_f}}} \cdot \frac{1}{1+C_f} \tag{4-2}$$

$$\nabla b_f = \frac{\partial \Psi}{\partial b_f} = -\frac{1}{1+e^{\frac{x_{ai}-x_{af}}{1+C_f}}} \cdot \frac{1}{1+C_f} + \frac{1}{1+e^{\frac{x_{af}-x_{ag}}{1+C_f}}} \cdot \frac{1}{1+C_f} \tag{4-3}$$

$$\nabla b_g = \frac{\partial \Psi}{\partial b_g} = -\frac{1}{1+e^{\frac{x_{af}-x_{ag}}{1+C_g}}} \cdot \frac{1}{1+C_g} + \frac{1}{1+e^{x_{ag}-x_{aj}}} \tag{4-4}$$

$$\nabla b_j = \frac{\partial \Psi}{\partial b_j} = -\frac{1}{1+e^{x_{ag}-x_{aj}}} \tag{4-5}$$

$$\nabla w_{af} = \frac{\partial \Psi}{\partial w_{af}} = \frac{1}{1+e^{\frac{x_{ai}-x_{af}}{1+C_f}}} \cdot \frac{h_{if}-h_{ff}}{1+C_f} + \frac{1}{1+e^{\frac{x_{ai}-x_{ag}}{1+C_g}}} \cdot \frac{h_{ff}-h_{gf}}{1+C_g} + \frac{h_{gf}-h_{if}}{1+e^{x_{ag}-x_{aj}}} \tag{4-6}$$

$$\nabla h_{if} = \frac{\partial \Psi}{\partial h_{if}} = \frac{w_{af}}{1+C_f} \cdot \frac{1}{1+e^{\frac{x_{ai}-x_{af}}{1+C_f}}} + \frac{w_{af}}{1+C_f} \tag{4-7}$$

$$\nabla h_{ff} = \frac{\partial \Psi}{\partial h_{ff}} = -\frac{w_{af}}{1+C_f} \cdot \frac{1}{1+e^{\frac{x_{ai}-x_{af}}{1+C_f}}} + \frac{1}{1+e^{\frac{x_{af}-x_{ag}}{1+C_g}}} \cdot \frac{w_{af}}{1+C_g} \tag{4-8}$$

$$\nabla h_{gf} = \frac{\partial \Psi}{\partial h_{gf}} = -\frac{w_{af}}{1+C_g} \cdot \frac{1}{1+e^{\frac{x_{af}-x_{ag}}{1+C_g}}} + \frac{w_{af}}{1+e^{x_{ag}-x_{aj}}} \tag{4-9}$$

$$\nabla h_{if} = \frac{\partial \Psi}{\partial h_{if}} = -\frac{w_{af}}{1+e^{x_{af}-x_{aj}}} - \frac{w_{af}}{1+e^{x_{ai}-x_{aj}}} \tag{4-10}$$

具体算法流程如表 4-1 所示。

为了模型训练过程中目标函数最优化，设置迭代次数 iter = 500，迭代阶数 $\alpha = 0.1$，同时设置系数 $\lambda = 0.01$，防止模型过拟合。

表 4-1　算法流程

算法 1
输入：用户–物品关系集 D ，好友关系集 S，群组关系集 G.
输出：学习到的参数 $\Theta = \{P, Q, b\}$
为每个用户构造四个反馈集：PF, FF, GF, NF
随机初始化 P, Q, b
For iter = 1；iter <= MaxIter；do 　　For $\eta = 1$；$\eta <= |D|$；do
随机抽取一个用户 a
随机抽取 $\langle a, i \rangle \in \mathrm{PF}_a$
随机抽取 $\langle a, f \rangle \in \mathrm{FF}_a$
随机抽取 $\langle a, g \rangle \in \mathrm{GF}_a$
随机抽取 $\langle a, j \rangle \in \mathrm{NF}_a$
根据式（4-3）～式（4-11）更新参数 Θ ； 　　end
end
返回 Θ

4.3.3　性能评测

1.数据集

为了验证本书提出的模型，本节使用真实数据集 Last.fm 进行实验验证。Last.fm 是一个个性化的音乐共享社区网站，在这个网站中，音乐爱好者可以创建群组来共享音乐。该网站将有相似偏好的用户联系在一起，提供个性化需求预测、定制广播等其他服务。为了实验的稳健性，我们随机选择了 3000 个用户，并保留了 3000 个用户的所有物品信息、好友信息和群组信息。表 4-2 显示了实验数据集的统计结果。

表 4-2　数据集的统计结果

统计类型	数量
用户数	3 000
物品数	183 628

统计类型	数量
观察到的交互数	277 006
好友关系数	1 113
群组关系数	432 260
平均每个用户的交互数	92.34
稀疏度	99.95%

我们使用 Last.fm 的三个子集进行实验，即好友关系数据集、群组关系数据集和用户–物品交互数据集。用户–物品交互数据集指用户–物品对的正反馈集，以及不包括在正反馈集中的用户–物品对负反馈集。

在实验中，我们采用双重交叉验证方法验证所提方法的有效性。我们将数据集分为两部分。首先，我们确定用户的交互物品数是否大于等于 2。对于交互物品数不少于 2 的用户，我们将每个用户的物品分为 50%的训练集和 50%的测试集。对于交互物品数少于 2 的用户，我们将所有物品放到训练集中。其次，我们得到了用于实验的训练集和测试集。此外，根据训练集，我们可以得到好友反馈集和群组反馈集。详见表 4-3。

表 4-3　训练集和测试集的统计结果

统计类型	训练集	测试集
用户数	3 000	3 000
物品数	102 995	101 944
观察到的交互数	139 348	137 658
平均正反馈数	46.45	—
平均好友反馈数	97.92	—
平均群组反馈数	8 934.40	—
稀疏度	99.95%	99.94%

从表 4-3 可以看出，近 1/6 用户的交互物品数少于 2 个。然而，在训练集和测试集中观察到的交互物品总数没有太大差异。我们对 Last.fm 的原始数据集进行了划分和验证。结果表明，原始数据集的划分效果与实验样本相同。因此，我们可以认为实验中使用的数据集的分布与原始样本的分布相同，小样本实验的结果可以代表原始数据集的结果。

2. 评估指标

为了评估本书提出方法的有效性，我们采用以下四个评估指标。

（1）Rec@K：用户 u 的 Recall 定义为

$$\text{Rec}_u@K = \frac{\text{hit}}{\left|u_u^{\text{te}}\right|} \tag{4-11}$$

其中，hit 表示用户 u 实际购买了推荐列表中的多少个物品；$\left|u_u^{\text{te}}\right|$ 表示用户 u 实际购买的物品总数。一般来说，Recall 是用来计算测试集中用户喜欢的物品有多少出现在推荐列表中。总体 Recall 的计算公式如下：

$$\text{Rec}@K = \sum_{u \in u^{\text{te}}} \frac{\text{Rec}_u@K}{\left|u^{\text{te}}\right|} \tag{4-12}$$

其中，u^{te} 表示测试集中的用户数。显然，总体样本的 Recall 是所有样本 Recall 的平均值。

（2）Pre@K：用户 u 的 Precision 定义为

$$\text{Pre}_u@K = \frac{\text{hit}}{K} \tag{4-13}$$

其中，hit 表示用户 u 实际购买了推荐列表中的多少个物品；K 表示推荐物品的数量。一般来说，Precision 是指用户喜欢的物品在推荐列表中所占的比例。总体 Precision 的计算公式如下：

$$\text{Pre}@K = \sum_{u \in u^{\text{te}}} \frac{\text{Pre}_u@K}{\left|u^{\text{te}}\right|} \tag{4-14}$$

总体样本的 Precision 是所有样本 Precision 的均值。

（3）MRR@K：MRR@K 根据第一个预测正确的物品位置对结果进行度量。第一个预测正确的物品位置越靠前，结果就越好。计算公式如下：

$$\text{MRR}@K = \sum_{u \in u^{\text{te}}} \frac{1}{\text{rank}_u} / \left|u^{\text{te}}\right| \tag{4-15}$$

其中，rank_u 表示推荐列表中第一个预测物品的位置。

（4）MAP@K：MAP@K 用于评估平均精度。用户 u 的平均精度定义如下：

$$\text{AP}_u@K = \sum_{i=1}^{K} (\text{Pre}_u@i) / \text{hit} \tag{4-16}$$

其中，$\text{Pre}_u@i$ 表示当推荐列表长度为 i 时的 Precision；hit 表示当推荐列表长度为 i 时模型的准确预测数。一般来说，MAP@K 等于所有用户 AP@K 的均值，计算公式如下：

$$\text{MAP}@K = \sum_{u \in u^{\text{te}}} (\text{AP}_u@K) / \text{hit} \tag{4-17}$$

3. 实验结果分析

在这部分，首先展示了基于所划分数据集的实验结果。其中，SGBPR（social group Bayesian personalized ranking，社交群组贝叶斯个性化排序）对应假设 4-1，GSBPR（group social Bayesian personalized ranking，群组社交贝叶斯个性化排序）对应假设 4-2，G_SBPR（group_social Bayesian personalized ranking，群组社交贝叶斯个性化排序的变体）对应假设 4-3。通过比较模型的四个指标（Pre@K, Rec@K, MRR@K, MAP@K），可以得到初步结论。然后通过分析社交链接与群组链接水平，找出不同水平的社交链接和群组链接对结果的影响。

表 4-4 详细展示了所有基准方法的结果。我们从以下几方面对结果进行解释：首先，从结果可以看出，本书的方法明显优于两种基准方法。从两种基准方法的结果可以看出，对于仅使用用户–物品交互信息的传统贝叶斯算法，融合好友信息提高了预测性能。类似地，融合群组信息也可以改进预测性能。其次，从三种方法的结果可以看出，G_SBPR 优于 SGBPR，SGBPR 优于 GSBPR。结果表明，将群组信息和好友信息融入传统的需求预测模型有利于降低数据稀疏性的影响。值得注意的是，群组信息和好友信息并不像我们认为的那样不同。相反，群组信息和好友信息之间的差异很小。在使用好友反馈和群组反馈时，与构建偏序关系的假设相比，不构建偏序关系的假设可以更好地提高预测效果。

表 4-4　模型结果比较

方法	Pre@10	Rec@10	MRR@10	MAP@10
BPR[28]	0.021 574	0.009 126	0.050 496	0.010 202
SBPR[16]	0.037 276	0.014 186	0.081 131	0.019 337
G-BPR	0.042 761	0.015 664	0.092 385	0.024 346
SGBPR	0.042 537	0.016 277	0.092 443	0.024 360
GSBPR	0.039 988	0.015 336	0.091 327	0.022 534
G_SBPR	**0.043 210**	**0.016 384**	**0.093 220**	**0.024 489**

此外，我们将这三种方法的结果与 G-BPR 的结果进行了比较，试图验证结果的提升是否完全由群组信息引起。结果表明，G-BPR 和 SGBPR 均优于 GSBPR，且 G-BPR 和 SGBPR 的结果相似，但 SGBPR 有三个评估指标优于 G-BPR。从这个结果可以看出，群组信息的融入和好友信息的融入都对结果提升产生了一定的影响。同时，我们可以看到，G_SBPR 在四个指标上优于 G-BPR。这表明，虽然群组信息的影响更大，但群组信息和好友信息的无差别融合策略优于仅使用群组

信息。可以看出，多信息（群组信息和好友信息）融合优于仅融合群组信息。这与我们最初的假设是一致的，即由于用户的共同兴趣，群组是由用户自发加入的。在数据集中，正是因为用户喜欢相同的艺术家或音乐，他们才会自发地组成群组。由于群组是根据用户的个人偏好形成的，因此同一群组中的其他用户喜欢的物品也可能是这个用户的偏好。好友信息是用户双向选择的结果，好友的偏好可以看作用户自己的独立偏好。

好友与群组对模型结果的影响：我们对训练集和测试集中用户的社交链接（好友关系中的用户–用户链接）与群组链接（群组关系中的用户–用户链接）进行了简单分析，如表 4-5 所示。

表 4-5　训练集与测试集中用户的社交链接与群组链接

统计类型	训练集	测试集
用户数	3000	2452
拥有社交链接的用户数	1128	633
拥有群组链接的用户数	2476	1342

表 4-5 反映了实验数据的基本情况。测试集的用户都来自训练集。实验基于训练模型获得所有用户的推荐列表，并与测试集中的实际用户列表进行比较。因此，我们只能考虑测试集中用户的好友信息和群组信息。

图 4-2 与图 4-3 分别展示了社交链接和群组链接的数量分布。从图 4-2 可以看出，社交链接的分布非常集中，绝大多数链接小于或等于 2 个，拥有 5 个以上链接的用户罕见。从图 4-3 可以看出，群组链接的分布相对分散。

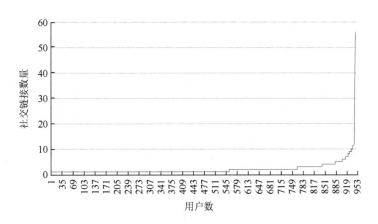

图 4-2　社交链接数量分布图

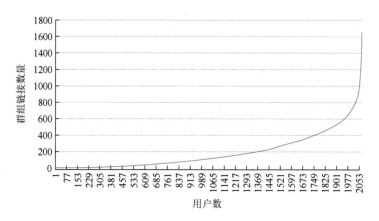

图 4-3　群组链接数量分布图

为了确保分析的统计显著性，我们只考虑了包含至少 30 个用户的社交链接。因此，我们将社交链接水平设置为 1 到 4，并观察 G_SBPR 在不同社交链接水平下的表现。结果如图 4-4 所示。

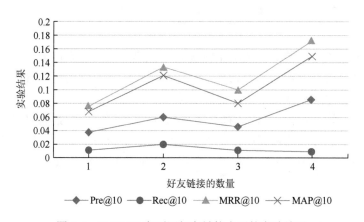

图 4-4　G_SBPR 在不同好友链接水平的实验结果

从图 4-4 可以看出，随着好友链接数量的增加，评估指标有越来越好的近似趋势。当好友链接数为 4 时，Pre@10、MRR@10、MAP@10 有最好结果；当好友链接数为 2 时，Rec@10 有最好结果。

从上述结果可以看出，随着好友链接数量的增加，Pre@10、MRR@10 和 MAP@10 波动上升。对于实验数据集，当好友链接数为 4 时，结果达到最优。

接下来，我们对群组链接进行探讨。群组链接的分布更加均匀。我们将其分为以下区间：[0, 150)、[150, 300)、[300, 450)、[450, 600)、[600, 750)、[750, 900)、[900, 1050)、[1050, 1200)、[1200, 1350)、[1350, 1500)、[1500, 1650)。同样，我

们只考虑包含至少 30 个用户的群组链接。我们通过实验测算了 G_SBPR 在这些群组链接水平下的性能，结果如图 4-5 所示。

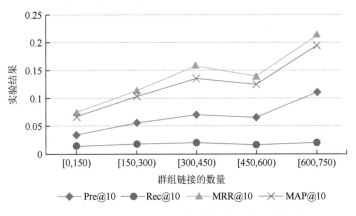

图 4-5　G_SBPR 在不同群组链接水平的实验结果

从图 4-5 的结果可以看出，该模型在不同水平的群组链接上的性能与社交链接的性能相似。我们可以看到，随着群组链接的增加，评估指标有越来越好的近似趋势。当群组链接范围为[600, 750）时，Pre@10、MRR@10、MAP@10 有最好结果；当群组链接范围为[600, 750）和[300, 450）时，Rec@10 有最好结果。

一般来说，当群组链接的水平范围为[600, 750）时，群组链接的模型效果最优。而随着群组链接的增加，四项指标呈现波动上升趋势。

综上所述，预测效果受社交联系和群组联系水平的影响。在现实世界中，个人好友的数量相对于用户总数来说是非常稀少的，只有少数人拥有相对较多的朋友。友谊作为一种相互选择，是反映用户偏好多样性的一种方式。用户喜欢的东西很多，因此需要从多个维度表达用户的偏好。因此，好友越多，用户通过好友表达的个人偏好就越全面。波动加剧可能是因为用户的偏好是不同的、动态的。好友也有一些独有的特征，这会对用户的偏好造成一些干扰。此外，用户往往对群组感兴趣。一些用户加入更少的群组，而一些用户加入更多的群组。相对而言，用户数量越大，用户偏好涵盖的范围就越全面。如果用户数量较少，则可能存在尚未找到的潜在利益群体。因此，群组链接越多，用户的偏好可以表达得越全面。

4.4　基于群偏好与用户偏好双向增强的个性化需求预测方法

4.3 节提出的方法将群组中其他用户对物品的偏好视作弱化的用户偏好，将其视作群组正反馈，并没有将群组作为一种实体，从而显式地建模群组的偏好。为此，本节提出了群偏好与用户偏好双向增强的个性化需求预测方法，使用图神经网络来对用户偏好和群组偏好进行双向建模，从而预测用户对物品的偏好。该方法不仅聚合了与群组直接相关的物品信息，还显式地建模了群组中其他用户对目标用户的影响，能有效缓解隐式反馈需求预测的稀疏性问题，提高用户需求预测的准确性。

4.4.1　问题定义

在需求预测情景下，有用户 $u \in U$，物品 $i \in V$，群组 $c \in C$，利用这些信息进行建模，并对用户的需求进行预测。表 4-6 列出了本节使用的数学符号及其描述。

表 4-6　本节使用的数学符号及其描述

符号	描述
u, i, c	用户，物品，群组
U, V, G	用户集，物品集，群组集
M, N, T	用户、物品、群组的数量
$y_{ui}, \hat{y}_{ui}$	用户对产品的真实偏好，用户对产品的预测偏好
G^{UV}, G^{GV}, G^{UG}	用户–物品、群组–物品、用户–群组的二部图
A^{UV}, A^{GV}, A^{UG}	用户–物品、群组–物品、用户–群组的邻接矩阵
$P^U \in R^{M \times K}, Q^V \in R^{N \times K}, Z^G \in R^{T \times K}$	用户、物品、群组的隐特征矩阵
$e_u \in R^K, e_i \in R^K, e_c \in R^K$	用户、物品、群组的隐特征向量
K	隐向量的维度
D	图神经网络的深度

为了更好地刻画用户、物品与群组之间的关系，我们首先构造用户–物品二部图 G^{UV}，群组–物品二部图 G^{GV} 和用户–群组二部图 G^{UG}，用户–物品二部图 G^{UV} 包含用户和物品之间的所有关系，A^{UV} 是 G^{UV} 的邻接矩阵：

$$A_{ui}^{UV} = \begin{cases} 1, & \text{如果用户} u \text{喜欢物品} i \\ 0, & \text{否则} \end{cases} \tag{4-18}$$

群组–物品二部图 G^{GV} 包含群组与物品之间的所有关系，A^{GV} 是 G^{GV} 的邻接矩阵：

$$A_{ci}^{GV} = \begin{cases} 1, & \text{如果群组} c \text{喜欢物品} i \\ 0, & \text{否则} \end{cases} \tag{4-19}$$

用户–群组二部图 G^{UG} 包含用户与群组之间的所有关系，A^{UG} 是 G^{UG} 的邻接矩阵：

$$A_{uc}^{UG} = \begin{cases} 1, & \text{如果用户} u \text{在群组} c \text{中} \\ 0, & \text{否则} \end{cases} \tag{4-20}$$

4.4.2　模型构建

已有研究证明，图神经网络可以更好地挖掘二部图的结构和内容。因此，使用图神经网络同时建模用户的个人偏好和群组偏好，准确地对用户需求进行预测。我们提出了 GGRM（group-preference enhanced graph neural recommendation model，群体偏好增强型图神经推荐模型），模型结构如图 4-6 所示。正方形表示用户，三角形表示物品，圆形表示群组，长方形方框表示三者的隐特征向量。GGRM 可以大致分为三个部分：嵌入层将用户、物品和群组映射为低维的稠密向量；图神经网络 1 通过学习二部图中的连接关系来聚合用户、物品和群组的特征；预测层聚合用户的个人偏好和群组偏好，并输出用户对物品的偏好分数。GGRM 的核心是

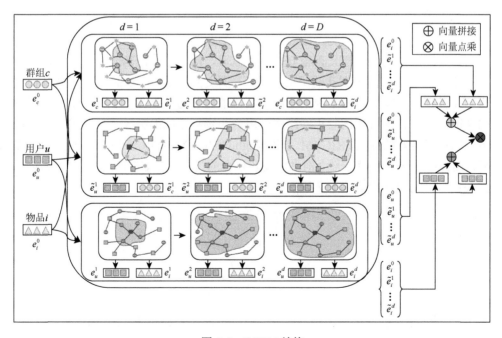

图 4-6　GGRM 结构

图神经网络部分。可以看到，图 4-6 中从上到下共有三个二部图作为模型的输入。它们分别是群组-物品二部图，用户-群组二部图和用户-物品二部图。基于图神经网络技术，可以通过这三个图来学习用户、物品和群组的表示。接下来，我们从模型的输入开始，详细介绍 GGRM 的建模过程。

1. 嵌入层

类似 LightGCN 模型，GGRM 的嵌入层是将用户、产品和群组映射到低维的稠密向量表征中。GGRM 的输入是用户的索引。如果它是独热编码，就会生成一个高维且稀疏的向量。这会增加模型计算的复杂性，也会遇到维度灾难问题。与矩阵分解模型类似，嵌入层也使用低维度稠密向量来表征用户，这不仅大大降低了模型的计算复杂度，而且学习的用户表示向量可以用来计算用户之间的相似度。这也表明嵌入层已经学到了一部分的关系特征。在 GGRM 中，$P^U \in R^{M \times K}, Q^V \in R^{N \times K}, Z^G \in R^{T \times K}$ 表示用户、物品、群组的嵌入矩阵（矩阵的参数随着模型学习而更新）。此外，通过用户索引可以得到用户隐特征向量 $e_U^0 \in R^K$。类似地，通过物品索引和群组索引分别可以得到物品隐特征向量 $e_I^0 \in R^K$、群组隐特征向量 $e_C^0 \in R^K$，其中 K 是隐向量的维度。

2. 用户-物品二部图建模

用户喜欢的物品直接反映了他们的偏好。直觉上，两个喜欢同一个物品的用户具有一定的相似性。因此，如果两个用户的购买数据中存在很多相同的物品，那么两个用户的偏好一定具有相似性。类似地，两个有相同购买用户的产品也应具有相同的特征。两者交互的历史关系可以通过挖掘用户-物品二部关系进行建模。图神经网络在处理图结构数据方面取得了显著的成果。基于图卷积神经网络的 LightGCN 模型使用图卷积网络建模用户与物品之间的关系，并在需求预测任务中取得了良好的效果。GGRM 基于 LightGCN 模型对用户-物品二部图进行建模。图神经网络的建模是一个消息传播和聚合的过程。在 GGRM 中，用户和物品的关系与特征的卷积运算定义如下：

$$e_u^{(d+1)} = \sum_{i \in N_u^i} \frac{1}{\sqrt{\left| N_u^i \right|} \sqrt{\left| N_i^u \right|}} e_i^{(d)} \qquad (4\text{-}21)$$

$$e_i^{(d+1)} = \sum_{i \in N_i^u} \frac{1}{\sqrt{\left| N_u^i \right|} \sqrt{\left| N_i^u \right|}} e_u^{(d)} \qquad (4\text{-}22)$$

其中，$e_u^{(d)}$、$e_i^{(d)}$ 表示用户和物品在第 d 层卷积操作的隐向量。d 表示卷积操作的

层数。通过 d 层卷积，可以聚合目标顶点的相邻特征。N_u^i 表示图中用户的邻居，在现实世界中是用户 u 喜欢的物品集。$1/\sqrt{\left|N_u^i\right|}\sqrt{\left|N_i^u\right|}$ 用来对图神经网络进行归一化，使网络能取得更好的效果。

通过 d 层卷积运算后，可以得到用户和物品的特征。随着层数的增加，高层的特征将更加平滑，不利于完成需求预测任务。因此，为了融合不同的特征，用户-物品二部图的建模输入是用户（物品）不同特征的融合。最终的用户和物品表征如下：

$$e_u = \frac{1}{D}\sum_{d=0}^{D} e_u^{(d)} \tag{4-23}$$

$$e_i = \frac{1}{D}\sum_{d=0}^{D} e_i^{(d)} \tag{4-24}$$

3. 群组-物品二部图建模

类似于用户，不同的群组也有各自的群组偏好。例如，憨豆的粉丝群大多讨论憨豆的电影，而喜剧电影群组讨论的内容包括憨豆的喜剧电影和其他喜剧演员的电影。偏好相似的群组也有相似之处。例如，憨豆先生的粉丝群和上述喜剧电影群有一些相似的特点。为了保持 GGRM 结构的统一性，在对群组-物品二部图建模时也使用了图卷积网络，对群组和物品的关系与特征的卷积运算如下：

$$e_c^{(d+1)} = \sum_{i \in N_c^i} \frac{1}{\sqrt{\left|N_c^i\right|}\sqrt{\left|N_i^c\right|}} \tilde{e}_i^{(d)} \tag{4-25}$$

$$\tilde{e}_i^{(d+1)} = \sum_{c \in N_i^c} \frac{1}{\sqrt{\left|N_c^i\right|}\sqrt{\left|N_i^c\right|}} e_c^{(d)} \tag{4-26}$$

$$\tilde{e}_i^{(0)} = e_i^0 \tag{4-27}$$

其中，$e_c^{(d)}$ 表示经过 d 层卷积运算得到的群组的特征向量。为了区分个体偏好和群组偏好的差异，我们在第一层卷积运算时使用 $\tilde{e}_i^{(d)}$ 表示群组偏好中物品的隐向量。N_c^i 表示群组 c 喜欢的物品集。类似地，N_i^c 表示喜欢物品 i 的群组集。

与用户-物品二部图建模类似，使用群组-物品二部图建模群组和物品，得到不同层次的特征。为了综合不同层次的特征，群组-物品二部图得到的群组和物品最终表征如下：

$$e_c = \frac{1}{D}\sum_{d=0}^{D} e_c^{(d)} \tag{4-28}$$

$$\tilde{e}_i = \frac{1}{D}\sum_{d=0}^{D} \tilde{e}_i^{(d)} \tag{4-29}$$

4.用户-群组二部图建模

用户并非独立存在于互联网上,他们会主动或被动地参与互联网社区。类似地,用户可以参与不同的群组。这些群组在一定程度上反映了用户的偏好。参与同一群组的不同用户具有相同的兴趣标签,这对建模用户偏好表示具有重要作用。当 GGRM 使用群组对用户进行建模,并使用图卷积网络作用于用户-群组二部图时,对用户和群组的关系与特征的卷积运算定义如下:

$$\tilde{e}_u^{(d+1)} = \sum_{c \in N_u^c} \frac{1}{\sqrt{\left|N_u^c\right|}\sqrt{\left|N_c^u\right|}} \tilde{e}_c^{(d)} \tag{4-30}$$

$$e_c^{(d+1)} = \sum_{u \in N_c^u} \frac{1}{\sqrt{\left|N_u^c\right|}\sqrt{\left|N_c^u\right|}} e_u^{(d)} \tag{4-31}$$

$$\tilde{e}_u^{(0)} = e_u^0 \tag{4-32}$$

其中,$e_u^{(d)}$、$\tilde{e}_c^{(d)}$ 分别表示用户和群组在 d 层卷积操作之后得到的特征向量。N_u^c 表示图中用户的邻居,也就是用户 u 参与的群组。类似地,N_c^u 表示群组 c 中所有的用户集。

在用户-群组二部图中,不同层次的特征进行聚合,得到用户和群组的最终表征:

$$\tilde{e}_u = \frac{1}{D} \sum_{d=0}^{D} \tilde{e}_u^{(d)} \tag{4-33}$$

$$e_c = \frac{1}{D} \sum_{d=0}^{D} e_c^{(d)} \tag{4-34}$$

5. 预测层

GGRM 利用包含用户历史数据的图卷积网络构建用户隐向量和物品隐向量,通过群组-物品二部图来构建群组隐向量和物品隐向量,通过用户-群组二部图构建用户隐向量和群组隐向量。在预测层中,GGRM 聚合了单个用户的偏好和用户参与的群组偏好,以共同预测用户对物品的偏好。预测公式定义如下:

$$\hat{y}_{ui} = \left(e_u \oplus \tilde{e}_u\right)\left(e_i \oplus \tilde{e}_i\right)^{\mathrm{T}} \tag{4-35}$$

其中,$\hat{y}_{ui}$ 表示 GGRM 预测的用户 u 对物品 i 的偏好分数;$\oplus$ 表示两个向量的拼接操作。

6. 模型学习

在隐式反馈问题中，只有用户喜欢的物品数据。用户未观察到的物品不一定是用户不喜欢的物品，也可能是用户尚未浏览的产品。基于此，GGRM 选择比较学习排序方法来构造 GGRM 的损失函数。其基本思想是，用户对物品的偏好大于未观察到的物品。损失函数的数学定义如下：

$$L = -\sum_{u=1}^{M}\sum_{i \in N_u}\sum_{j \in N_u}\ln\sigma\left(\hat{y}_{ui} - \hat{y}_{uj}\right) + \lambda \| \Theta \|^2 \tag{4-36}$$

其中，L 表示模型的总损失函数值；λ 表示模型参数正则化的强度。GGRM 的参数只有用户、物品和群组的嵌入矩阵参数，即与矩阵分解相比，只需要再学习一个群组矩阵参数。因此，GGRM 的计算复杂度基本等同于矩阵分解。在模型的实际训练中，使用小批量 Adam 优化方法更新学习模型的参数。与其他梯度下降方法相比，Adam 方法具有内存占用小、计算效率高的优点，非常适合大规模数据环境。

4.4.3　性能评测

1. 数据集

我们在两个真实数据集上进行试验，分别是 Last.fm 与豆瓣数据集。

Last.fm 是一个著名的音乐社区网站。在这个网站上，用户可以浏览最新的单曲或最受欢迎的音乐创作者，并为这些音乐或艺术家贴上标签。同时，用户可以创建新的群组并邀请其他人加入，或加入现有群组，讨论和分享喜爱的音乐。Last.fm 数据集收集的是 Last.fm 网站在 2009 年上半年的数据。在实际实验中，我们过滤掉只有一个用户的群组，然后随机选择 21 571 个用户的数据，对应 3997 个群组。平均而言，每个用户参与 2.99 组。实验还删除了被听次数少于 5 次的音乐(音乐质量不高或者是新音乐)，保留了 100 502 首音乐，平均每个用户听了 78.55 首音乐。

豆瓣电影数据集来自中国著名的在线社区：豆瓣。豆瓣社区允许用户评价他们最喜欢的电影、书籍和音乐。它还组织不同的群组，允许用户参与群组讨论。豆瓣电影作为其中一个板块，其电影评分和电影讨论已经成为中国最重要的电影评论来源。由于豆瓣电影数据集是评分数据，我们将其转换为隐式反馈数据。实验仅使用大于 3 的用户分数作为正样本。类似于对 Last.fm 数据集的处理，删除只有一个用户的群组和观看次数低于 5 的电影。最后，我们得到了 12 845 名用户对 12 677 部电影的偏好。平均来说，一个用户喜欢 83.17 部电影。处理后的数据集中有 2753 个群组的用户参与数据，平均每个用户参与 44.38 个组。两个数据集的统计数据如表 4-7 所示。

表 4-7　Last.fm 和豆瓣电影数据集的统计结果

数据集	用户数	物品数	记录数	群组数	稀疏度
Last.fm	21 571	100 502	1 695 352	3 997	99.92%
豆瓣电影	12 845	12 677	1 068 275	2 753	99.34%

2. 评价指标

在实验阶段，我们使用每个用户喜欢的产品的 20%作为测试集，剩余的 80%作为训练集。由于隐式反馈问题中没有用户的负样本，在实验中，我们根据正负样本的比例 1∶1，从那些没有交互的用户和没有交互的群组中随机抽取物品作为训练集的负样本。在评估中，所有用户未交互的物品和测试集中的物品都用于预测与排名。我们使用 Recall 和 NDCG 作为评估指标，对所有物品进行排名。

3.实验结果分析

为了验证所提 GGRM 的有效性，我们与许多基准算法进行了比较实验。在这些算法中，有经典的个性化需求预测算法 BPR-MF[29]和 CMF（collective matrix factorization，协同矩阵分解）[26]，以及基于深度学习的算法：NCF（neural collaborative filtering，神经协同过滤）[29]、NGCF[30]、LightGCN[31]和 GGRM。其中，NGCF、LightGCN 和 GGRM 是基于图神经网络的算法。同时，CMF、AGREE 和 GGRM 是融合群组偏好的模型，而其他模型仅考虑个人偏好。表 4-8 显示了不同比较算法在两个真实数据集（Last.fm 和豆瓣电影）上的实验结果。"提升"这一列重点比较 GGRM 与基准算法的效果。

表 4-8　GGRM 与所有基准算法在两个数据集上的结果比较

算法	Last.fm				豆瓣电影			
	Recall	提升	NDCG	提升	Recall	提升	NDCG	提升
BPR-MF	0.0511	29.59%	0.0516	24.69%	0.0997	28.89%	0.1327	19.45%
CMF	0.0552	19.96%	0.0539	19.29%	0.1081	18.85%	0.1340	18.31%
NCF	0.0310	113.46%	0.0297	116.68%	0.0959	33.97%	0.1059	49.68%
AGREE	0.0565	17.37%	0.0575	11.79%	0.1124	14.38%	0.1403	13.00%
NGCF	0.0542	22.19%	0.0528	21.77%	0.1067	20.45%	0.1367	15.93%
LightGCN	0.0568	16.73%	0.0587	9.56%	0.1127	14.01%	0.1491	6.33%
GGRM	0.0663	—	0.0643	—	0.1285	—	0.1585	—

从表 4-8 的结果可以推断出以下几点。

（1）基于图神经网络的模型（NGCF、LightGCN 和 GGRM）优于传统模型（BPR-MF 和 CMF）与深度学习模型（NCF、AGREE）。这表明，与其他隐因子预测模型相比，图神经网络通过对高层节点的连通性进行建模，可以更准确地对用户和物品的表征进行建模，从而在需求预测中取得更好的效果。这也是本方法选择图神经网络建模二部图的原因。

（2）在所有模型中，融合群组偏好的 CMF 和 AGREE 模型优于传统的 BPR-MF 模型，甚至 CMF 和 AGREE 模型也在 Recall 指标上优于豆瓣电影数据集上的 NGCF 模型。而且，在基于图神经网络的需求预测模型中，融合群组偏好的 GGRM 在 Last.fm 和豆瓣电影数据集上取得了优于 NGCF 模型和 LightGCN 模型的结果。这也证明了使用用户参与的群组信息可以更好地建模用户对物品的喜爱。

（3）GGRM 在两个数据集上均有两个指标优于所有基准算法，这表明基于图卷积运算和群组偏好融合的 GGRM 方法有助于构建更好的用户和物品表征，为用户提供了更准确的预测列表。此外，与豆瓣电影数据集相比，GGRM 在 Last.fm 数据集上的结果更好。可能的原因是 GGRM 在数据稀疏的情况下更有效。

推荐列表长度的影响：一般来说，随着推荐列表长度的增加，推荐的物品覆盖用户兴趣的可能性越大。为了验证 GGRM 的鲁棒性，我们研究了 GGRM 和基准算法在不同推荐列表长度下的结果。最后给出了不同模型在 Last.fm 数据集和豆瓣电影数据集上的实验结果。

从图 4-7 可以看出，在这两个数据集上，随着推荐列表长度的增加，所有模型的性能都越来越好，这证明了增加推荐列表的长度可以覆盖更多的用户偏好。在不同的推荐列表长度下，提出的 GGRM 比其他模型算法表现更好。此外，当推荐列表较短时（例如，当推荐列表为 10 时），BPR-MF、CMF、AGREE 和 NGCF

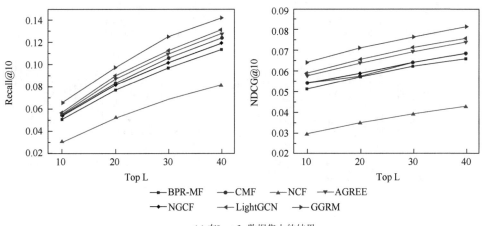

(a) 在 Last.fm 数据集上的结果

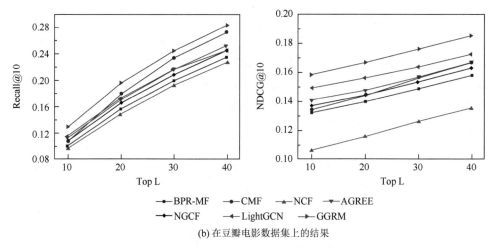

(b) 在豆瓣电影数据集上的结果

图 4-7　算法在不同长度推荐列表下的性能比较

的 Recall 差异不明显。在更长的推荐列表中，这些模型之间的差异显著增大。同时，虽然模型之间的排序指标的性能差异大于召回指标的性能差异，但这表明偏序建模更适合需求预测系统中的排序问题。这也是 GGRM 方法设计偏序损失函数的基础。同样的结论也可以在豆瓣电影数据集上得到验证。

　　潜在因素向量维度的影响：实验中进行比较的个性化需求预测算法均是基于潜在因素的模型，即个性化需求预测系统中的用户和物品通过潜在因素向量表示。因此，在这些模型中，潜在因素向量的维度是一个重要的超参数。一般来说，隐特征维度越大，可以建模的信息越多，模型也就越精确。然而，维度过大也会带来过拟合问题。为了衡量 GGRM 的鲁棒性，我们同时比较了基准算法在四个不同维度上的性能。结果如图 4-8 所示。

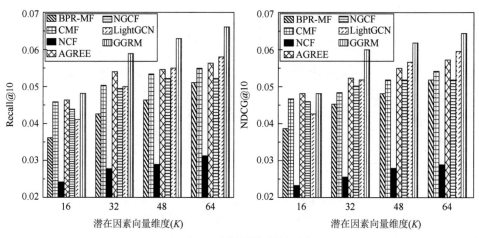

(a) 在Last.fm数据集上的结果比较

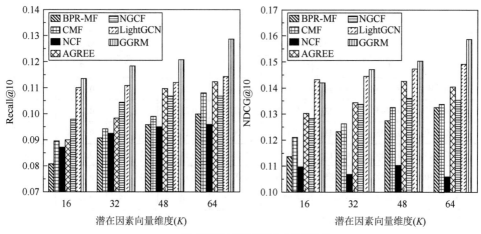

(b) 在豆瓣电影数据集上的结果比较

图 4-8　算法在不同潜在因素向量维度下的结果比较

从图 4-8 可以看出,在 Last.fm 或豆瓣电影数据集中,随着潜在因素向量维度的增加,大多数模型的效果变得更好。唯一的波动是 NCF 模型在豆瓣电影上的 NDCG 指标。另一点需要注意的是,在 Last.fm 数据集中的模型,当维度较小时,CMF 和 AGREE 的效果优于基于图神经网络的 NGCF 和 LightGCN 模型,但豆瓣电影数据集上不存在这种现象。这种结果可能与数据的稀疏性有关。与豆瓣电影数据集相比,Last.fm 数据集在维度较小时,模型更稀疏,需要借助更多的信息来捕捉用户和物品的特征。随着维度的增加,LightGCN 模型可以建模更多的信息,也取得了更好的结果。值得一提的是,在所有维度下,GGRM 的结果都优于其他模型,这证明了 GGRM 的鲁棒性。

图神经网络深度的影响:虽然深度学习使用深度神经网络来学习输入的特征,但深度的增加不一定会带来效果的提升,尤其是在图结构数据中。在 GGRM 中,图神经网络的深度是一个重要参数。单层图神经网络可以聚合网络中一阶邻居的特征,但当深度增加时,可能会导致过度平滑问题。因此,我们测试了 GGRM 中不同深度的影响,结果如表 4-9 所示。表 4-9 描述了在两个数据集上 GGRM 不同深度的结果。

表 4-9　在不同数据集上 GGRM 不同深度的结果

评价指标	Last.fm				豆瓣电影			
	1	2	3	4	1	2	3	4
Recall@10	0.0558	**0.0663**	0.0617	0.0624	0.1126	0.1218	**0.1285**	0.1220
Recall@20	0.0895	**0.0975**	0.0953	0.0941	0.1711	0.1816	**0.1950**	0.1844

评价指标	Last.fm				豆瓣电影			
	1	2	3	4	1	2	3	4
Recall@30	0.1073	**0.1290**	0.1188	0.1169	0.2191	0.2390	**0.2438**	0.2394
Recall@40	0.1245	**0.1423**	0.1378	0.1376	0.2569	0.2706	**0.2845**	0.2742
NDCG@10	0.0595	**0.0643**	0.0618	0.0614	0.1426	0.1529	**0.1585**	0.1526
NDCG@20	0.0629	**0.0710**	0.0681	0.0674	0.1448	0.1620	**0.1662**	0.1641
NDCG@30	0.0662	**0.0765**	0.0756	0.0748	0.1574	0.1717	**0.1758**	0.1730
NDCG@40	0.0725	**0.0815**	0.0787	0.0785	0.1691	**0.1878**	0.1857	0.1843

注：加粗字体表示性能最好的结果

可以看出，在 Last.fm 数据集中，当深度为 2 时，GGRM 的效果最好；在豆瓣电影数据集中，当深度为 3 时，除了 NDCG@40，其他指标最好。这表明：①提高网络的深度可以提升效果，但过深的图神经网络会降低效果；②对于不同的数据集，应根据不同的数据结构测试不同的深度。

4.5　融合用户与群组交互的个性化需求预测应用

本节将以豆瓣为具体应用案例，介绍相关场景，并讲述如何将群组偏好增强的图神经网络需求预测方法用于豆瓣的电影需求预测中，最后阐述管理启示。

4.5.1　应用场景介绍

豆瓣是一个书籍阅读类的社交平台，主要提供图书、电影、音乐唱片的推荐、评论和价格比较，以及城市独特的文化生活；它提供了书目推荐和兴趣交友等多种服务功能，更像是一个集 BLOG、交友、小组、收藏于一体的新型社区网络。在豆瓣上，用户可以对书籍、电影等进行评分与评论。

在豆瓣中，用户可以自由加入感兴趣的群组，参与讨论，也可以自行创建群组，邀请有相同兴趣的用户加入。

4.5.2　交互数据形式

在豆瓣电影个性化需求预测场景中，交互数据具体体现为用户的信息数据、电影的信息数据、群组的信息数据、用户与电影的交互信息数据、用户与群组的交互信息数据。

用户的信息数据包括用户 ID、注册时间、年龄、性别、用户等级等与用户相关的私人信息。

电影的信息数据包括电影名称、电影类型、电影简介、电影平均评分等信息。

群组的信息数据包括群组名称、群组介绍、群组标签、群组成员数等信息。

用户与电影的交互信息数据包括用户观看过的电影、用户对电影的评分、用户对电影的评论等信息。

用户与群组的交互信息数据包括用户加入的群组、用户在群组中的聊天记录等信息。

在具体案例中，本书没有用到所有的数据项，主要用到以下几种交互数据：用户与电影的交互记录，每一条记录对应用户、用户观看完的电影、电影的评分；用户与群组的交互记录，每一条记录对应用户和用户加入的群组。

4.5.3　个性化需求预测

在豆瓣中，除显式连接关系（如好友、关注的用户等）外，隐式连接关系也可能影响偏好。例如，有着相似兴趣的人形成一个群组，群组内的用户会分享对电影的观点、偏好等信息。因此，群组关系会对用户的偏好产生影响，却很少有方法显式地利用这种群组信息。

为利用群组信息进行用户的个性化需求预测，我们使用图神经网络同时建模用户的个人偏好和群组关系。将用户与电影的历史交互记录、用户所在群组信息输入到模型中，来优化模型参数。具体来说，使用嵌入层将用户、电影和群组映射为低维的稠密向量；基于图神经网络学习二部图中的连接关系，以聚合用户、电影和群组的特征；使用预测层聚合用户的个人偏好和群组偏好，并输出用户对电影的偏好分数。这样不仅聚合了与群组直接相关的物品信息，还模拟了群组中其他用户对目标用户的影响，能有效缓解隐式反馈需求预测的稀疏性问题，并实现了对用户偏好和电影特征的有效建模。

预测出用户的偏好后，模型将用户可能感兴趣的电影排序生成推荐列表，发送给用户，并根据用户的反馈进行调整。

4.5.4　管理启示

上述的案例分析表明,融合群组交互信息能有效提高预测用户偏好的准确性。通过本节的分析，总结出融合用户与群组交互的个性化需求预测方法的几点管理启示。

（1）从理论角度出发，该方法是一种新的个性化需求方法，丰富了个性化需求预测的研究，同时还从数据角度证实了个体用户受群组行为的影响。

（2）从应用角度出发，该方法利用群组的交互信息，从群组角度对用户的偏好进行建模，从而更准确地捕捉了用户的偏好。除此之外，该方法可以为在线社区平台（如豆瓣）提供新的推荐工具和设计策略。在面向新用户时，可以积极推广不同的群组，让用户参与其中，以便更准确地识别用户偏好。同时，新用户感兴趣的群组也能反映其偏好，可以通过群组交互数据辅助预测用户可能感兴趣的电影。

参 考 文 献

[1]　Ronen I，Guy I，Kravi E，et al. Recommending social media content to community owners. Gold Coast Queensland：The 37th International ACM SIGIR Conference on Research & Development in Information Retrieval，2014.

[2]　Muller M，Ehrlich K，Matthews T，et al. Diversity among enterprise online communities：collaborating，teaming，and innovating through social media. Austin Texas：The SIGCHI Conference on Human Factors in Computing Systems，2012.

[3]　Shaw M E. Group dynamics：the psychology of smallgroup behavior.Journal of Music Therapy，1972，9（4）：203-204.

[4]　Salganik M J，Dodds P S，Watts D J. Experimental study of inequality and unpredictability in an artificial cultural market. Science，2006，311（5762）：854-856.

[5]　Tajfel H，Turner J C. The Social Identity Theory of Intergroup Behavior. New York：Psychology Press，2004.

[6]　Chen Y，Li S X. Group identity and social preferences. American Economic Review，2009，99（1）：431-457.

[7]　McPherson M，Smith-Lovin L，Cook J M. Birds of a feather：homophily in social networks. Annual Review of Sociology，2001，27：415-444.

[8]　Shardanand U，Maes P. Social information filtering：algorithms for automating "word of mouth". Denver：The SIGCHI Conference on Human Factors in Computing Systems，1995.

[9]　Kossinets G，WAatts D J. Origins of homophily in an evolving social network. American Journal of Sociology，2009，115（2）：405-450.

[10]　Golbeck J. Trust and nuanced profilesimilarity in online social networks. ACM Transactions on the Web（TWEB），2009，3（4）：1-33.

[11]　Ziegler C N，Golbeck J. Investigating interactions of trust and interest similarity. Decision Support Systems，2007，43（2）：460-475.

[12]　Jamali M，Ester M. TrustWalker：a random walk model for combining trust-based and item-based recommendation. Paris：The 15th ACM SIGKDD International Conference on Knowledge Discovery and Data Mining，2009.

[13]　Ma H，Yang H，Lyu M R，et al. SoRec：social recommendation using probabilistic matrix factorization. Napa Valley：The 17th ACM Conference on Information and Knowledge Management，2008.

[14]　Ma H，King I，Lyu M R. Learning to recommend with social trust ensemble. Boston：The 32nd international ACM SIGIR Conference on Research and Development in Information Retrieval，2009.

[15]　Krohn-Grimberghe A，Drumond L，Freudenthaler C，et al. Multi-relational matrix factorization using Bayesian personalized ranking for social network data. Seattle：The fifth ACM International Conference on Web Search and

Data Mining，2012.

[16] Zhao T，McAuley J，King I. Leveraging social connections to improve personalized ranking for collaborative filtering. Shanghai：The 23rd ACM International Conference on Conference on Information and Knowledge Management，2014.

[17] Wu L，Sun P，HongR，et al. Collaborative neural social recommendation. IEEE Transactions on Systems，Man，and Cybernetics：Systems，2021，51（1）：464-476.

[18] Wu Q，Zhang H，Gao X，et al. Dual graph attention networks for deep latent representation of multifaceted social effects in recommender systems. San Francisco：The World Wide Web Conference，2019.

[19] Yin H，Wang Q，Zheng K，et al. Social influence-based group representation learning for group recommendation. Macao：The 2019 IEEE 35th International Conference on Data Engineering（ICDE），2019.

[20] Cao D，He X N，Miao L H，et al. Attentive group recommendation. Ann Arbor：The 41st International ACM SIGIR Conference on Research & Development in Information Retrieval，2018.

[21] Yuan Z，Chen C. Research on group POIs recommendation fusion of users' gregariousness and activity in LBSN. Chengdu：2017 IEEE 2nd International Conference on Cloud Computing and Big Data Analysis（ICCCBDA），2017.

[22] Zhao J，Liu K J，Tang F X. A group recommendation strategy based on user's interaction behavior. Chengdu：2017 IEEE 2nd Information Technology，Networking，Electronic and Automation Control Conference（ITNEC），2017.

[23] Wang J K，Jiang Y C，Sun J S，et al. Group recommendation based on a bidirectional tensor factorization model . World Wide Web，2018：961-984.

[24] Pan W，Chen L. GBPR：group preference based Bayesian personalized ranking for one-class collaborative filtering. Beijing：The Twenty-Third International Joint Conference on Artificial Intelligence，2013.

[25] Gao L，Wu J，Qiao Z，et al. Collaborative social group influence for event recommendation. Indianapolis：The 25th ACM International on Conference on Information and Knowledge Managemen，2016.

[26] Cao D，He X N，Miao L H，et al. Social-enhanced attentive group recommendation. IEEE Transactions on Knowledge and Data Engineering，2021，33（3）：1195-1209.

[27] Ma J W，Wen J H，Zhong M Y，et al. DBRec：dual-bridging recommendation via discovering latent groups. Beijing：The 28th ACM International Conference on Information and Knowledge Management，2019.

[28] Rendle S，Freudenthaler C，Gantner Z，et al. BPR：Bayesian personalized ranking from implicit feedback. 2012.

[29] He X N，Liao L Z，Zhang H W，et al. Neural collaborative filtering. Perth：The 26th International Conference on World Wide Web，2017.

[30] Wang X，He X N，Wang M，et al. Neural graph collaborative filtering. Paris：The 42nd international ACM SIGIR Conference on Research and Development in Information Retrieval，2019.

[31] He X N，Deng K，Wang X，et al. LightGCN：simplifying and powering graph convolution network for recommendation. The 43rd International ACM SIGIR Conference on Research and Development in Information Retrieval，2020.

第 5 章　面向会话式交互的个性化需求预测方法

传统需求预测方法主要是通过分析用户与项目的历史交互记录了解用户的长期静态偏好。如基于内容（content-based）的需求预测方法和基于协同过滤（collaborative filtering-based）的需求预测方法。然而，在很多现实应用场景中，用户偏好并不能从历史交互记录中准确地预测出来，比如一些高卷入度产品（如智能手机、汽车等），由于其价格高、使用周期长等特点，用户对于该类商品的历史记录几乎为零，这种情况下，传统的需求预测方法将无法适用。为了给用户提供更加准确、及时的预测信息，会话式个性化需求预测应运而生。与传统的需求预测方法相比，会话式需求预测更加注重捕捉用户的短期动态偏好，其通过与用户进行多轮对话引出用户的当前偏好，并帮助用户做出决策。早在 20 世纪 70 年代晚期就出现了会话式预测的雏形：Rich 实现了一个名为 Grundy 的系统，它通过自然语言向用户询问有关他们个性和偏好的问题，从而为用户提供阅读建议[1]。除了基于自然语言处理的界面外，多年来又有了基于接口、表单的方式。Tou 等在 1982 年设计并实现了一个智能数据库助手帮助用户定制查询，该系统基于人类记忆的心理学理论，采用了一种新的检索范式——重组检索。通过用户的查询描述和知识库的结构，从定义良好的角度向用户展示数据库中的实例[2]。近年来，随着机器学习和深度学习的发展，会话式预测逐渐从遵循预定义的对话路径发展到基于机器学习的技术，再到如今基于端到端的深度学习模型，以期实现更加智能的需求预测。

本章将从检索式会话交互和问答式会话交互两方面介绍会话式个性化需求预测方法，内容组织如下：5.1 节分别对面向检索式会话交互的需求预测和面向问答式会话交互的需求预测的国内外研究现状进行综述。5.2 节介绍会话式交互行为及交互数据的获取。5.3 节介绍面向检索式会话交互的个性化需求预测方法，通过在会话交互中引入共识机制，提升需求预测精准性。5.4 节介绍面向问答式会话交互的个性化需求预测方法，通过在问答中引入强化学习和知识图谱方法，提升需求预测精准性。5.5 节以汽车之家网站为例，介绍面向会话式交互的个性化需求预测方法应用案例及管理启示。

5.1　国内外研究现状

5.1.1　面向检索式会话交互的需求预测

面向检索的个性化需求预测的主要思想是从对话数据集中检索或调整现有的语句作为给定问题的最佳回答。基于检索的方法通常用于问答系统中，但在会话式需求预测的领域中，基于检索方法的相关研究较少，可能是由于语言模型的流行，如社交聊天机器人。与基于语言生成需求预测的方法相比，基于检索的需求预测方法对训练过程中没有遇到的情况无法做出适当的反应，但其潜在优势是返回结果是数据集中符合人类认知的话语，不存在语义及语法错误问题。

目前在自然语言处理任务中也提出了各种基于检索的方法，比如机器翻译或问答系统。且近些年来，由于智能手机的发展，智能数字助理，如 Siri 等的广泛使用，使问答系统变得越来越重要。Qiu 等[3]提出了一个结合检索和序列到序列的联合结果生成方法的聊天机器人系统 AliMe，并通过实验证明其方法的性能优于检索和生成方法。Bilotti[4]等将结构化检索技术应用于问答系统使用的文本注释类型，并证明在句子检索任务中，与词袋检索相比，结构化方法可以检索出更多相关的结果，排名更高。

除了单轮问答系统，基于检索的方法在问答社区方面也得到了广泛应用。Wu 等[5]设计了一个名为时间交互和因果影响长短时记忆网络（temporal interaction and causal influence long short-term memory，TC-LSTM）的体系结构，利用 LSTM 来捕捉显性问答影响和隐性问答互动，有效地利用了问题-答案之间的因果影响（一个答案对给定问题的合适程度）和答案-答案之间的时间交互信息（一个高质量的答案如何逐渐形成）。Nie 等[6]通过两两比较，对答案候选人进行排序，设计了由线下学习组件和在线搜索组件组成的模型。在离线学习部分，首先根据数据驱动的观察结果，根据偏好自动建立积极、消极和中立的训练样本。其次，用一个新的模型联合这三种类型的训练样本，并通过计算导出该模型的闭式解。在在线搜索组件中，首先通过查找相似的问题收集给定问题的候选答案池。其次，利用线下训练的模型判断偏好顺序，对候选答案进行排序。实验表明，该模型具有良好的鲁棒性和优异的性能。Lyu 等[7]从用户专业知识的角度，考虑了问答对中的语义相关性和问题用户对中的用户专业知识，将答案选择问题形式化。他们设计了一个新颖的匹配函数，明确地模拟了用户专业知识对社区接受度的影响。此外，他们将潜在用户向量引入到答案的表示学习中，将隐含的话题兴趣集合到学习的用户向量中，以更好地为用户匹配答案。Su 等[8]提出了一种新的自动选择答案的匹配-验证框架。匹配部分对候选人回答与给定问题的相关性进行评估，验证组件旨在利用群体的智慧进行可信性度量。给定一个问题，以从信息存储库中检索到的最多结果作为支持证据，提取共识表示。作者将可信度测度分解为两个部分，即验证分数，衡量候选人回答和共识代表之间的一致性，以及可信度得分，衡量共识本身的可靠性。

5.1.2　面向问答式会话交互的需求预测

面向问答式交互的个性化需求预测主要是通过与用户进行多轮对话捕捉用户偏好，采用"系统提问—用户回答"的范式，通过用户回答预测用户需求偏好。会话式预测可以分解为三个具体的问题：向用户提问什么（询问产品的哪个属性）；每一轮次中应该采取什么动作（继续提问还是进行预测）；预测用户对什么产品更加偏好。

针对"向用户提问什么"的问题，通常可以通过询问项目和询问属性入手，获取消费者的偏好。Sun 和 Zhang[9]将会话系统和预测系统的研究整合到一个新的、统一的深度强化学习框架中，以构建一个个性化的会话预测代理，优化每个会话的效用函数。具体来说，他们训练了一个深度策略网络，用来决定代理在每一步应该采取什么操作（即询问某方面的值或提出建议）。作者提出的个性化预测模型可以利用用户过去的评分和当前会话中收集的用户查询为用户进行评分预测，并在此基础上生成推荐。Li 等[10]考虑了面向冷启动用户的对话式预测，即系统既可以询问用户的属性，又可以交互地向用户推荐商品。作者提出的会话汤普森抽样模型通过选择奖励最大的拉杆整体解决会话预测中的所有问题。针对"继续提问还是进行预测"问题，系统需要根据当前的状态，选择向消费者提问或者预测后推荐。Lei 等[11]提出了一个新的框架，名为评估行动反射（estimation action reflection，EAR），它由以下三个阶段组成，以更好地与用户进行交互。

（1）估计。通过建立预测模型来估计用户对物品和物品属性的偏好。

（2）行为。学习对话策略，根据估计阶段和对话历史来决定是询问属性还是预测条目。

（3）反射。当用户拒绝行动阶段提出的建议时，它更新模型预测结果。

Deng 等[12]开发了一种基于动态加权图的强化学习方法来学习在每个会话回合中选择动作的策略。针对样本效率问题，作者提出了两种基于偏好和熵信息的行动选择策略，以减小候选行动空间。Zhang 等[13]为了加快学习速度，将语境强盗推广为会话语境强盗。会话语境强盗不仅利用了对武器的行为反馈（如新闻预测中的文章），还利用了用户对关键术语的偶尔对话反馈。作者设计了 ConUCB（conversational upper confidence bound，对话式上限置信区间）来解决会话上下文强盗的两个问题。

第一个是选择哪些关键词进行会话。

第二个是如何利用会话反馈来加快匪徒的学习速度。

Zhang 等[13]从理论上证明了 ConUCB 算法比传统的上下文强盗算法 LinUCB

（linear upper confidence bound，线性上限置信区间）能获得更小的后悔上界，因此具有更快的学习速度。Tsumita 和 Takagi[14]研究了在用户目标不明确情况下的面向目标的会话，提出了一个基于话语信息的推荐系统预测策略，利用基于用户话语的预测结果进行强化学习，构建了一个会话系统来执行自适应行为，自然地将建议纳入与用户的对话中。Ren 等[15]提出了一种新颖的端到端的会话推荐系统（conversational recommender systems with adversarial learning，CRSAL），以完成会话预测任务。CRSAL 创新地设计了一个完全统计的对话状态跟踪器，并结合神经策略代理，从有限的对话数据中精确地捕捉每个用户的意图，并生成会话预测动作。作者进一步开发了一种对抗性的参与者-批评者强化学习方法，以自适应地改进生成的系统行动的质量，从而确保连贯的类人对话响应。Kang 等[16]收集了一个目标驱动的推荐对话数据集（GoRecDial），它包括 9125 个对话游戏和 81 260 个对话回合，在成对的人类工作者之间相互推荐电影。基于该数据集，作者开发了一个端到端的对话系统，可以同时进行对话和预测。首先，训练模型以模仿人类玩家的行为，而不考虑任务目标本身（监督训练）；其次，基于两个配对的预训练模型（bot-play）之间的模拟机器人-机器人对话微调模型，以实现对话目标。针对"向用户推荐什么产品"的问题，系统需要根据当前获取的用户偏好信息，为用户产生预测列表。Lei 等[17]提出了会话路径推理（conversational path reasoning，CPR），一个通用的框架，将转换预测建模为一个交互式的路径推理问题。它根据用户反馈遍历属性顶点，以显式的方式使用用户首选的属性。通过利用图结构，CPR 能够剔除许多不相关的候选属性，从而提高命中用户首选属性的概率。作者在 Yelp 和 Last.fm 两个数据集上进行了实验，验证了 SCPR（simple CPR）的有效性。

5.2　会话式交互行为及交互数据获取

5.2.1　会话式交互行为

　　会话式交互场景主要是基于文本和语音两种形式与用户进行交互，通过检索或者问答等方式挖掘用户的兴趣偏好，从而预测用户的个性化需求。相对于传统的需求预测，会话式交互能够捕捉用户即时的行为，而即时的行为信息往往更能体现用户的当前偏好。因此，本节主要介绍会话式场景中主要的交互行为和数据的获取方式。

　　正如 5.1 节所描述的，会话式场景根据会话的次数分为检索式和问答式。检索式会话交互主要有问答社区、语音助手等场景；而诸如客服机器人等以"系统提问—用户回答"为范式的则为问答式交互场景。本节将分别以问答社区和对话机器人这两个在现实生活中广泛应用的场景为例介绍会话式中几种主要的用户交互行为。

1. 问答社区

（1）浏览：进入社区问答网站后，用户可以对网站内部的问答进行浏览，系统则会根据用户浏览记录等信息预测用户感兴趣的问答领域及相关问题。例如，知乎网站的问答社区页面。

（2）点击：用户通过点击问题可以看到问题的详细描述以及他人的回答。

（3）提问：用户可以在问答社区进行提问，系统则会把问题发布到社区中供其他感兴趣的用户回答。

（4）回复：与提问这一交互行为对应，用户可以在自己或他人的问题下面与其他用户进行回复讨论，经过讨论后得到自己认可的答案。

（5）点赞：用户可以对问题或者答案进行点赞，表示自己有同样的问题或者认可回答者所给出的答案。

2. 对话机器人

（1）提问：用户可以向对话机器人明确说明自己的需求。比如"我想买辆车"，对话机器人接收到用户提出的需求，获得用户偏好信息，从而对其进行进一步需求预测和推荐。

（2）回答：对话机器人会对用户进行需求提问，用户可以对其进行回答，对话机器人接收到用户的回答并进行分析，从而对其进行需求预测和推荐。

会话式场景交互主要是通过用户的即时信息捕捉用户的短期偏好，这是传统的依靠历史交互记录进行预测推荐的方法无法做到的。因此，如何利用这些信息来预测用户偏好，为用户提供更准确的推荐是我们拟解决的问题。

5.2.2　交互数据的获取

互联网时代下，数据成指数倍增长，且具有来源广泛、格式多样、时效性差等特点，难以被采集与分析。如何有效获取数据并从中学到知识，从而为企业的生产带来实际价值是关键问题。下面我们将从内部数据集成和外部数据获取两方面进行讨论。

1. 内部数据集成

企业内部的数据是对企业来说最易于理解、最成熟的数据，因为这些数据是从企业多年的相关工作中收集整理得到的。因此，利用好这部分数据能够给企业带来很大的价值。然而，现实生活中的企业内部数据利用情况不尽如人意。一方面，企业内部的基础数据并不规范；另一方面，由于各个部门之间存在"数据孤岛"的现象，即由于不同部门各自存储数据，对数据的处理利用不尽相同，数据很难融合，导致企业对其内部的数据利用程度并不高。

因此，内部数据的集成对于企业利用并分析其内部数据具有重要作用。为了打破"数据孤岛"，充分利用各个部门的数据信息，首先需要制定规范。企业需建立数据管理部门，制定数据的处理、使用规范，使不同部门的数据能够融合起来，打破孤立的状态。

2. 网络爬虫

网络爬虫是一种按照一定规则，自动抓取网页信息的程序或脚本。首先将目标网页的 URL（uniform resource locator，统一资源定位器）放入队列，然后使用主机 IP 把目标网页下载下来，通过一定的解析规则对其进行自动化抓取，然后去除一些噪声数据，将关键信息存入数据库。网络爬虫主要分为通用型网络爬虫、聚焦型网络爬虫。通用型网络爬虫主要应用于非垂直领域搜索引擎，爬行范围和数量巨大，对于爬行速度和存储空间要求较高，具有较强的应用价值，适合于社交问答网站的数据爬取。聚焦型网络爬虫选择性地爬取预先定义好的需求信息，不像通用型网络爬虫那样将目标资源定位在全互联网，而是将爬取的目标网页定位在与主题相关的页面中，极大地节省了硬件和网络资源，能够满足特定人员的需求。

3. 公开数据集

面向会话式交互场景的个性化需求预测领域也有许多公开数据集供科研人员和企业使用，常见的公开数据集有 TriviaQA、FreebaseQA、LegalQA 等，对公开数据集的具体介绍见表 5-1。

表 5-1　部分公开数据集的介绍

数据集	介绍	数据项
TriviaQA	包含超过 650 000 个问题—答案—证据对	q: 问题 a: 答案 D: 相关文档
FreebaseQA	通过将琐事类型的问答对与 Freebase 中的主题—谓词—对象三元组进行匹配而生成	Question-ID: 问题 ID RawQuestion: 问题 Answers: 答案
LegalQA	法律咨询中文问答集	问题主题、问题、答案和标签

5.3　面向检索式会话交互的个性化需求预测方法

随着社区问答网站的出现，面向检索式会话的个性化需求预测方法得到广泛应用，越来越多的用户开始在网站上询问有关产品的信息。但是用户得到想要的回答却很困难，一方面其他用户的回复时间不确定，用户可能需要等待很长时间才能得到答案；另一方面回复的用户较多，询问者很难从大量的信息中找到合适的答案。因此，从已有答案中检索出对用户有用的信息具有重要意义。但由于回复质量的参差不齐，许多网站采取用户投票的方式选出最佳答案，实际却收效甚微，例如，在 Amazon QA 中，电子类有大约 70%的答案没有获得任何投票[18]。因此，如何从众多答案中挑选出最佳答案，或者提供答案排序成为目前尚待解决的问题，本节介绍了一种关注共识-答案一致性（consensus-answer consistency，CAC）计算的模型，该方法通过引入共识-答案一致性，有效地提高了预测答案的质量。具体来说，我们基于循环神经网络模型，设计了一个新的基于问题注意力的 HeartLSTM 单元，在不同答案表示的学习过程中，它使用问题作为 LSTM单元的潜意识表达（即 Heart）。为了使 HeartLSTM 单元能够自行判断是从正确还是错误中学习共识，其根据自我聚焦理论和辩论的类型设置不同的先验答案重要性分布，这表示询问者和受访者有意识地专注于自己。通过这样的设计，HeartLSTM 可以学习普遍同意的共识或普遍不同意的共识，并且可以通过验证或伪造来获得共识-答案一致性分数。

5.3.1　问题定义

现在的方法大多将答案问题视为短文本匹配任务，直接计算它们之间的相似度，选取最佳答案。但一个答案是否有用，不仅取决于问题与答案的相关性，还在于答案是否正确。答案的正确性可以从证实和证伪两方面衡量。证实是陈述事实应该是什么[19]；相反，证伪即对陈述的反驳，说明事实不应该是什么。在实际的社区问答网站中，用户会接受与自己一致的观点，反驳与自己相反的观点。因此在询问者发布问题后，询问者和回答者之间会有互动，而多个回答者之间也会有互动，就像一场辩论，有关于问题的正确陈述，也有不正确的陈述。

我们的任务就是在收集所有内容后给出一致意见，即共识。当答案与问题相关（问题-答案相关性）并且与共识一致（共识-答案一致性）时，答案会更有价值。因此，本方法要解决以下两个问题：①如何从众多答案中获取共识；②如何计算共识与答案的一致性。

5.3.2　模型构建

1. 共识表示学习

共识表示学习旨在从许多答案中提取对特定问题的共识。当询问者提出问题时，一些回答者回答了这个问题，询问者将与回答者进行进一步的回应，或者回答者之间也会有互动。这将答案线程从简单的流动行为更改为更复杂的辩论行为。

1）基于辩论的先验

这种辩论行为的主体是询问者和回答者，根据自我聚焦理论，他们会更加自觉地关注自己。这里，具体的形式如下。

（1）回答者对自己的回答的关注，即他回答后会关注别人的意见，做出进一步的回应，是短期的关注。

（2）对于询问者，一方面，他关注自己提出的问题；另一方面，他会一直关注问题下其他人的回答，并做出回应，这是一种贯穿整个问题线索的长期关注。同时，回答者也有和询问者一样的特点，回答者会多次出现在回答线程中，专注于其他人对自己所作回答的回应。

图 5-1 右侧显示了辩论行为的基本单位：$A \to B^+ \to A$，$C \to B^+ \to C$（B^+ 可以是一个或多个）。具体来说，$A \to B^+ \to A$ 表示长期关注，反映询问者对自己问题的长期自我关注，$C \to B^+ \to C$ 表示短期关注，反映询问者和回答者对其的回答的短期关注。相对于线程回答的基本单位：$A \to B^+ \to A$，辩论回答更符合社区问答的真实场景。受这两种行为偏差的影响，在提取共识的过程中应该突出有争议的反应 B^+，B^+ 包含引起询问者或回答者额外注意的信息，如果 B^+ 是普遍正确的，那么提取的共识是真实的；反之，如果 B^+ 是普遍错误的，那么提取的共识是错误的。

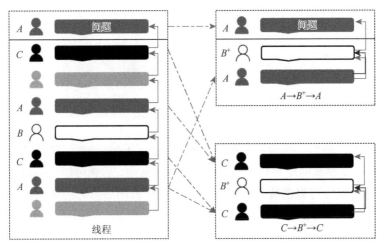

图 5-1　答案线程的变化

$$f_L(x) = 1 + \frac{1}{\sqrt{2\pi}\sigma_L} \exp\left(-\frac{x^2}{2\sigma_L^2}\right) \tag{5-1}$$

$$f_S(x) = 1 + \frac{1}{\sqrt{2\pi}\sigma_S} \exp\left(-\frac{x^2}{2\sigma_S^2}\right) \tag{5-2}$$

假设长期和短期的注意力遵循不同的正态分布,均值为 0,标准差为 σ_L 和 σ_S,分别见式(5-1)和式(5-2)。因此,在仔细考察具体答案的内容之前,我们可以通过辩论行为得到答案线程中回应的重要程度,即上述基本辩论单元中 B^+ 的重要程度。如图 5-2 所示。可以看到,当 B 靠近其后面的 A 或 C 时,响应更重要。通过控制两个标准差,模型可以选择从正确答案或错误答案中提取共识。细节将在5.3.3 节进行具体描述。

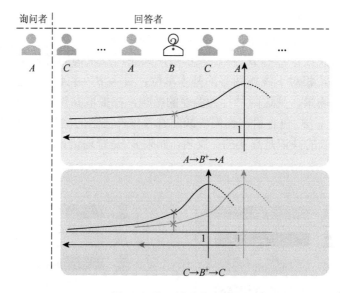

图 5-2　基于辩论的先验

具体来说,给定一个问题 q 和一些答案 $\{a^i, i = 1, 2, \cdots, T\}$,得到了提交问题的用户 ID_q 和提交答案的用户 $\{\text{ID}_{a^i}, i = 1, 2, \cdots, T\}$。其中,后者可能包括前者。以 a^i 为例,它的重要程度可以由两部分组成;一是来自长期注意力的影响;二是来自短期注意力的影响。对于第一种情况,当查询者 ID_q 在 ID_{a^i} 的后续回答者中出现(可能是零次、一次或多次)时,a^i 的重要值 $I_{a^i}^L$ 将取决于 ID_{a^i} 和 ID_q 之间的距离。

$$I_{a^i}^L = \sum_{\text{Index}_{\text{ID}_{a^i}} < \text{Index}_{\text{ID}_q}} f_L\left(\text{Index}_{\text{ID}_q} - \text{Index}_{\text{ID}_{a^i}}\right) \tag{5-3}$$

其中，$f_L(\cdot)$ 是式（5-1），$\text{Index}_{\text{ID}_q}$ 和 $\text{Index}_{\text{ID}_{a^i}}$ 分别为 ID_q 和 ID_{a^i} 在相应序列中的位置，使用 $\text{Index}_{\text{ID}_q}$ 和 $\text{Index}_{\text{ID}_{a^i}}$ 作为 ID_q 和 ID_{a^i} 之间的距离。遍历所有 $\text{Index}_{\text{ID}_{a^i}} < \text{Index}_{\text{ID}_q}$，可以对后续所有询问者对 a^i 的影响进行求和。

同样，对于第二种情况，计算所有后续辩论对 a^i 的影响，后续辩论可以来自询问者或回答者，但必须在答案线程中同时满足 $C \to B^+ \to C$ 中的 C。

$$I_{a^i}^S = \sum_{\text{Index}_{\text{ID}_{a^j}^{\text{Left}}} < \text{Index}_{\text{ID}_{a^i}} < \text{Index}_{\text{ID}_{a^j}^{\text{Right}}}} f_S\left(\text{Index}_{\text{ID}_{a^j}^{\text{Right}}} - \text{Index}_{\text{ID}_{a^i}}\right) \tag{5-4}$$

其中，$f_S(\cdot)$ 是等式（5-2），$\text{ID}_{a^j}^{\text{Left}}$，$\text{ID}_{a^i}$ 和 $\text{ID}_{a^j}^{\text{Right}}$ 在 $C \to B^+ \to C$ 中起作用。

总重要性值为

$$I_{a^i} = I_{a^i}^L + I_{a^i}^S \tag{5-5}$$

2）问题和答案的表示

我们使用预训练模型 BERT（bidirectional encoder representations from transformers，双向编码器表征法）来嵌入问题和答案。给定一个问题 q 和一些答案 $\{a^i, i=1, 2, \cdots, T\}$，单词级问题表示 E_q 和答案表示 E_{a^i} 定义为

$$E_q = \left[e_{[\text{CLS}]}^q, e_1^q, \cdots, e_N^q, e_{[\text{SEP}]}^q\right]^{\text{T}} = \text{BERT}(q) \in \mathbb{R}^{(N+2) \times h} \tag{5-6}$$

$$E_{a^i} = \left[e_{[\text{CLS}]}^i, e_1^i, \cdots, e_{M_i}^i, e_{[\text{SEP}]}^i\right]^{\text{T}} = \text{BERT}(a^i) \in \mathbb{R}^{(M_i+2) \times h} \tag{5-7}$$

其中，N 为问题 q 的长度；M_i 为答案 a^i 的长度；h 为 BERT 中隐藏层表示的大小；$\mathbb{R}$ 为实数域；$e_1^q, \cdots, e_N^q$ 为 q 的每个单词 $q_1, \cdots, q_N$ 的表示；$e_1^i, \cdots, e_{M_i}^i$ 为 a^i 的每个单词 $a_1^i, \cdots, a_{M_i}^i$ 的表示；$e_{[\text{CLS}]}^q, e_{[\text{SEP}]}^q, e_{[\text{CLS}]}^i, e_{[\text{SEP}]}^i$ 分别为问题 q 和答案 a^i 的[CLS]和[SEP]令牌。为了计算方便，我们将句子填充到相同的长度。

为了获得问题 q 和答案 a^i 的句子级表示，我们添加了一个基于[CLS]令牌表示的 MLP 层，即

$$q_q = \tanh\left(\text{MLP}\left(e_{[\text{CLS}]}^q\right)\right) \tag{5-8}$$

$$x_{a^i} = \tanh\left(\text{MLP}\left(e_{[\text{CLS}]}^i\right)\right) \tag{5-9}$$

其中，tanh 为激活函数。

3）共识代表

我们使用基于 RNN 的结构来读取按时间顺序排列的答案表示，以从这些答

案中获得共识。然而，答案的质量参差不齐，包含大量噪声信息，并且相同的答案在不同的问题上下文中可能具有不同的含义。

为了解决上述问题，本方法提出了一种新的 HeartLSTM 模型，它在不同答案表示的学习过程中使用问题作为 LSTM 单元的潜意识表示，以在答案中提取共识。同时，我们还将辩论行为得到的答案优先重要性引入模型，以更好地推断最佳答案。模型如图 5-3 所示。

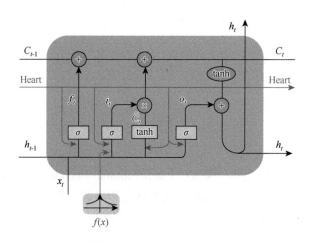

图 5-3　HeartLSTM 单元

公式如下：

$$f_t = \sigma\left(W_f \cdot [\text{Heart}, h_{t-1}, x_t] + b_f\right) \tag{5-10}$$

$$i_t = \sigma\left(W_i \cdot [\text{Heart}, h_{t-1}, x_t] + b_i + I_{a^i}\right) \tag{5-11}$$

$$\widetilde{C_t} = \tanh(W_g \cdot [\text{Heart}, h_{t-1}, x_t] + b_g) \tag{5-12}$$

$$o_t = \sigma\left(W_o \cdot [\text{Heart}, h_{t-1}, x_t] + b_o\right) \tag{5-13}$$

$$C_t = f_t \odot C_{t-1} + i_t \odot \widetilde{C_t} \tag{5-14}$$

$$h_t = o_t \odot \tanh(C_t) \tag{5-15}$$

其中，f_t, i_t, o_t 分别为遗忘门、输入门和输出门；$\widetilde{C_t}$ 为记忆单元；W 为 HeartLSTM 的权重矩阵；$\text{Heart}(q_q)$ 为问题 q 的句子级表示，在 HeartLSTM 的学习过程中始终保持恒定；h_t 为时间 t 上隐藏的向量；x_t 为答案序列 $a^i, i \in \{1, 2, \cdots, T\}$ 的句子级别表示。我们通过增加输入门 i_t 的偏差 b_i 中答案的先验重要性来增加模型对重要输入的表示。

在通过 HeartLSTM 模型前向传递之后，答案序列中的每个答案都会得到一个考虑了问题注意力的新的表示形式 $h_{a^i}, i \in \{1, 2, \cdots, T\}$。融合这些表示以获得最终的共识表示，受自注意力机制[20]的启发，我们将 q_q 映射到查询 q_q^c，将 $h_{a^i}, i \in \{1, 2, \cdots, T\}$ 映射到键 $k_{a^i}^c, i \in \{1, 2, \cdots, T\}$ 和值 $v_{a^i}^c, i \in \{1, 2, \cdots, T\}$ 上，键和值被打包成矩阵 K^c 和 V^c，

$$q_q^c = W_q^c \left(q_q + b_q^c \right) \tag{5-16}$$

$$k_{a^i}^c = W_k^c \left(h_{a^i} + b_k^c \right) \tag{5-17}$$

$$v_{a^i}^c = W_v^c \left(h_{a^i} + b_v^c \right) \tag{5-18}$$

$$K^c = \left[k_{a^1}^c, k_{a^2}^c, \cdots, k_{a^T}^c \right] \tag{5-19}$$

$$V^c = \left[v_{a^1}^c, v_{a^2}^c, \cdots, v_{a^T}^c \right] \tag{5-20}$$

其中，W_q^c, W_k^c, W_v^c 为权重矩阵；b_q^c, b_k^c, b_v^c 为偏差，我们按照式（5-21）计算共识：

$$\text{consensus} = \text{softmax} \left(\frac{q_q^{cT} K^c}{\sqrt{d_k^c}} \right) V^c \tag{5-21}$$

其中，d_k^c 为查询和键的维度；$\dfrac{q_q^{cT} K^c}{\sqrt{d_k^c}}$ 为注意力的权重，可以直观地显示答案 T 对共识生成的贡献。

2. 答案一致性

到目前为止，我们已经获得了答案本身产生的共识。一个有用的答案应该与共识一致。在融合共识和答案表示之前，我们需要提取答案的句子表示。与式(5-7)不同，这里使用问题来学习对答案单词级的注意力，操作类似于式(5-16)～式（5-21）：

$$q_q^a = W_q^a \left(q_q + b_q^a \right) \tag{5-22}$$

$$k_{e_j^i}^a = W_k^a \left(h_{e_j^i} + b_k^a \right) \tag{5-23}$$

$$v_{e_j^i}^a = W_v^a \left(h_{e_j^i} + b_v^a \right) \tag{5-24}$$

$$K^a = \left[k^a_{e^i_1}, k^a_{e^i_2}, \cdots, k^a_{e^i_{M_i}} \right] \tag{5-25}$$

$$V^a = \left[v^a_{e^i_1}, v^a_{e^i_2}, \cdots, v^a_{e^i_{M_i}} \right] \tag{5-26}$$

$$o_{a^i} = \left[a^i_1, a^i_2, \cdots, a^i_{M_i} \right] V^a = \text{softmax}\left(\frac{q^{aT}_q K^a}{\sqrt{d^a_k}} \right) V^a \tag{5-27}$$

其中，$e^i_1, \cdots, e^i_{M_i}$ 为 a^i 中每个单词 $a^i_1, \cdots, a^i_{M_i}$ 的表示。

共识-答案一致性仅融合共识 consensus 和答案 o_{a^i}，然后通过 MLP 层将向量映射到一致度标量。公式如下：

$$c = \text{MLP}\left(\text{consensus} \oplus o_{a^i} \right) \tag{5-28}$$

其中，$\oplus$ 为向量连接。

5.3.3　性能评测

1. 数据集

我们使用从卡塔尔生活论坛收集的 SemEval-2016 Task 3 的数据集进行实验，完成社区问答排名任务[21]。该数据集由三个子集组成：训练集、验证集和测试集，包含 2361 个问题，每个问题有 10 个答案（23 610 个答案），答案标签被手动标注为好、可能有用和坏。在测试时，我们将"可能有用"类与"坏"类合并。数据集的统计数据总结在表 5-2 中。

表 5-2　SemEval-2016 Task3

数据集	好	可能有用	坏	问题	答案
训练集	6 651	3 110	8 139	1 790	17 900
验证集	818	413	1 209	244	2 440
测试集	1 329	456	1 485	327	3 270
总数据集	8 798	3 979	10 833	2 361	23 610
		14 812			

由于这部分主要探讨答案的诸多属性，在此之前，我们先来看看 SemEval-2016 Task 3 中不同标签的答案分布情况，结果如图 5-4 所示。

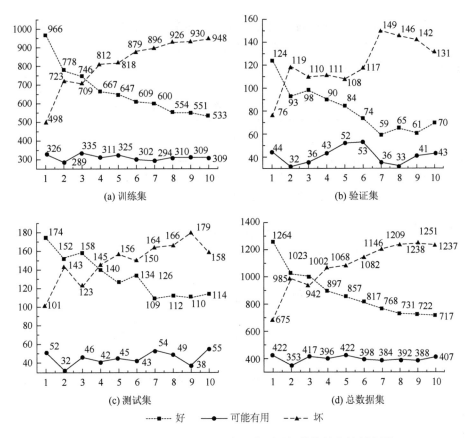

(a) 训练集　　　　　　　　　　　　(b) 验证集

(c) 测试集　　　　　　　　　　　　(d) 总数据集

‧‧‧‧‧‧ 好　　　—●— 可能有用　　　- -▲- - 坏

图 5-4　SemEval-2016 Task 3 中具有不同标签的答案的频率图

图 5-4 横坐标代表答案的位置，纵坐标代表问题数量（如图 5-4（a）训练集中的（1,326）代表第一个答案可能对 326 个问题有用）。从此图可以看出，好的答案随着顺序的进行而减少，坏的答案正好相反，呈上升趋势，可能有用的答案与顺序无关。

接着还分析了辩论中 $A \rightarrow B^+ \rightarrow A$ 和 $C \rightarrow B^+ \rightarrow C$ 的两个位置分布，对于类型 $A \rightarrow B^+ \rightarrow A$ ，第二个 A 出现在不同位置的概率没有显著差异；对于类型 $C \rightarrow B^+ \rightarrow C$ ， B^+ 的长度为 1 的情况比较常见。这也反映出 $A \rightarrow B^+ \rightarrow A$ 的关注是长期的，而 $C \rightarrow B^+ \rightarrow C$ 的关注更多的是短期的。

2. 评价方法

至于评估指标，我们在实验中使用了平均精度（MAP）、平均召回率（AvgRec）和平均倒数秩（MRR），这是三个常用的排名评估指标。我们还对预测结果执行了真和假的二分类任务，使用的评估指标为 Precision（P）、Recall（R）、 f1 和 Accuracy（Acc）。我们首先对分类模型中样本"归错类"和"错归类"的个数进行统计得到一个混淆矩阵如表 5-3 所示，AvgRec、Precision、Recall、f1 以及 Accuracy 指标根据矩阵计算。

表 5-3　混淆矩阵

混淆矩阵		真实值	
		TRUE	FALSE
预测值	Positive	TP	FP
	Negative	TN	FN

（1）MAP。对于 SemEval-2016 Task 3 来说，MAP 是一种官方评估措施。它在信息检索中很成熟。公式如下：

$$MAP = \frac{1}{|Q|} \sum_{i=1}^{|Q|} \left(|g_i| \sum_{j=1}^{|g_i|} \frac{j}{p_j} \right) \tag{5-29}$$

其中，$|Q|$ 为问题的编号；$|g_i|$ 为第 i 题的好标签数；p_j 为第 i 题的第 j 个好答案的排名位置。MAP 指标考虑所有好的答案。

（2）AvgRec。AvgRec 也是 SemEval-2016 Task 3 官方使用的排名评估指标之一，它是在正（P，好标签）和负（N，可能有用和坏标签）类之间的召回平均值。计算如下：

$$R^P = \frac{TP^P}{TP^P + FN^P} \quad R^N = \frac{TP^N}{TP^N + FN^N} \tag{5-30}$$

$$AvgRec = \frac{1}{2}(R^P + R^N)$$

其中，R^P 和 R^N 分别为正面和负面类别的召回。

（3）MRR。相比之下，MRR 与 MAP 不同，MRR 只涉及第一个正确答案，计算如下：

$$MRR = \frac{1}{|Q|} \sum_{i=1}^{|Q|} \left(\frac{1}{p_i} \right) \tag{5-31}$$

其中，p_i 为第 i 个问题第一个好答案的排名位置。

（4）P，R，f1，Acc 分别表示如下：

$$P = TP / (TP + FP) \tag{5-32}$$

$$R = TP / (TP + FN) \tag{5-33}$$

$$f1 = 2 \times P \times R / (P + R) \tag{5-34}$$

$$Acc = (TP + TN) / (TP + FN + TN + FP) \tag{5-35}$$

3. 结果分析

我们选择在 SemEval-2016 Task 3 数据集上表现良好的模型作为计算问题-答案相关性的基准，并引入了一些最先进的方法：KeLP（kernel-based learning platform，基于核学习平台）[22]、ConvKN[23]、SemanticZ[24]、ECNU[25]、SUper_team[26]、FAN（focusing attention network，聚焦注意力网络）[27]、BERT[28]。目的是证明我们提出的 CAC 模型比仅使用问题-答案相关性的模型具有更优异的性能。

表 5-4 显示了在我们的 CAC 模型的支持下，不同基准的性能提升。+ CAC 意味着将我们提出的 CAC 模型与原始模型的结果相结合。可以看到，BERT 模型在处理问题-答案相关性方面表现最好，其 MAP 值达到 79.96，显著高于其他方法。基于 BERT 的 CAC 集成使得原始结果得到了显著的提升，MAP 值达到了 81.09，比微调后的 BERT 提升了 1.41%。所以我们将 BERT + CAC 设置为我们的最优结果。

表 5-4　实验结果

模型	MAP	AvgRec	MRR	P	R	f1	Acc
Random 基准	52.80（53.58%）	66.52（35.63%）	58.71（48.80%）	40.56	74.57	52.55	45.26
IR 基准	59.53（36.22%）	72.60（24.27%）	67.83（28.79%）	—	—	—	—
KeLP	79.19（2.40%）	88.82（1.58%）	86.41（1.10%）	76.96	55.30	64.36	75.11
KeLP + CAC	80.93↑	90.23↑	86.99↑	78.30↑	58.92↑	67.24↑	76.67↑
ConvKN	77.66（4.42%）	88.05（2.46%）	84.93（2.86%）	75.56	58.84	66.16	75.54
ConvKN + CAC	79.08↑	89.27↑	85.55↑	75.23↓	60.57↑	67.11↑	75.87↑
SemanticZ	77.58（4.52%）	88.14（2.36%）	85.21（2.52%）	74.13	53.05	61.84	73.39
SemanticZ + CAC	79.30↑	89.27↑	85.27↑	67.31↓	78.56↑	72.50↑	75.78↑
ECNU	77.28（4.93%）	87.52（3.09%）	84.09（3.89%）	70.46	63.36	66.72	74.31
ECNU + CAC	78.82↑	88.97↑	84.35↑	65.16↓	79.08↑	71.45↑	74.31→
SUper_team	77.16（5.09%）	87.98（2.55%）	84.69（3.15%）	74.43	56.73	64.39	74.50
Super_team + CAC	79.38↑	89.42↑	85.35↑	67.30↓	77.88↑	72.20↑	75.63↑
FAN	79.38（2.15%）	88.96（1.42%）	86.18（1.37%）	—	—	—	—
BERT	79.96（1.41%）	89.59（0.70%）	86.51（0.98%）	77.66	55.46	64.71	75.41
BERT + CAC	81.09↑	90.22↑	87.36↑	78.23↑	59.74↑	67.75↑	76.88↑

注：括号中的百分比代表我们的模型（BERT + CAC）相对于当前行的模型的效果提升，箭头表示 + CAC 后的变化

在这里，Random 基准表示答案按随机顺序排列，IR 基准表示答案按搜索引擎顺序排列。可以看到，与 Random 基准和 IR 基准相比，我们的方法在 MAP 上分别提高了 53.58%和 36.22%。

与 SemEval-2016 Task 3 列表中的前五（KeLP、ConvKN、SemanticZ、ECNU 和 SUper_team）相比，我们的结果在 MAP 上提高了 2.40%，在 AvgRec 上提高了 1.58%；与第一 KeLP 相比，我们的结果在 MRR 上提高了 1.10%。此外，我们还与后续最优模型 FAN 进行了对比。结果显示，相比 FAN，我们的结果在 MAP、AvgRec、MRR 上分别提升了 2.15%、1.42%、和 1.37%。

将+ CAC 应用于基准模型后，排名指标得到了提升，分类指标也得到了提升，除 P 值外。实验结果表明，我们的方法可以显著提升最先进的问题-答案相关性方法。

为了验证提出的每个模块，尤其是 HeartLSTM 模型的有效性，我们以 BERT + CAC 为例，详细设计了消融实验。在描述实验之前，先简要描述一下 HeartLSTM 是如何进行预训练的。

HeartLSTM 预训练的目的是使模型能够在问题监督下有效地学习答案的表示。具体操作同式（5-10）～式（5-15），不同的是我们在预训练阶段不考虑用户辩论行为引起的先验偏差，即输入门为

$$i_t = \sigma\left(W_i \cdot [\mathrm{Heart}, h_{t-1}, x_t] + b_i\right) \tag{5-36}$$

答案 $a^i, i \in \{1, 2, \cdots, T\}$ 的隐藏向量 h_{a^i} 用于表征答案，然后通过全连接层和 sigmoid 函数对其进行二值化：

$$y'_{a^i} = \mathrm{sigmoid}\left(\mathrm{FC}(h_{a^i})\right) \tag{5-37}$$

我们使用二元交叉熵来优化参数，如图 5-5 所示。

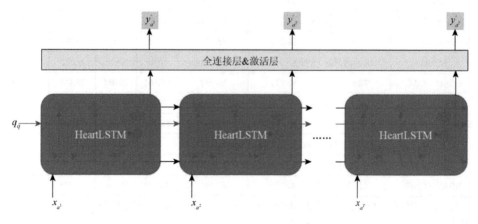

图 5-5　HeartLSEM 预训练示意图

下面，我们将一步步剖析 BERT + CAC，实验结果对比如图 5-6 所示。

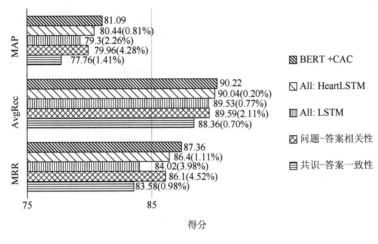

图 5-6　消融实验

（1）共识答案一致性。共识答案一致性是我们工作的核心贡献，它的作用是纠正问题答案相关性中不完全正确的部分。共识答案一致性的 MAP 得分为 77.76。

（2）问题答案相关性。问题答案相关性仅由 BERT 完成。问题答案相关性的 MAP 得分为 79.96。

（3）HeartLSTM。当我们消除预训练的 HeartLSTM，并从随机初始化中优化 HeartLSTM 的参数后，我们得到了 HeartLSTM 结果，MAP 得分为 80.44。

（4）LSTM。此外，用传统的 LSTM 模型完全取代 HeartLSTM，LSTM 的 MAP 得分为 79.3。

由于 BERT + CAC 由问题–答案相关性和共识–答案一致性组成，因此也有必要分别探讨两者的性能。

我们可以看到，共识–答案一致性作为单独模型使用时效果并不理想，但与问题–答案相关性作为补充结合使用时，整体效果明显提升。我们将在最后通过案例研究探讨其中的原因。

为了分析超参数对模型性能的影响，我们对其进行了灵敏性分析。

训练期间答案数量的影响：我们探讨了使用不同数量的答案作为在训练期间提取共识的基础对最终实验效果的影响。训练期间为了提取共识所使用的答案数量与测试阶段保持一致，模拟模型对答案数量的敏感性。

如表 5-5 所示，结果表明，即使在训练阶段减少共识来源，即答案的数量，实验结果也能保持良好的性能。

表 5-5　修改共识训练集和测试集的偏差

偏差	MAP	AvgRec	MRR
10	81.09	90.22	87.36
9	80.25	89.93	86.60
8	80.89	90.02	87.09
7	80.65	90.00	86.19
6	80.65	89.99	86.33
5	80.49	90.03	86.56
4	81.04	90.22	87.19
3	80.15	89.69	86.32
2	80.63	90.04	86.52
Avg	80.65（±0.32）	90.02（±0.16）	86.68（±0.42）

　　测试过程中答案数量的影响：我们在完整的训练集上训练模型，然后在测试集中调整获得共识所需的证据数量，试图探索在答案数量由少到多时模型的优越性是否仍然成立。如表 5-6 所示。我们可以看到，在全训练集上训练的模型对测试集中的共识源数量不敏感，这使得我们的模型适用于在线实时情况，实际使用过程中无须等待足够多的用户提交答案。

表 5-6　修改测试集的共识偏差

偏差	MAP	AvgRec	MRR
2	80.98	90.21	87.16
3	81.14	90.25	87.33
4	81.05	90.20	87.32
5	81.13	90.25	87.33
6	81.14	90.24	87.33
7	81.09	90.22	87.33
8	81.09	90.22	87.33
9	81.10	90.22	87.36
10	81.09	90.22	87.36
Avg	81.09（±0.05）	90.23（±0.02）	87.32（±0.06）

我们将模型中的共识注意力权重可视化，即等式（5-27）中的 $\dfrac{q_q^{cT} K^c}{\sqrt{d_k^c}}$ 。如

图 5-7 所示，在答案数量不同的情况下，共识注意力层权重与答案的位置呈正相关，这种分布与图 5-4 中的"坏"标签答案的分布非常吻合。

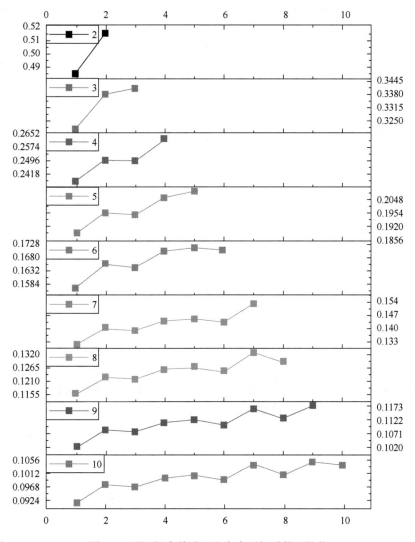

图 5-7　不同长度基础下注意力层权重的平均值

先验分布的影响：我们探讨了不同先验分布对实验结果的影响。我们尝试了不同的分布类型，包括简单的线性关系，即增加↗、减少↘、减少然后增加↘↗、

增加然后减少 ↗↘ 和常数 1 →。同时，我们还修改了前面提到的基于辩论的先验分布的标准差。实验发现，当标准差 σ_I 为 2，标准差 σ_R 为 0.5 时，效果最好。具体结果见表 5-7。

表 5-7　先验分布的影响

	线性关系	先验	MAP
非基于辩论	↗	[0.0, 0.1, ⋯, 0.9]	80.41
	↘	[0.9, 0.8, ⋯, 0.1]	80.59
	↘↗	[0.9, 0.8, 0.7, ⋯, 0.8, 0.9]	80.32
	↗↘	[0.1, 0.2, 0.3, ⋯, 0.3, 0.2, 0.1]	80.48
	→	[1.0, 1.0, ⋯, 1.0]	80.50
基于辩论	$\sigma_I = 0.25 \& \sigma_R = 4$		80.58
	$\sigma_I = 0.5 \& \sigma_R = 2$		80.03
	$\sigma_I = 1 \& \sigma_R = 1$		80.77
	$\sigma_I = 2 \& \sigma_R = 0.5$		81.09
	$\sigma_I = 4 \& \sigma_R = 0.25$		80.60

值得注意的是，基于辩论的先验分布具有很强的个体特征，可以根据样本的具体特征调整不同的重要先验分数。图 5-8 箱形图的四分位数线显著地反映了这一特性，横坐标表示答案的位置，纵坐标表示注意力权重均值。

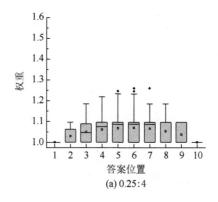

(a) 0.25∶4

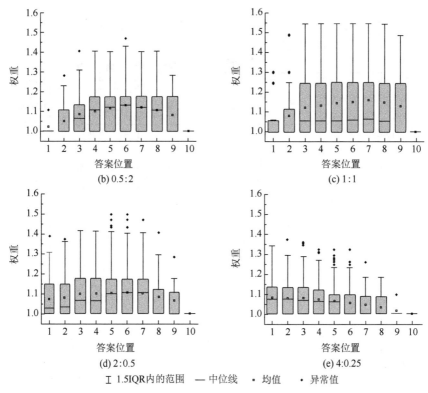

図 1.5IQR内的范围　— 中位线　▪ 均值　◆ 异常值

图 5-8　基于辩论的先验分布的影响

同时，我们统计了不同先验分布下的后验分布（注意力层权重），结果如图 5-9 所示。我们惊讶地发现，当先验分布为固定值时，即表 5-7 中的非基于辩论的类型，共识权重呈现出随答案位置下降的趋势。在基于辩论的先验分布的情况下，随着 σ_I 增加、σ_R 减少，后验分布从减少转变为增加。与之相伴，共识的来源也逐渐从正确提取共识转向错误提取共识。

案例分析：如前所述，我们的模型可以有效地整合问题–答案相关性和共识–答案一致性，弥补了传统问答匹配过程只考虑是否相关而忽略是否正确的问题。这里，我们从两个角度看模型如何有效地提高性能：共识来自正确（表 5-8.a 和表 5-9.a 中的 $\sigma_I = 0.5 \& \sigma_R = 2$, MAP = 80.03），共识来自错误（表 5-8.b 和表 5-9.b 中的 $\sigma_I = 2 \& \sigma_R = 0.5$, MAP = 81.09）。如图 5-10 和图 5-12 中的后验分布所示，共识模型从正确答案中获得一致的正确观点。相反，在图 5-11 和图 5-13 中，共识更多地来自错误的答案。

在真实的社区问答数据中，错误答案往往占更大比例（详见表 5-2），当模型从错误答案中提取共识时，结果会更好，如表 5-9.a 和表 5-9.b 所示。这为我们提供了一种寻找有用答案的全新方式。

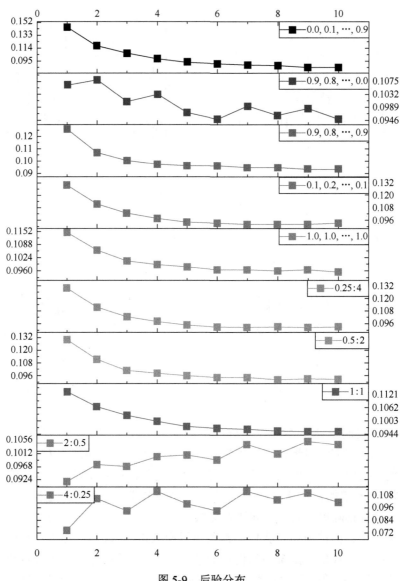

图 5-9 后验分布

表 5-8 问题 Q381_R1 的样本

a. $\sigma_I = 0.5 \& \sigma_R = 2$

问题	答案	问题-答案相关性		共识-答案一致性		我们的模型		真实标签	标签
		分数	排名	分数	排名	分数	排名		
Q381_R1	C1	0.429 460 53	5	−0.430 667 937	6	−0.001 207 407	6	Good	1
	C2	0.497 271 54	3	0.869 864 702	2	1.367 136 242	2	Good	1

续表

问题	答案	问题-答案相关性		共识-答案一致性		我们的模型		真实标签	标签
		分数	排名	分数	排名	分数	排名		
Q381_R1	C3	−1.465 619 4	9	−1.526 997 328	10	−2.992 616 728	10	Bad	0
	C4	−1.229 895 7	7	−1.216 984 51	9	−2.446 880 21	8	Bad	0
	C5	0.450 810 22	4	0.677 060 664	4	1.127 870 884	4	Good	1
	C6	1.338 847 6	1	0.962 912 44	1	2.301 760 04	1	Good	1
	C7	−1.751 845 5	10	−1.098 586 798	8	−2.850 432 298	9	Bad	0
	C8	0.550 493 6	2	0.279 977 143	5	0.830 470 743	5	PU	0
	C9	−1.295 310 5	8	−0.489 627 421	7	−1.784 937 921	7	PU	0
	C10	0.427 518 96	6	0.732 757 211	3	1.160 276 171	3	Good	1

b. $\sigma_I = 2$ & $\sigma_R = 0.5$

答案	问题	问题-答案相关性		共识-答案一致性		我们的模型		真实标签	标签
		分数	排名	分数	排名	分数	排名		
Q381_R1	C1	0.429 460 53	5	0.598 645 747	5	1.028 106 277	6	Good	1
	C2	0.497 271 54	3	0.695 630 014	3	1.192 901 554	3	Good	1
	C3	−1.465 619 4	9	−1.297 830 343	9	−2.763 449 743	9	Bad	0
	C4	−1.229 895 7	7	−0.450 993 687	7	−1.680 889 387	7	Bad	0
	C5	0.450 810 22	4	0.789 560 497	2	1.240 370 717	2	Good	1
	C6	1.338 847 6	1	0.835 564 911	1	2.174 412 511	1	Good	1
	C7	−1.751 845 5	10	−1.497 009 754	10	−3.248 855 254	10	Bad	0
	C8	0.550 493 6	2	0.543 080 449	6	1.093 574 049	5	PU	0
	C9	−1.295 310 5	8	−0.771 529 198	8	−2.066 839 698	8	PU	0
	C10	0.427 518 96	6	0.681 037 366	4	1.108 556 326	4	Good	1

注：Good 为"好"，Bad 为"坏"，PU 为"可能有用"

表 5-9　问题 Q381_R24 的样本

a. $\sigma_I = 0.5$ & $\sigma_R = 2$

答案	问题	问题-答案相关性		共识-答案一致性		我们的模型		真实标签	标签
		分数	排名	分数	排名	分数	排名		
Q381_R24	C1	−1.117 976	7	−0.725 265	7	−1.843 241	7	PU	0
	C2	0.532 011 15	3	0.725 915 2	1	1.257 926	2	Good	1
	C3	−1.210 323 6	8	−1.089 492	8	−2.299 816	8	PU	0
	C4	−1.732 558 5	9	−1.281 098	9	−3.013 657	9	Bad	0
	C5	0.023 487 54	4	0.280 510 2	4	0.303 997 7	4	Bad	0

续表

答案	问题	问题-答案相关性		共识-答案一致性		我们的模型		真实标签	标签
		分数	排名	分数	排名	分数	排名		
Q381_R24	C6	−1.013 743 3	6	−0.002 619	5	−1.016 362	6	Bad	0
	C7	0.741 429 03	1	0.474 692 3	3	1.216 121	3	PU	0
	C8	0.741 429 03	1	0.517 433 6	2	1.258 862 7	1	PU	0
	C9	−2.105 931 3	10	−1.544 186	10	−3.650 117	10	Bad	0
	C10	−0.534 335 73	5	−0.137 832	6	−0.672 168	5	Bad	0

b. $\sigma_I = 2 \ \& \ \sigma_R = 0.5$

问题	答案	问题答案相关性		共识答案一致性		我们的模型		真实标签	标签
		分数	排名	分数	排名	分数	排名		
Q381_R24	C1	−1.117 976	7	−0.936 910 689	8	−2.054 886 689	7	PU	0
	C2	0.532 011 15	3	0.928 921 58	1	1.460 932 73	1	Good	1
	C3	−1.210 323 6	8	−0.901 001 871	7	−2.111 325 471	8	PU	0
	C4	−1.732 558 5	9	−1.424 201 012	9	−3.156 759 512	9	Bad	0
	C5	0.023 487 54	4	0.353 248 507	5	0.376 736 047	4	Bad	0
	C6	−1.013 743 3	6	0.421 213 537	4	−0.592 529 763	6	Bad	0
	C7	0.741 429 03	1	0.584 828 675	3	1.326 257 705	3	PU	0
	C8	0.741 429 03	1	0.618 840 992	2	1.360 270 022	2	PU	0
	C9	−2.105 931 3	10	−1.739 425 182	10	−3.845 356 482	10	Bad	0
	C10	−0.534 335 73	5	0.077 206 5	6	−0.457 129 23	5	Bad	0

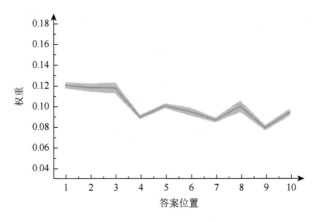

图 5-10　表 5-8. a 中的后验分布

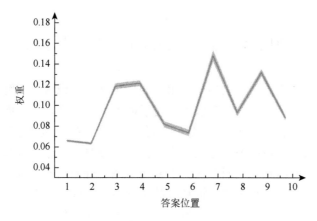

图 5-11　表 5-8. b 中的后验分布

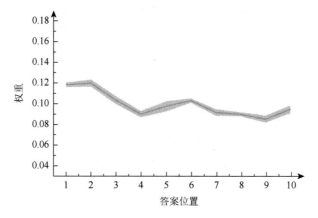

图 5-12　表 5-9. a 中的后验分布

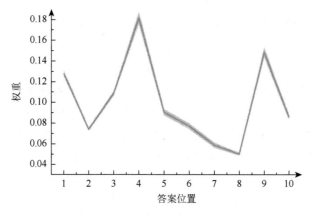

图 5-13　表 5-9. b 中的后验分布

5.4 面向问答式会话交互的个性化需求预测方法

目前的问答式需求预测大多基于用户的历史交互记录进行训练，而针对历史数据稀疏的高卷入度产品的研究较少。对于高卷入度产品，一方面，为了提高预测准确性，系统应尽可能地与用户进行多轮对话，但这可能会导致用户失去耐心，即提问与预测的矛盾性；另一方面，提问决策和预测决策相互依赖增加了模型优化的难度，即提问与预测的耦合性。本章将介绍一种面向高卷入度产品的问答式需求预测方法，该方法在历史数据稀疏的情况下，将提问获取用户偏好和预测用户需求划分为两个独立的子任务，设计强化学习方法优化当前系统应该执行提问或预测子任务的决策，构建基于最大信息熵的属性选择方法优化提问决策，构建基于知识图谱的产品选择方法优化预测决策，将对话预测复杂的优化问题分解成三个子问题分别进行优化，从而解决提问与预测之间的耦合性和矛盾性难题。

5.4.1 问题定义

给定用户 $u \in U$，高卷入度产品 $v \in V$，问答式需求预测方法为每个消费者 u 识别出该消费者可能感兴趣的产品 $v \in V$。预测任务的核心在于分析 u 对 v 的偏好 y_{uv}，如式（5-38）所示：

$$y_{uv} = f_s(G_v, A_u) \tag{5-38}$$

其中，G_v 为高卷入度产品 v 的特征；A_u 为用户 u 的表征；f_s 为偏好计算函数。

当前预测研究主要根据已知交互数据 D，推测产品表征 G_v 和用户表征 A_u，即

$$[G_v, A_u] = f_D(D, v, u) \tag{5-39}$$

结合式（5-38）和式（5-39），记 $f_R = f_s \circ f_D$，本书研究的预测任务可以表示为

$$y_{uv} = f_R(D, v, u) \tag{5-40}$$

显然，数据 D 会对用户和产品表征学习的效果产生直接影响，进而影响预测精度。高卷入度产品的购买稀疏性，导致系统已知交互数据为空，即 $D = \varnothing$，这使得传统方法在高卷入度产品的预测中难以适用。因此，推荐系统问答式需求预测方法。一方面需要主动获取高质量交互数据 D（任务一），另一方面需要基于交互数据 D 分析产品和用户的表征，进行产品预测（任务二），以应对已知交互数据为空的挑战。由于获取交互数据会引入额外成本（如让用户失去耐心导致用户流失），因此任务一中获取的数据不仅要信息丰富，同时要减少交互次数。记数据获取策略函数为 f_I，则 $D = f_I(U, V)$。由于数据稀疏与信息丰富存在一定的矛盾性，

而数据丰富与预测精度呈正相关，所以数据稀疏与预测精度也存在矛盾性，即任务一和任务二之间存在矛盾性。因此，问答式需求预测方法的总损失由两部分组成：预测精度损失（记 $L_R(f_R(D,v,u))$）和数据获取损失（记 $L_D(f_I(U,V))$）。为此，本章的研究任务可以建模为如下优化问题：

$$\min_{f_R,f_D} L_{\text{total}} = L(f_R(D,v,u)) + wL(f_I(U,V))$$
$$f_I(U,V) < b \tag{5-41}$$

其中，w 为相对权重；b 为最大交互次数。在预测过程中，如果用户接受预测结果则预测结束，否则将用户反馈记为新的交互记录，并根据该记录决定进行下一轮的对话选择。

任务一和任务二的矛盾性和耦合性为模型优化增加了难度：优化数据获取 f_D 会影响预测精度，从而影响 $L_R(f_R(D,v,u))$，而优化预测函数 f_R 又会影响数据获取损失。任务一与任务二之间的矛盾性与耦合性如图 5-14 所示。

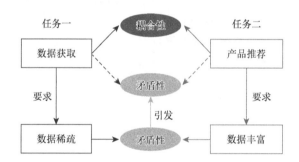

图 5-14　高卷入度产品需求预测任务的矛盾性与耦合性

5.4.2　模型构建

本章通过强化学习建立模块化的对话预测支持系统，从而优化式（5-41）的求解。首先，通过基于强化学习的对话策略（即模块一：基于强化学习的对话策略模块），主动获取消费者反馈。强化学习对话策略的对话动作包括向用户提问 a_{ask}（动作一）和预测用户偏好并推荐 a_{rec}（动作二），分别对应任务一和任务二。a_{ask} 动作通过直接询问用户关于某属性的喜好，完成交互数据的收集任务。a_{rec} 动作基于 a_{ask} 所获信息为用户预测具体产品并进行推荐。通过强化学习，系统在每一轮对话中，预测综合损失 L_{total}，并以此为依据决定继续向用户提问（动作一），还是向用户进行推荐（动作二），从而解决任务一和任务二之间的耦合性与矛盾性问题。

在解决耦合性与矛盾性问题的基础上，本章所提模型分别对 f_R 和 f_I 进行优化。由于强化学习的用户提问是直接询问用户关于某属性的喜好，因此，优化 f_I

等价于优化用户偏好属性的选择方法。鉴于信息熵能够量化随机变量（用户偏好的属性）的不确定性程度，本章介绍的模型采用降低信息熵来确定用户偏好（即模块二：基于信息熵属性的选择模块）。同时，利用产品与属性间的领域知识，建立知识图谱，更好地刻画产品的属性表征，进行产品预测（即模块三：基于知识图谱的预测模块）。

　　基于图 5-15 所示框架，用户 u 进入系统后，首先向系统表达一个自己喜欢的属性 p_0（例如，向系统表达自己喜欢的动力属性为油电混合的车型），基于强化学习的对话策略模块更新用户状态 status_t^u（初始时刻 $t=0$），并决定系统采取的动作（ a_{ask} 和 a_{rec} ）。如果系统掌握当前用户的偏好信息不足，那么对话策略模块继续采取询问动作 a_{ask} 以获取更多偏好信息，从而减少预测损失 $L_R\left(f_R(D,v,u)\right)$ 。如果系统判断充分掌握了用户的偏好信息，那么基于强化学习的对话策略模块采取预测动作 a_{rec} ，从而减少交互损失 $L_D\left(f_I(U,V)\right)$ 。如果系统采取提问动作 a_{ask} ，那么基于信息熵属性的选择模块从属性候选集中选择出一个属性 p 向用户 u 进行提问，获取该用户关于属性 p 的偏好，更新用户 u 的属性候选集 V_t^u 、用户 u 偏好的属性集合 P_u^+ 或用户 u 的不偏好属性集合 P_u^- 。如果系统采取预测动作，那么基于知识图谱的预测模块根据已获取的用户的属性偏好信息对候选产品进行排序，生成 top-K 预测列表 V_k 。

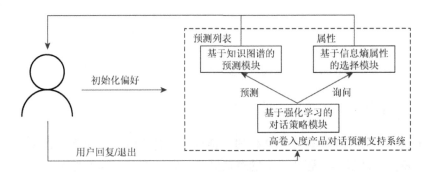

图 5-15　面向高卷入度产品的对话预测支持系统整体框架

　　显然，本方法总损失函数 L_{total} 由三个模块共同决定。将与模块一相关的损失记为 L_{dialog}，与模块二相关的损失记为 $L_{\text{preference}}$，与模块三相关的损失记为 L_{rec}，式（5-41）中的优化问题则转变为对 L_{dialog}、 $L_{\text{preference}}$ 和 L_{rec} 的优化问题。下面给出三个损失函数的优化过程。

1. 基于强化学习的对话策略模块

基于强化学习的对话策略模型每个轮次 t 应当采取的对话动作（ a_{ask} 还是 a_{rec} ）

由轮次 t 的状态 status_t^u 决定。根据已有研究[11]，候选集大小 $\left|v_t^u\right|$、属性候选集信息熵均值 $\text{AH}(s)$、当前轮次 t、用户偏好属性的数量 $\left|P_u^+\right|$、最近两轮的候选集变化率 $\dfrac{\left|V_t^u\right|-\left|V_{t-1}^u\right|}{\left|V_{t-1}^u\right|}$ 均会影响对话动作的选择。具体而言，当前候选集越大、属性候选集信息熵均值越大、已交互轮次越小、用户偏好的属性数量越少、候选集大小变化率越大时，系统对用户偏好的不确定越大，系统采取提问动作应该能够获得更多的用户偏好信息，即采取 a_{ask} 的收益更大（损失更小）；反之亦然。因此，本章构造状态 status_t^u 函数如下：

$$\text{status}_t^u = \left[\left|v_t^u\right|, \text{AH}(s), t, \left|P_u^+\right|, \frac{\left|V_t^u\right|-\left|V_{t-1}^u\right|}{\left|V_{t-1}^u\right|}\right] \tag{5-42}$$

其中，属性候选集信息熵均值 $\text{AH}(s)$ 的计算公式为

$$\text{AH}(s) = \frac{1}{\left|p_{V_t}\right|}\sum_{p \in p_{V_t}} -\big(c(p)\log\big(c(p)\big) + \big(1-c(p)\big)\log\big(1-c(p)\big)\big) \tag{5-43}$$

其中，$c(p)$ 为候选集中具有 p 属性产品的概率。

该模块根据每个轮次 t 的状态 status_t^u 优化该轮次采取的对话动作，当系统采取动作 a_t 后，我们得到用户环境相应的损失反馈 r_t。当系统采取预测动作 a_{rec} 并且成功时的损失反馈为 $r_t = r_{\text{rec\_succ}}$，预测失败时获得损失反馈 $r_t = r_{\text{rec\_fail}}$；当系统采取提问动作 a_{ask} 并且选择了用户偏好的属性时获得的损失反馈为 $r_t = r_{\text{ask\_succ}}$，否则获得损失反馈 $r_t = r_{\text{ask\_fail}}$；当交互到达最大次数 b 时，得到的损失反馈为 $r_t = r_{\text{quit}}$。假设 γ 为折扣率，累计损失反馈 L_{dialog} 如式（5-44）所示，系统优化的目标是累计损失反馈 L_{dialog} 最小。

$$L_{\text{dialog}} = \sum_{t=0}^{T} \gamma^t r_t \tag{5-44}$$

根据动态规划的思想，优化 L_{dialog} 损失函数需要我们知道 t 轮次系统采取不同动作时，相应引发的 $t+1$ 至用户离开系统（b）阶段内的期望累计损失（即 Q 值），并选取损失最小的动作。因此，Q 值计算和更新是优化的关键。由于本方法中用户的状态空间为连续的，状态的数量是无限的，因此本方法采用经典的强化学习模型 DQN（deep q-network）[29]，通过构造两层的神经网络拟合状态、动作与 Q 值的关系。Q 值的计算如式（5-45）所示：

$$Q\big(\text{status}_t^u, a_t, \theta\big) = \text{Relu}\Big(W^2\big(\text{Relu}\big(W^1\text{status}_t^u + b^1\big) + b^2\big)\Big) \tag{5-45}$$

其中，$\theta = \{W^1, W^2, b^1, b^2\}$ 为神经网络的参数。利用时序差分的方法优化目标函数，定义损失函数：

$$\text{loss}_{\text{policy}} = \left[Q\left(\text{status}_t^u, a_t; \theta\right) - \left(r_t + \gamma \max_{a_{t+1}} Q\left(\text{status}_{t+1}^u, a_{t+1}, \theta'\right)\right) \right]^2 \quad (5\text{-}46)$$

本模型使用梯度下降法更新参数 θ，在训练过程中利用式（5-47）更新参数 θ'：

$$\theta' = \alpha\theta + (1-\alpha)\theta' \quad (5\text{-}47)$$

由于 ϵ-贪心策略可以对不同状态下所有动作进行充分的探索，因此本章根据 ϵ-贪心策略，选择动作 a_t，表示为式（5-48）：

$$a_t = \begin{cases} \arg\min\limits_{a_t} Q\left(\text{status}_t^u, a_t; \theta\right) \text{ if } & c > 1-\epsilon \\ \text{randomchoice}\left(a_{\text{rec}}, a_{\text{ask}}\right) \text{ if } & c \leqslant \epsilon \end{cases} \quad c \sim U(0,1) \quad (5\text{-}48)$$

2. 基于信息熵的属性选择模块

该模块的目标在于优化属性选择策略，从而能够通过较少的交互轮次，识别用户的属性偏好，降低 $L_{\text{preference}}$。信息熵是量化随机变量不确定性程度的有效工具。本模型将用户属性偏好视为随机变量。在初始阶段，系统对用户的偏好了解为零，因此信息熵最大。本模块通过减少信息熵的方法，确定用户属性偏好。在第 t 轮交互时，产品候选集中属性 p 的信息熵利用式（5-49）进行计算。

$$H(p) = -c(p)\log(c(p)) + \left(1-c(p)\right)\log\left(1-c(p)\right) \quad (5\text{-}49)$$

该模块向用户提问信息熵最大属性，以最大限度地降低用户偏好的不确定性。

$$\arg\max_p H(p) \quad (5\text{-}50)$$

3. 基于知识图谱的预测模块

该模块的目标在于利用已获取的交互数据 D 学习高卷入度产品表征和用户偏好表征，做出推荐决策以降低 L_{rec}。由于高卷入度产品的领域知识丰富（如每款产品都有详细的配置信息），本章利用这些领域知识构建知识图谱，对产品进行表征学习。在本章构建的知识图谱三元组中，节点表示产品和属性，边表示产品与属性之间的关系，三元组（产品、关系、属性）表示节点产品与节点属性之间的关系。例如，（"宝马 3 系""百公里油耗""6～10L"）表示宝马 3 系车型的每百公里油耗是 6～10 升。由于高卷入度产品与其关联属性具有一对多的关系，本模块采用基于距离的"翻译"模型 TransH[30] 获取产品及其关联属性的表征。如果产品 v 和属性 p 之间存在关系 r，在关系 r 空间中属性 p 可以由产品 v 的表示 v' 加上关系 r 的表示 e_r 得到，即

$$v' + e_r - p' = 0 \quad (5\text{-}51)$$

其中，v'、p' 分别为产品 v、属性 p 在关系 r 空间中的表示；e_r 为关系 r 的连续向量表示。本章利用式（5-52）将产品 v 和属性 p 映射到关系 r 空间中。

$$v' = e_v - w_r^{\mathrm{T}} e_v w_r, \quad p' = e_p - w_r^{\mathrm{T}} e_p w_r, \quad w_{r2} = 1 \tag{5-52}$$

其中，e_v、e_p 分别为产品 v、属性 p 在知识图谱表征空间的连续向量表示；w_r 为关系 r 空间的映射矩阵。

本方法基于负采样，计算排序损失：

$$\mathrm{loss}_g = \sum_{(p,r,v) \in G, (p^-, r^-, v^-) \notin G} \left[f_r(v, p) - f_{r^-}(v^-, p^-) \right] \tag{5-53}$$

其中，$f_r(v, p)$ 为产品 v 和属性 p 在关系 r 空间中的距离，(p^-, r^-, v^-) 为由负采样生成的不在当前知识图谱中的三元组。产品、属性、关系以及关系的映射矩阵的连续向量表示 e_v、e_p、e_r 和 w_r 利用梯度下降法学习得到。产品 $f_r(v, p)$ 计算如式（5-54）所示：

$$f_r(v, p) = v' + e_r - p_2'^2 \tag{5-54}$$

由于离用户 u 正向偏好越近、负向偏好越远的产品，越能满足用户的偏好。因此，通过式（5-55）对候选集进行排序，从而为用户生成预测列表 $\mathrm{rec}_{\mathrm{list}} t$。

$$\mathrm{rec}_{\mathrm{list}} = \mathrm{rank} \left(\frac{\mathrm{score}_v^-}{\mathrm{score}_v^+} \right) \quad v \in V_t^u \tag{5-55}$$

基于上述三个模块的优化，本章介绍的基于高卷入度产品的对话预测算法如表 5-10 所示。

表 5-10　个性化预测算法流程

1. 利用式（5-49）学习高卷入度产品知识图谱表示
2. For u in U:
3. 用户向系统表达初始化偏好 p_0，更新候选集 V_t^u，通过式（5-42）计算 status_1^u
4. 　for t in 1，2，3，$\dots$，b do:
系统决策阶段：
5. 　　通过式（5-45）计算 $Q(\mathrm{status}_t^u; a_t, \theta)$
6. 　　根据式（5-48）选择系统动作 a_t
7. 　　If $a_t = a_{\mathrm{ask}}$：
8. 　　　根据式（5-49）计算 $H(p)$，选择 $H(p)$ 最大的属性 p 向用户进行提问
9. 　　　If $p \in v_u$：
10. 　　　　$r_t = r_{\mathrm{ask\_succ}}$
11. 　　　　$V_t^u = \{ v_i \mid p \in p_v, v \in V_t^u \}$
12. 　　　Else：
13. 　　　　$r_t = r_{\mathrm{ask\_fail}}$
14. 　　　　$V_t^u = \{ v_i \mid p \notin p_v, v \in V_t^u \}$
15. 　　　If $t = b : r_t = r_{\mathrm{quit}}$
16. 　　Else if $a_t = a_{\mathrm{rec}}$：
17. 　　　通过式（5-55）计算 $\mathrm{rec}_{\mathrm{list}}$
18. 　　　If v_u in $\mathrm{rec}_{\mathrm{list}}$：

19.	$r_t = r_{ask\_succ}$
20.	Else:
21.	$r_t = r_{ask\_fail}$
22.	If $t = \text{Max}T : r_t = r_{quit}$
23.	$V_t^u = \{v, \mid v \notin \text{rec}_{list}, v \in V_t^u\}$
24.	通过式（5-42）计算 status_{t+1}^u
参数学习：	
25.	通过式（5-45）计算 $Q(\text{status}_{t+1}^u; a_t, \theta')$
26.	利用式（5-53）计算 loss_{policy}
27.	使用 Adam 梯度下降优化算法更新参数 θ
28.	利用式（5-47）更新 θ'
29.	If v_u in rec_{list} : End for
30.	End for

5.4.3 性能评测

1. 数据集

本章利用汽车产品数据构建高卷入度产品预测场景。我们从国内知名汽车咨询网站上采集了市场上 4095 类车型的配置信息。使用等距离散化的方法对价格等连续型数据进行离散化，构建真实的汽车产品知识图谱。基于汽车产品的真实信息，进行用户交互仿真。本章随机生成 21 476 个用户，在 4095 类车型中，随机抽取用户喜欢的车型，从 264 个属性构成的属性集合中随机抽取车型属性作为用户的初始偏好。

2. 评价指标

为了验证本节提出的基于问答式会话的个性化需求预测方法的有效性，采用以下几种指标对其推荐结果进行衡量。

（1）推荐命中率 SR@t：在对话推荐系统与用户 $t \in \{3, 5, 10\}$ 次交互时，预测成功的比例。推荐命中率越高，说明预测的准确率越高。

（2）对话策略损失值 DL：在对话推荐系统与用户的交互过程中，对话策略模块累计获得的损失。累计损失值越低，说明系统的对话策略越优。

（3）平均交互次数 AT：在为用户预测出满意产品的过程中，对话推荐系统与用户交互的平均次数。平均次数越低，说明系统通过对话获取用户偏好信息和预测的效率越高，用户交互负担越轻。

3. 实验结果分析

为了验证在对话策略模块（模块一）的有效性，我们采用随机选择方法

random、基于人工规则的方法 rule-based 以及基于策略梯度的强化学习算法 policy gradient[31]等对话策略的主流方法作为本实验的基准算法；为了验证属性选择模块（模块二）的有效性，采用的对比算法有基于策略梯度的强化学习算法 policy gradient[31]、基于值学习的强化学习算法 DQN[29]、随机选择的方法 random 以及基于与用户偏好属性相似度的方法 similarity[17]。相似度基于属性在预测模块知识图谱空间的连续向量表示，利用余弦相似性进行计算；为了验证预测模块（模块三）的有效性，采用的对比算法包括基于图神经网络的方法 gcn_based[32]、因子分解机算法 fm[17]以及随机选择方法 random 等；为了验证本章采用的模块化设计的有效性，我们选取了端到端的对比方法，包括 crm[9]、ear[11]及 conTS[10]。crm 方法利用神经网络同时决策对话策略问题与预测问题。ear 方法需要同时对对话策略与属性选择进行决策。conTS 方法面向冷启动用户，通过贝叶斯多臂老虎机的方法同时决策对话策略、属性选择及推荐等问题。

对话策略模块实验结果：如表 5-11 所示，基于值学习的 DQN 方法在 3 次交互、5 次交互和 10 次交互的推荐命中率分别为 0.0344、0.1334、0.9411，对话策略损失值为–0.5864，平均交互次数为 8.7218，显著优于对比方法。这说明利用 DQN 方法决策系统的动作可以有效处理偏好信息获取与用户、产品表征学习之间的耦合性，降低预测精度与交互次数之间的矛盾性。基于策略梯度的方法在评估指标上表现较差，潜在原因是受到了交互数据在时序上关联性的影响。基于人工规则方法的原理是每询问一次预测一次，它的效果与随机选择的方法表现基本一致。随着询问次数增多，系统预测用户偏好的不确定性降低，因此，在更多的交互次数情况下系统通常可以获得更高的推荐命中率，即 SR@10 的命中率高于 SR@3 的命中率。

表 5-11　对话策略方法对比实验结果

方法	SR@3	SR@5	SR@10	DL	AT
policy gradient	0.0113[***]	0.0177[***]	0.3680[***]	0.1717[***]	12.3454[***]
random	0.0323[***]	0.0838[***]	0.3414[***]	0.1447[***]	12.179[***]
rule_1	0.0341[***]	0.0904[***]	0.3056[***]	0.1208[***]	12.2097[***]
rule_3	0.0381[***]	0.1294[***]	0.4130[***]	–0.3851[***]	10.9915[***]
rule_5	0.0065[***]	0.1139[***]	0.6726[***]	–0.5142[***]	10.3552[***]
DQN	0.0344	0.1334	0.9411	–0.5864	8.7218

***表示 $p < 0.001$

属性选择模块实验结果：如表 5-12 所示，基于最大信息熵的属性选择模块在各项评估指标上显著优于对比方法。在推荐命中率指标 SR@3 和 SR@5 上相较于对比方法分别提升 7.16%、46.59%，在 SR@10 上相较于对比方法提升达到了 2.26 倍。这是因为在 10 次交互过程中，基于最大熵原理的方法可以快速降低候选集的大小，确定用户的偏好。在对话策略损失值的指标上所提方法约降低了 200%，在平均交互次数指标上降低了约 31%。同时，表 5-12 表明基于随机选择的方法表现最差；基于强化学习的对比方法在属性选择任务上表现不佳，可能的原因是高卷入度产品属性较多、决策空间较大。综上所述，在面向高卷入度产品的对话预测方法中，基于最大信息熵的属性选择方法可以有效降低系统对用户偏好的不确定性，从而提升高卷入度产品预测的精度和提问效率。

表 5-12 属性选择方法对比实验结果

方法	SR@3	SR@5	SR@10	DL	AT
DQN	0.0321	0.091[***]	0.2889[***]	0.5870[***]	12.6394[***]
policy gradient	0.0258[***]	0.0602[***]	0.1959[***]	0.8246[***]	13.3669[***]
similarity	0.0304[**]	0.0625[***]	0.1897[***]	0.7956[***]	13.3689[***]
random	0.0253[**]	0.06164[***]	0.1751[***]	0.8463[***]	13.4683[***]
maxEnt	0.0344	0.1334	0.9411	−0.5864	8.7218

***、** 分别表示 $p<0.001$、$p<0.01$

预测模块实验结果：如表 5-13 所示，本章提出的基于知识图谱预测方法 transH_topsis 在评估指标上显著优于其他对比方法。在推荐命中率指标 SR@3、SR@10 上，比对比方法的最优结果分别提升了 19.86% 和 0.79%，说明本章提出的预测方法可以在较少的交互次数中取得更优的效果。本章方法在对话策略损失值的指标上降低了 3.58%，在平均交互次数指标上降低了 2.42%。考虑候选产品与用户正向偏好距离的方法 transH_base 的大多数评估指标显著低于所提方法。基于图卷积网络的方法没有考虑产品与属性之间丰富的语义关系，因此未能取得良好的结果。fm 方法由于需要使用大量的交互数据进行训练，因此，在有限交互数据条件下也难以取得较高的推荐命中率。综上所述，在面向高卷入度产品的对话式推荐系统中，基于知识图谱的预测方法可以有效地利用产品自身的属性信息以及有限的对话交互数据为用户推荐满意的产品。

表 5-13 推荐方法对比实验结果

方法	SR@3	SR@5	SR@10	DL	AT
gcn_based	0.0256[***]	0.1011[***]	0.9337	0.5775	8.9636[***]
fm	0.0287[***]	0.1331[*]	0.8437[***]	−0.5208[***]	9.1349[***]
random	0.0174[***]	0.0724[***]	0.8380[***]	−0.5002[***]	10.0377[***]

续表

方法	SR@3	SR@5	SR@10	DL	AT
transH_base	0.0305***	0.1283**	0.9280***	−0.5661***	8.9383***
transH_topsis	0.0344	0.1334	0.9411	−0.5864	8.7218

***、**、*分别表示 $p<0.001$、$p<0.01$、$p<0.1$

与端到端方法的对比实验结果：如表 5-14 所示，面向冷启动用户设计的 conTS 方法在 SR@10、DL 以及 AT 指标上优于 ear 和 crm 方法。基于端到端的方法需要利用大量的历史交互数据学习产品和用户的表征，在缺乏历史交互数据的高卷入度产品预测任务中，表现较差。本章提出的模块化设计针对不同任务的特点，分别选用合适的方法，有效降低了每个子任务的决策难度。在推荐命中率指标 SR@3、SR@5 以及 SR@10 上分别提升了 3.14 倍、3.18 倍以及 3.2 倍，在对话策略损失值指标上降低了 566%，在平均交互次数上降低了 36.6%，各项评估指标均显著优于其他对比方法。表 5-14 数据表明，本章提出的模块化设计可以有效降低偏好信息获取任务和预测任务之间的耦合性，并且利用较少的对话交互获取较高的推荐命中率。

表 5-14　与端到端方法对比实验结果

方法	SR@3	SR@5	SR@10	DL	AT
ear	0.0083***	0.0319***	0.1695***	0.8057***	13.6761***
crm	0.0073***	0.0275***	0.1581***	0.8252***	13.7544***
conTS	0.0022***	0.0153***	0.2239***	−0.0880***	13.1940***
ours	0.0344	0.1334	0.9411	−0.5864	8.7218

***表示 $p<0.001$

参数分析实验结果：本节所提方法需要优化的总损失由优化推荐精度与数据获取两部分损失组成。为了分析两部分损失所占权重对实验结果的影响，本章分析了不同推荐失败损失值对交互过程中提问次数与推荐次数的影响。在面向高卷入度产品的推荐问题中，提问次数的增加说明数据获取的损失增加；由于交互过程中最多只会出现一次推荐成功的交互，故推荐次数的增加表明推荐精度的损失增加。

参数分析实验结果如图 5-16 所示。图 5-16 表明，随着推荐失败损失值的增加，系统倾向选择提问动作，数据获取损失增加；随着推荐失败损失值的降低，系统倾向选择推荐动作，推荐损失增加。当推荐失败损失值取 0.1 时，推荐损失和数据获取损失取得了较好的均衡，达到了总交互次数最低。如表 5-15 所示，推荐失败损失值较低时（如 $r_{rec\_fail} = 0.01$），系统倾向选择推荐动作。因此，相对于其他推荐失败损失值的设置，系统在 3 次交互中取得了最高的推荐命中率 0.0409。推荐失败损失值较高时，系统倾向选择提问动作，以便获得更多的用户偏好信息。因此，当 $r_{rec\_fail} = 0.5$ 时，系统在 10 次交互时得到了最高的推荐命中率 0.9737。当推荐失败损失值取 0.1 时，系统在不同的交互次数下都取得了较高的推荐命中率。其中，5 次交互下，相对于其他推荐失败损失值设置，取得了最高的推荐命中率。

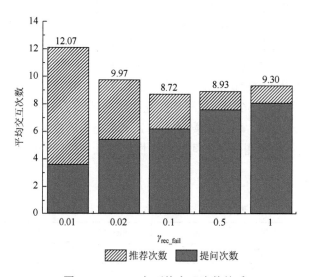

图 5-16　r_{rec_fail} 与平均交互次数关系

表 5-15　r_{rec_fail} 参数分析结果

r_{rec_fail}	SR@3	SR@5	SR@10	DL
0.01	0.0409**	0.1052**	0.3654***	−0.3267***
0.02	0.0261***	0.0970***	0.7340***	−0.4980***
0.1	0.0344	0.1334	0.9411	−0.5864
0.5	0.0169***	0.1027***	0.9737***	−0.5098***
1	0.0177***	0.0873***	0.9052**	−0.4624***

***、**分别表示 $p < 0.001$、$p < 0.01$

5.5　面向会话式交互的个性化需求预测应用

本节以汽车之家网站为例，首先介绍了汽车之家网站的主要功能。其次介绍了用户与网站进行会话式交互时数据的具体形式。再次结合 5.4 节所提出的面向问答式会话的个性化需求预测方法，将该方法应用于汽车之家网站，对汽车之家的用户进行个性化需求预测。最后，结合管理案例，得出相应的管理启示。

5.5.1　应用场景介绍

汽车之家是我国最大的汽车垂直网站，该网站提供最新的汽车报道与行情，包括有关汽车的专业技术以及汽车分析和购买推荐。用户还可以在平台上以自媒体人的身份记录汽车世界。汽车之家网站会对这些用户与产品的交互数据进行分析，预测用户的需求偏好并进行个性化汽车推荐。本节将以汽车之家平台为例，分析 5.4 节提出的面向问答式会话交互的个性化需求预测方法。

5.5.2　交互数据形式

用户在汽车之家平台上的交互数据主要是网站的汽车配置信息以及网站与用户的交互数据。

汽车之家网站中汽车的配置信息主要记录了汽车的基本信息，包括价格、厂商、级别、能源类型、上市时间、续航里程、快充时间、慢充时间、最大功率、车身结构、车身具体信息（长度、宽度、高度等）、电动机信息（类型、总功率、驱动电机数、电池类型、电芯品牌等）、底盘转向信息（驱动方式、前后悬架类型、助力类型等）、内部配置信息（方向盘材质、方向盘位置调节、换挡形式等）等。

网站与用户的交互数据主要表现为用户和网站系统进行对话所产生的数据，包括：用户 ID，用户对系统表达的喜欢的汽车属性，系统为了获取用户更多偏好提出的基于用户喜好的相关问题，问答进行的次数，等等。

汽车的配置信息、网站系统与用户的交互信息构成了用户交互数据，有效利用用户交互数据有助于帮助网站动态地预测用户的需求。

5.5.3　会话式需求预测方法应用

面向问答式会话的个性化需求预测方法主要通过基于网站汽车信息构建的知识图谱和系统与用户的交互信息进行个性化预测。具体步骤如下。

（1）为了部署个性化需求预测方法，首先需要网站根据其站内汽车配置信息构建真实的汽车产品知识图谱，系统将会综合知识图谱和通过问答获取的用户偏好信息对其进行推荐。

（2）用户进入网站之后，首先对系统表达自己的偏好，系统更新用户状态并决定是继续询问还是进行推荐，如果系统认为当前对用户的偏好信息不足，则会采取继续询问的方式获得更多偏好信息，询问的内容将会从属性候选集中选择，询问结束后更新候选属性集合用户的偏好属性集等；如果系统认为当前充分掌握了用户偏好，则会根据已获得的用户偏好信息对候选产品进行排序，从而对用户采取推荐动作。

5.5.4　管理启示

上述的案例分析表明，面向会话式交互场景的个性化需求预测可以更好地帮助用户做出购买决策，从而提高企业的收益以及网站的知名度。通过本章的分析，总结出对企业实施面向会话式交互场景的个性化需求预测的几点启示。

（1）注意数据的获取与处理方式。企业内部的数据要规定好定义和处理的方式，如果数据存储在各个部门，需要成立专门的数据管理部门对数据进行定期维护，以便高效地利用企业内部数据，从而在一定程度上节省企业资源，并使得数据发挥更大的价值。

（2）充分利用会话式交互数据。会话式交互数据可以为企业提供用户的短期偏好数据，有利于企业做出更加合理的预测，从而带给用户更好的推荐购买体验，获得更大的企业利润。

（3）本章所提出的基于共识机制的社区问答排名方法和面向高卷入度产品的对话推荐方法在不同的会话式需求预测场景下均表现良好，对企业获取、处理、分析数据具有很大帮助，有助于企业更精准地实施用户个性化需求预测。

参 考 文 献

[1] Rich E.User modeling via stereotypes*. Cognitive Science，1979，3（4）：329-354.

[2] Tou F N，Williams M D，Fikes R，et al. Rabbit: an intelligent database assistant. Pittsburgh：The AAAI Conference on Artificial Intelligence，1982.

[3] Qiu M，Li F L，Wang S，et al.AliMe chat：a sequence to sequence and rerank based chatbot engine. Vancouver：The 55th Annual Meeting of the Association for Computational Linguistics，2017.

[4] Bilotti M W，Ogilvie P，CallanJ，et al. Structured retrieval for question answering. Amsterdam：The 30th Annual International ACM SIGIR Conference on Research and Development in Information Retrieval，2007.

[5] Wu F，Duan X Y，Xiao J，et al. Temporal interaction and causal influence in community-based question answering. IEEE Transactions on Knowledge and Data Engineering，2017，29，（10）：2304-2317.

[6] Nie L Q，Wei X C，Zhang D X，et al. Data-driven answer selection in community QA systems. IEEE T Transactions on Knowledge and Data Engineering，2017，29（6）：1186-1198.

[7] Lyu S，Ouyang W，Wang Y Q，et al. What we vote for? Answer selection from user expertise view in community question answering. San Francisco：The World Wide Web Conference，2019.

[8] Su L X，Zhang R Q，Guo J F，et al. Beyond relevance：trustworthy answer selection via consensus verification. Israel：The 14th ACM International Conference on Web Search and Data Mining，2021.

[9] Sun Y M，Zhang Y.Conversational recommender system. Ann Arbor：The 41st International ACM SIGIR Conference on Research & Development in Information Retrieval，2018.

[10] Li S J，Lei W Q，Wu Q Y，et al. Seamlessly unifying attributes and items：conversational recommendation for cold-start users.ACM Transactions on Information Systems，2021，39（4）：1-29.

[11] Lei W Q，He X N，Miao Y S，et al. Estimation-action-reflection: towards deep interaction between conversational and recommender systems. Houston：The 13th International Conference on Web Search and Data Mining，2020.

[12] Deng Y，Li Y L，Sun F，et al. Unified conversational recommendation policy learning via graph-based reinforcement learning. Canada：The 44th International ACM SIGIR Conference on Research and Development in Information Retrieval，2021.

[13] Zhang X Y，Xie H，Li H，et al. Conversational contextual bandit：algorithm and application. Taipei：The Web Conference 2020，2020.

[14] Tsumita D，Takagi T. Dialogue based recommender system that flexibly mixes utterances and recommendations. Thessaloniki：IEEE/WIC/ACM International Conference on Web Intelligence，2019.

[15] Ren X H，Yin H Z，Chen T，et al. CRSAL: conversational recommender systems with adversarial learning. ACM Transactions on Information Systems，2020，38，（4）：1-40.

[16] Kang D，Balakrishnan A，Shah P，et al. Recommendation as a communication game: self-supervised bot-play for goal-oriented dialogue. Hong Kong：The 2019 Conference on Empirical Methods in Natural Language Processing and the 9th International Joint Conference on Natural Language Processing，2019.

[17] Lei W Q，Zhang G Y，He X N，et al. Interactive path reasoning on graph for conversational recommendation. USA：The 26th ACM SIGKDD International Conference on Knowledge Discovery and Data Mining，2020.

[18] Wan M T，McAuley J. Modeling ambiguity，subjectivity，and diverging viewpoints in opinion question answering systems. Barcelona：2016 IEEE 16th International Conference on Data Mining，2017.

[19] Fretwurst B. Verification and falsification//Sayer A.Method in Social Science. London: Routledge，2017：216-237.

[20] Vaswani A，Shazeer N，Parmar N，et al. Attention is all you need. https://arxiv.org/abs/1706.03762.pdf [2017-06-12].

[21] Nakov P，Màrquez L，Magdy W，et al. SemEval-2015 task 3：answer selection in community question answering. Denver：The 9th International Workshop on Semantic Evaluation，2015.

[22] Filice S，Croce D，Moschitti A，et al. KeLP at SemEval-2016 task 3：learning semantic relations between questions and answers. San Diego：The 10th International Workshop on Semantic Evaluation，2016.

[23] Barrón-Cedeño A，Da San Martino G，Joty S，et al. ConvKN at SemEval-2016 task 3：answer and question selection for question answering on Arabic and English fora. San Diego：The 10th International Workshop on Semantic Evaluation，2016.

[24] Mihaylov T，Nakov P. SemanticZ at SemEval-2016 task 3：ranking relevant answers in community question answering using semantic similarity based on fine-tuned word embeddings. San Diego：The 10th International Workshop on Semantic Evaluation，2016.

[25] Wu G，Sheng Y，Lan M，et al. ECNU at SemEval-2017 task 3：using traditional and deep learning methods to address community question answering task. Vancouver：The 11th International Workshop on Semantic Evaluation，2018.

[26] Mihaylova T，Gencheva P，Boyanov M，et al. Super team at SemEval-2016 task 3：building a feature-rich system for community question answering. The 10th International Workshop on Semantic Evaluation .San Diego，2016.

[27] Xie Y F，Liu S C，Yao T R，et al. Focusing attention network for answer ranking. San Francisco：The World Wide

Web Conference，2019.

[28]　Devlin J，Chang M W，Lee K，et al. BERT：pre-training of deep bidirectional transformers for language understanding. Minneapolis：The 2019 Conference of the North {A}merican Chapter of the Association for Computational Linguistics：Human Language Technologies，2019.

[29]　Mnih V，Kavukcuoglu K，Silver D，et al. Human-level control through deep reinforcement learning. Nature，2015，518（7540）：529-533.

[30]　Wang Z，Zhang J W，Feng J L，et al. Knowledge graph embedding by translating on hyperplanes. Québec City：The Twenty-Eighth AAAI Conference on Artificial Intelligence，2014.

[31]　Sutton R S，McAllester D，Singh S，et al. Policy gradient methods for reinforcement learning with function approximation. Cambridge：The 12th International Conference on Neural Information Processing Systems，1999.

[32]　Chen M，Wei Z W，Huang Z F，et al. Simple and deep graph convolutional networks. Lille：The 37th International Conference on Machine Learning，2020.

第6章　面向沉浸式交互的个性化需求预测方法

在新的显示和交互技术的推动下，信息可视化正在迅速扩展到传统桌面环境之外的应用。VR、AR、有形界面和沉浸式显示等技术通过利用人们对现实世界的感知和交互能力，为人们感知数据与数据交互提供了更自然的方式。现有沉浸式交互形式主要通过 3D、AR、VR 等技术实现。沉浸式交互的发展可以追溯到 20 世纪 60 年代的第一个 3D 沉浸式模拟器，1968 年哈佛大学的某位科学家创造了首个头戴式显示器，奠定了 VR 系统的基础。20 世纪 80 年代，第一批商业 AR、VR 设备出现；90 年代初，在沉浸式 VR、AR 系统原型的基础上，已有公司将 AR 和 VR 应用于游戏、旅游等场景中；21 世纪初期，实现了 Web 浏览器和移动端上 AR 技术的应用；2014 年，随着谷歌 AR 眼镜的问世，微软和 Facebook 等公司开始投入研发并进入市场，沉浸式交互技术再次进入热潮。但是后期的发展却没有达到当时的预期，直到 2021 年元宇宙概念的大火，AR、VR 才再次回到了人们的视野。

目前，沉浸式交互已经在许多场合都有了较好的应用，包括游戏娱乐、景区导览、电商购物、教育科普、数字内容展示等生活领域，除此之外，在医疗健康、建筑制造、工程水利、智能城市等专业领域也得到了较好的应用。这些应用带动了相关技术的进步，同时为不同领域的模式创新带来了重要的机遇。学界和业界的广泛关注表明，以智能机器人、数字孪生、VR、AR、MR 等为代表的沉浸式交互技术在商业领域具有广阔的应用前景。在沉浸式交互的环境下，用户可以与产品的虚拟形象进行交互，所以用户体验更加真实、生动，且已有研究指出，沉浸式交互环境对消费者的购买意愿有正向的影响。但不同消费者对沉浸式的感知不同，从而会激发消费者产生对个性化体验的需求，因此在这种新型环境下预测消费者的个性化需求也是尤为重要的。

本章主要介绍面向沉浸式交互的个性化需求预测的相关理论及方法，组织内容如下：6.1 节从沉浸式交互技术和消费者需求预测两个方面介绍国内外研究现状；6.2 节介绍沉浸式交互场景下的交互行为和交互数据的获取方法；6.3 节介绍 AR 沉浸式交互场景的个性化需求预测；6.4 节介绍 VR 沉浸式交互场景的个性化需求预测；6.5 节介绍基于沉浸式交互的个性化需求预测方法的应用案例。

6.1　国内外研究现状

随着 AR 和 VR 技术迅速发展，越来越多的零售商开始将交互式屏幕、在线产品可视化和定制系统、数字标牌等技术应用到实体及网络零售环境中[1]，以改善购物环境和消费者购物体验[2]。消费者与智能对象进行交互的购物体验，彻底改变了传统购物带来的消费者体验，将成为未来的研究方向之一[3]。近年来，越来越多的学者开始研究沉浸式交互环境下的消费者购买决策行为以及个性化需求预测。

6.1.1　沉浸式交互技术

1. 互联网三维展示技术

互联网三维展示，又称互联网 3D 展示，或互联网三维互动体验，是指将三维模型在互联网中展示的各种技术和方法。三维模型一般由专门的 3D 建模软件或者采集设备及软件生成，传统上必须由专业人员用三维软件来打开或查看，普通用户无法完成。互联网三维展示技术是一种在互联网环境下，尤其是移动互联网环境下，用户通过网络，使用手机或者其他设备方便地查看三维模型的专业技术。

互联网三维展示使得用户在不需要安装专业的三维软件的前提下，可以通过互联网浏览、操作三维模型。与二维的图片相比，三维模型更加全面地反映了物品信息，并给用户带来更高的真实感体验。另外，用户可以对三维模型进行一些基本的操作，如旋转、平移、缩放等，甚至可以实现模型切换等高级交互行为。

3D 图形技术并不是一个新话题，在图形工作站乃至个人计算机上早已日臻成熟，并已应用到各个领域。然而互联网的出现，却使 3D 图形技术正在发生着微妙而深刻的变化。最早提出在网络上应用 3D 图形技术的是计算机辅助设计专业，这项技术主要应用于工业产品。在计算机辅助设计技术日益普及之后，借助网络实现基于三维数字模型的产品设计部门内部与外部沟通，成为一个迫切的需求。随着 3D 技术逐步推广到各个行业，如建筑行业的建筑信息模型、文物行业的三维数字化，各行各业都有着通过互联网方便地浏览三维模型这一需求。

互联网三维展示技术的发展经历了几次迭代升级，早在 2000 年 Web 3D 组织就提出并使用 Web 3D 这一术语，但是限于当时的技术发展，这些技术有些依赖于浏览器插件，有些速度达不到要求，有些渲染质量不尽如人意，因此并未成为主流。2010 年，Web GL（Web graphics library，网络图形库）技术的逐步成熟，为互联网三维展示注入了新的活力，借助 Web GL 与 html5，开发人员可以实现丰富的三维体验，但是浏览器兼容性以及性能问题始终是 Web GL 必须面对的两大难题。另外，由于三维建模仍然比较专业，制作一个精美的 3D 模型或 3D 场景的周期较长，代价较高，于是 360 度全景开始进入互联网三维展示领域。近年来，随着云计算技术的飞速发展，基于云渲染技术的互联网三维云展示技术应运而生，其基本思路是利用云计算强大的计算能力，在云端管理三维模型及处理渲染，再将渲染结果推送到客户设备。强大的云计算能力，结合强大的前端 JS（JavaScript）技术和 AJAX（asynchronous JavaScript and XML）技术，用户可以交互高质量的、渲染工作站级别的三维结果，尤其适用于对三维展示质量、保真度有较高要求的场景。另外，基于云计算技术的互联网三维云展示技术对客户端无要求，很好地解决了浏览器兼容性和性能问题。随着技术的进步，互联网三维技术的应用也越来越广泛。主要应用领域有以下几个。

（1）三维电商：传统电子商务以图片＋文字的形式来描述商品，三维电商利用互联网三维展示技术来展示商品，向顾客提供了更全面的商品信息，有助于提高购买转化率。未来更是朝着以三维为基础的 VR 电商发展。

（2）三维产品电子目录：产品电子目录对于制造业类型的企业而言，是一个优秀的销售沟通工具。传统的产品电子目录大多需要用户安装几百兆大小的应用程序，利用现代网络技术和互联网三维展示技术，有望大幅提升网络化、移动化水平，为企业提供更大的价值。

（3）数字化展馆：传统的博物馆等单位受限于场地、时间，随着我国数字化博物馆的建设，在网上逛博物馆，看真实的数字化文物已经成为趋势。例如，百度百科数字博物馆利用 360 度全景等互联网三维展示技术，为人们提供了一个丰富的线上博物馆。

（4）三维产品在线定制：个性化时代，可定制的产品越来越受到人们的青睐，从太阳眼镜、服装、鞋类、自行车到汽车，已经有不少企业做出了尝试。互联网三维展示技术将在三维产品在线定制中起到核心作用。

（5）3D 打印：3D 打印已经形成一个欣欣向荣的产业链，利用互联网三维展示技术，让客户在打印前预览到真实的打印效果，甚至进行排仓等复杂的操作，将帮助 3D 打印平台建设得到质的飞跃。

2. AR 技术

AR 技术也被称为扩增现实，AR 技术是一项促使真实世界信息和虚拟世界信息内容综合的新型技术。在计算机等科学技术的基础上，AR 将原本在现实世界的空间范围中比较难以进行体验的实体信息，实施模拟仿真处理和叠加虚拟信息内容。在真实世界中应用时，这一过程能够被人类感官所感知，从而实现超越现实的感官体验。真实环境和虚拟物体之间重叠之后，能够在同一个画面以及空间中同时存在。AR 技术不仅能够有效体现出真实世界的内容，也能够促使虚拟的信息内容显示出来，这些虚拟内容相互补充和叠加。在视觉化的 AR 中，头盔显示器促使真实世界和电脑图形之间重合，用户可以看到围绕在其周围的真实世界和虚拟图形。AR 技术中主要有多媒体和三维建模以及场景融合等新的技术和手段，AR 所提供的信息内容和人类能够感知的信息内容之间存在着明显不同。

随着 AR 技术的成熟，该技术被越来越多地应用于各个行业，如教育、培训、医疗、设计、广告等。在部分行业的应用介绍如下。

（1）教育。AR 以其丰富的互动性为儿童教育产品的开发注入了新的活力。儿童的特点是活泼好动，运用 AR 技术开发的教育产品更适合儿童的生理和心理特性，比如市场上随处可见的 AR 书籍。对于低龄儿童来说，文字描述过于抽象，文字结合动态的立体影像会让儿童快速掌握新的知识，丰富的交互方式更符合儿童活泼好动的特性，调动了儿童的学习积极性。在学龄教育中，AR 也发挥着越来越重要的作用，如一些危险的化学实验，以及深奥难懂的数学、物理原理，都可以通过 AR 使学生快速掌握。

（2）医疗健康。近年来，AR 技术也越来越多地被应用于医学教育、病患分析及临床治疗中。微创手术越来越多地借助 AR 及 VR 技术来减轻病人的痛苦，降低手术成本及风险。此外在医疗教学中，AR 与 VR 的技术应用使深奥的医学理论变得形象、立体、浅显易懂，大大提高了教学效率和质量。

（3）广告购物。AR 技术可帮助消费者在购物时更直观地判断某商品是否适合自己，以做出更满意的选择。用户可以轻松地通过该软件直观地看到不同的家具放置在家中的效果、化妆品在面部呈现的效果、衣服和鞋子等穿在身上的效果等，从而方便选择。目前一些知名品牌（宜家家居、耐克等）以及电商平台（亚马逊、京东等）都上线了 AR 功能。

（4）旅游展览。AR 技术被大量应用于博物馆对展品的介绍说明中，该技术通过在展品上叠加虚拟文字、图片、视频等信息为游客提供展品导览介绍。此外，AR 技术还可应用于文物复原展示，即在文物原址或残缺的文物上通过 AR 技术将复原部分与残存部分完美结合，使参观者了解文物原来的模样，达到身临其境的效果。

（5）娱乐游戏。AR 游戏可以让位于全球不同地点的玩家，共同进入一个真实的自然场景，以虚拟替身的形式，进行网络对战，体验虚实结合的强烈沉浸感，从而产生身临其境的奇妙感受。

AR 在各个领域的应用，不仅催生了许多产品，改变了用户的购物方式和交互行为，还越来越被用户所接受。

3. VR 技术

VR 技术又称虚拟实境或灵境技术，是 20 世纪发展起来的一项全新的实用技术。VR 技术囊括计算机、电子信息、仿真技术，其基本实现方式是以计算机技术为主，利用并综合三维图形技术、多媒体技术、仿真技术、显示技术、伺服技术等多种高科技的最新发展成果，借助计算机等设备产生一个逼真的由三维视觉、触觉、嗅觉等多种感官体验构成的虚拟世界，从而使处于虚拟世界中的人产生一种身临其境的感觉。VR 技术受到了越来越多的人的认可，用户可以在 VR 世界体验到最真实的感受，其模拟环境的真实性与现实世界难辨真假，让人有种身临其境的感觉；同时，VR 具有一切人类所拥有的感知功能，比如听觉、视觉、触觉、味觉、嗅觉等感知系统；最后，它具有超强的仿真系统，真正实现了人机交互，使人在操作过程中，可以随意操作并且得到环境最真实的反馈。正是 VR 技术的存在性、多感知性、交互性等特征使它受到了许多人的喜爱。

1）VR 系统

VR 涉及学科众多，应用领域广泛，系统种类繁杂，这是由其研究对象、研究目标和应用需求决定的。从不同角度出发，可对 VR 系统做出不同分类。

（1）根据沉浸式体验角度分类。沉浸式体验分为非交互式体验、人—虚拟环境交互式体验、群体—虚拟环境交互式体验等。该角度强调用户与设备的交互体验。相比之下，非交互式体验中的用户更为被动，所体验内容均为提前规划好的，即便允许用户在一定程度上引导场景数据的调度，也仍没有实质性交互行为，如场景漫游等，用户几乎全程无事可做。而在人—虚拟环境交互式体验系统中，用户则可用诸如数据手套、数字手术刀等设备与虚拟环境进行交互，如驾驶战斗机模拟器等，此时的用户可感知虚拟环境的变化，进而也就能产生在相应现实世界中可能产生的各种感受。

（2）根据系统功能角度分类。系统功能分为规划设计、展示娱乐、训练演练等。规划设计类系统可用于新设施的实验验证，可大幅缩短研发时长，降低设计成本，提高设计效率，城市排水、社区规划等领域均可使用，如 VR 模拟给排水系统，可大幅减少原本需用于实验验证的经费；展示娱乐类系统适用于为用户提供逼真的观赏体验，如数字博物馆、大型 3D 交互式游戏、影视制作（VR 技术早在 20 世纪 70 年代便被迪士尼用于拍摄特效电影）等；训练演练类系统则可应用于各种危险环境及一些难以获得操作对象或实操成本极高的领域，如外科手术训练、空间站维修训练等。

2）VR 设备

由于 VR 沉浸式交互环境为"全沉浸"的情景，因此一般需要借助特殊的 VR 设备，如 VR 头戴式眼镜、头盔、手柄等。图 6-1 为常见的 VR 头戴式设备和手柄。头戴式设备往往需要与外部设备结合，如电视或手机。VR 设备通过凸透镜来放大人眼看到的即时图像范围，目前的 VR 眼镜大概会产生 90～120 度范围的图像视野，这样的视野大概与一个良好的三通道环幕投影系统产生的效果差不多，不过 VR 眼镜要更加贴近人眼一些，因此人眼被干扰的可能性大大降低。通过头部的陀螺仪，当人转动头部时，陀螺仪能够及时地通知图像生成引擎，及时地更新画面，从而使人感觉到，自己是在看一个环绕的虚拟空间，从而产生 360 度的三维空间感。另外，由于左右眼每一时刻看到的图像是不一样的，是两幅区别左右眼位置的不同头像，从而产生很强烈的立体纵深感。

(a) 头戴式设备　　　　　　　　　　　　　(b) 手柄

图 6-1　常见的 VR 设备

VR 的沉浸感使用户处于一个四维的虚拟世界之内，用户各种感觉器官，特别是视觉器官对虚拟世界发生适应性正向反馈，就目前的 VR 眼镜来讲，主要通过两方面来达到沉浸感的目的。

一是通过经过放大的显示屏技术，能够在用户眼前显示出一个放大的局部虚拟时间景象，目前显示视场角在 90～110 度，在这个显示范围内，主要通过三维引擎技术，产生实时的立体图像。

二是通过配合头部的位姿传感采集的数据，让三维引擎响应头部转动方向（和当前头部位置变化），以很高的频率实时改变显示的三维头像，用户头部转动的角度刚好和三维引擎模拟的三维画面视觉一致，让用户觉得仿佛是通过一个大窗口在观察一个虚拟的三维世界。

另外，用户可以通过动作、手势、语言等类自然的方式与虚拟世界进行有效的沟通。通常来讲，用户的双手动作、双脚行走，在虚拟世界中产生用户能够理解的变化，用户就认为该虚拟世界对用户发生了反馈，那么用户的动作和虚拟世界对用户的反馈，组合在一起，就形成一次交互作用。

目前，VR 设备主要分为以下两类：系留式和独立式。HTC Vive Pro 2、PlayStation VR 和 Valve Index 等系留式设备物理连接到 PC（PlayStation 4 或

PlayStation 5 等 PlayStation VR）。连接线缆使这些设备有点笨拙，但若将所有实际的视频放在另外一个设备处理，不需要放在头戴设备中，这样可以具备更加强大的视频处理能力，同时借助运动感应控制器，外部传感器或外置摄像头可为用户的头部和手部提供完整的 6DoF（six degrees of freedom，六自由度）运动跟踪，从而提供非常好的 VR 体验。独立设备通过完全移除电缆并且不需要外部设备来进行计算处理，提供最大的移动自由。Oculus Quest 2 使用与现已停产的 Oculus Rift S 类似的外向摄像头来提供 6DoF 运动跟踪和类似的 6DoF 运动控制。

4. MR 技术

MR（即包括 AR 和 VR）指的是合并现实和虚拟世界而产生的新的可视化环境。在新的可视化环境里物理和数字对象共存，并实时互动。MR 技术是 VR 技术的进一步发展，该技术通过在虚拟环境中引入现实场景信息，在虚拟世界、现实世界和用户之间搭起一个交互反馈的信息回路，以增强用户体验的真实感。图 6-2 为一种 MR 的头戴式设备。

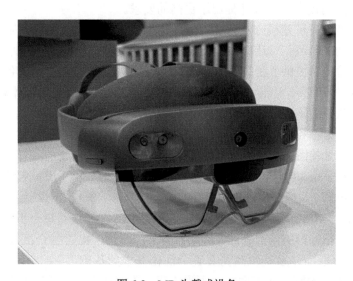

图 6-2　MR 头戴式设备

MR 系统的主要特点有以下三个。

（1）虚实结合：虚拟物体和现实世界可以显示在同一视线之中。

（2）虚拟的 3D 世界：虚拟物体可与现实世界精确对准。通过 MR 显示设备，用户可以同时看到真实环境和虚拟全息影像，加之手势、语音、视觉等方式来实现两者互动，真正搭建了虚拟世界和现实世界沟通的桥梁。

（3）实时交互：用户可与现实世界和虚拟物体进行实时的自然交互。

目前，MR 技术已经在学科教学、在线虚拟课堂创设、医疗、建筑与电气工程等领域初步应用，一般来说，MR 的常见载体都是智能眼镜。

6.1.2 沉浸式交互环境下的消费者需求预测研究

消费者的需求预测是目前商务领域的热点研究问题，准确识别和预测消费者的内在需求，才能采取有针对性的营销策略，从而有效地提升企业的市场空间和竞争能力。随着信息技术的发展和演进，消费者的购物场景发生变化，由传统的现场实体店购物，到虚拟的网上购物，再到沉浸式交互环境下的新零售购物，围绕消费者需求的预测方法也得到了深入的研究和发展。在沉浸式交互技术营造的购物环境中，消费者能够突破时空限制身临其境地进行购物，增加了消费者对商品维度的新理解，围绕消费者的更细致的行为痕迹能够被识别和记录，为发现消费者的实时需求提供了更丰富的场景体验数据。由于沉浸式交互购物环境的实时性、互动性、动态性和多样性等特点，对消费者的需求预测方法建模过程中的数据分析、模型构建和算法设计提出了更高的要求。

（1）在产品评价建模方法方面。沉浸式和交互式技术的发展，为产品设计[4]、外观展示和功能示范[5,6]、店铺氛围设计[7]、交互模式和体验方式[8]提供了新的场景，为消费者评价产品提供了新的维度。消费者通过穿戴设备或者头戴设备在虚拟店铺中体验购物时，可以尽可能立体地了解产品的各种属性信息，也可以体验产品功能，还可以感知店铺的陈列方式、氛围设计等，从而较为全面地获取产品、供应商、销售商等环节的信息和更加准确地辅助产品评价与购买决策。在这种购物环境下，产品特征从描述性的图文或者视频变成能够感知的存在[9]，购物的场景也通过模拟的方式进行多维呈现，给予消费者更广的体验空间。同时，由于虚拟店铺及其中的产品都来源于模拟，其呈现的效果和交互方式也成为影响消费者对产品认知的重要因素[10]。因此，沉浸式交互购物环境下，产品评价体系的维度将进一步拓宽。由于不同维度的具体指标影响消费者的实际购买需求，因此，构建融合沉浸式体验的个性化产品评价指标体系是预测消费者个性化需求的基础。

（2）在需求预测方法方面。在沉浸式交互购物环境中，伴随着消费者在虚拟商店中的购物体验过程，通过互联的各类传感器、轨迹采集器等采集用户的各类行为轨迹[11]，包括且不限于眼动、动作、面部表情、生物信息采集等，可以尽可能实时地捕捉消费者的感官状态以及状态的变化，从而为预测消费者的需求提供更加丰富的数据基础[12,13]。这些数据通常来自多个不同类型的传感器和信息采集器，是对消费者外在行为和内在情感的细粒度刻画。文献[14]从眼球运动轨迹中提取对应愉快、中性和不愉快情绪的特征，利用机器学习方法通过支持向量机并利用各种特征融合方案来分析特征的性能，从而预测用户的情感偏好。文献[15]

通过结合眼动仪以及 AR、VR 技术，研究用户在虚拟超市中的各类偏好，包括对商品的尺寸、颜色、标签、定价等偏好以及对超市的空间、装饰、音乐、色彩等的偏好。文献[16]设计了各种沉浸式的场景，通过调整场景中的细节，包括温度、色彩、气味、氛围等来评估用户对食物、饮料及用餐环境的偏好。

　　沉浸式交互购物环境下，消费者的购物行为依赖于虚拟店铺里的虚拟体验，通常要在现实场景环境中完成交易以及商品的交付，沉浸式交互购物环境下的购买行为实际上是消费者跨域消费的一种过程。在这种情境下，消费者的需求受到虚、实世界的双重作用。文献[17]研究了用户在虚拟世界里的购买偏好，发现消费者在现实中的需求变化会直接影响其在虚拟世界中的需求，如对自我表现的需求等。现有研究通常基于消费者的视觉关注点来反映消费者的需求，通过跟踪用户关注点的变化，可以预测用户偏好的变化，反过来，消费者在虚拟体验过程中表达出来的需求则会成为其真正完成购买行为的基础，直接关系到实际支付和商品交付[18]。因此沉浸式交互购物环境下的需求预测不仅需要考虑虚拟空间中的行为，同时也要集成现实世界中的外源数据。在沉浸式交互体验过程中，AR 等不仅构建了虚拟空间，同时利用网络空间大数据增强了虚拟空间中产品的表现形式，消费者在与虚拟空间的产品交互的同时，也不断接受从外部世界获得的大数据的输入，消费者在此过程中感知到的存在感、角色识别动态影响着其注意力，从而可能引起需求和偏好发生变化。

6.2　沉浸式交互行为及交互数据获取

　　沉浸式交互场景下，消费者的购买决策行为将体现出不同的特征，且由于环境因素的增多，影响其决策的因素更加复杂，消费者的痕迹数据多为超高维小样本数据。沉浸式场景与传统交互环境有较大的不同，因此用户的交互行为也有所不同。另外，沉浸式交互场景一般借助外部工具进行交互，因此如何获取相关的交互数据也是一个需要解决的问题。

6.2.1　沉浸式交互行为

　　沉浸式交互场景为用户提供了新的交互环境和交互方式，同时也有了新的交互行为和意义。另外由于沉浸式交互技术的使用，一些传统环境下无法获得的用户交互行为可能被捕捉到，从而得到更加细粒度的行为交互信息。因此，本节主要介绍沉浸式场景的交互行为以及数据获取方式。

　　沉浸式交互技术在购物环境中的应用，打破了传统购物环境中用户与产品交互的局限，提供了一种新的交互形式。通过这种交互方式，可以获得用户真实环境的信息，也可以获得一些新的交互行为，有助于了解和挖掘用户的偏好。购物环境由商品的 AR 虚拟效果和真实场景组成。一般适合具体场景的多种产品都可以选择。用户点击想要查看的产品，产品的 AR 虚拟效果就会呈现在真实场景中合适的位置，或者用户指定的位置。然后用户可以根据产品的 AR 效果对产品进行评估，并可以评估产品与真实场景的匹配程度。这是与传统电子商务购物环境最大的不同。在传统环境中，用户只能看到商家给出的产品文字描述和图片，无法看到产品在真实场景中的效果。在产品评价过程中，用户与产品的交互会产生眼动、运动轨迹、表情等细粒度信息，而这些交互是用户在看到产品的真实效果后的行为，因此对用户偏好的挖掘和分析更有帮助。除此之外，大多数 AR 购物环境中也保留了与传统购物环境中相似的功能。根据用户行为是否为沉浸式交互场景中特有的，将用户行为总结为以下几种。

（1）点击试用。在沉浸式购物环境下，用户通过点击查看想要试用产品的 AR 效果。传统环境下，用户点击查看产品后看到的是二维的产品图片或视频，而在 AR 环境下，用户可以看到产品的虚拟 3D 效果，还可以看到产品在真实环境中的效果。

（2）加入购物车。与传统购物环境相似，AR 环境中，用户可以直接将喜欢的商品加入到购物车。这个行为在一般的 AR 购物环境中会提供。

（3）拍照。AR 沉浸式购物环境下，可以呈现产品的虚拟图像与现实环境结合的效果，用户可以使用拍照功能，将产品虚拟效果记录下来。

（4）调整产品属性。产品属性可以在 AR 环境中体现出来，如产品的颜色、尺寸。AR 沉浸式购物环境中，用户通过相关按钮调整产品的属性，以评估不同属性与自己需求的匹配程度。

（5）眼动轨迹。借助 AR 沉浸式技术和设备，用户在试用产品时眼球关注的位置和时间可以被记录下来，从而形成眼动轨迹数据。

（6）表情情绪。与面部情况相结合的产品，如美妆类产品、服饰类产品，用户在通过 AR 试用产品时，面部情绪可以被记录下来，这是用户对产品态度的直观反应。

（7）用户位置信息。在沉浸式交互系统中，由于需要与真实世界建立联系，因此往往会提供定位功能，从而可以获得用户所在位置的交互信息。

（8）交互环境信息。在 AR 交互场景中，产品的虚拟图像与真实环境结合，因此我们不仅可以获得用户的交互行为数据，同时可以得到用户所处的真实环境的相关信息，这在进行个性化需求预测时也是重要的一部分。

AR 购物环境中的用户交互行为虽与传统环境中的行为有相似之处，但是具有新的特征和意义，也有更多细粒度的行为数据（如用户轨迹数据）可以更好地反映用户的偏好和需求。另外，由于用户可以在真实环境中看到产品的效果，可以更加深入地评估产品与自身需求的匹配程度，减少购买后的不满意情况，用户的一些行为也可以作为"购后反馈"，体现真实的偏好和需求。因此，如何利用这些交互行为挖掘用户偏好，为用户推荐更满意的产品是我们需要解决的问题。

图 6-3 为 IKEA Studio 家具 AR 试用界面。

图 6-3　IKEA Studio 家具 AR 体验环境

6.2.2　交互数据获取

沉浸式购物环境中的用户的行为更加细粒度，且包含一些痕迹数据，因此行为数据的获取方法也与传统环境中有所不同。

对于点击试用、拍照、加入购物车等与系统环境进行直接交互的行为，可以通过系统日志直接记录和获取，与传统购物环境下的用户交互行为获取方法相似，企业在利用沉浸式设备时，需要将交互行为数据传输到相应的数据库，即可完成数据的获取，这里不再进行详细介绍。

对于这些细粒度痕迹数据，需要借助外部设备或人工智能分析技术获取相关行为信息。下面将介绍几种可用于痕迹数据获取和处理的设备技术。

（1）眼动仪。眼动仪是心理学基础研究的重要仪器，用于记录人在处理视觉信息时的眼动轨迹特征，广泛用于注意、视知觉、阅读等领域的研究，眼动可以反映视觉信息的选择模式，对于揭示认知加工的心理机制具有重要意义。在个性化营销方面，眼动仪也已经被应用于网页布局设计、网页浏览习惯分析等方面。图 6-4 为一种常见的眼动仪。

图 6-4　眼动仪设备

在 AR 沉浸式环境下，通过眼动仪设备可以获得用户的注视点分布情况。

（2）面部表情识别技术。人脸表情是最直接、最有效的情感识别模式，它有很多人机交互方面的应用，例如疲劳驾驶检测和手机端实时表情识别。从整体来看，面部表情识别主要包括数据预处理、深度特征学习和面部表情分类三个步骤。预处理即在计算特征之前，将与面部无关的干扰排除掉，主要过程有人脸检测、人脸对齐、数据增强和人脸归一化。

从数据的角度来看，面部表情识别技术包含基于静态图像的技术和基于动态序列的技术两种。静态图像即基于一张图片进行识别，但是由于人的表情，是在真实世界的一个时间和面部空间里变化的结果，所以基于动态序列的表情分析比静态图像更加全面。这两种类型都已经有具体的表情识别方法，且识别效果已经达到了较好的水平。在 AR 沉浸式环境下，用户的面部表情多为动态序列，如试用某款产品的整个过程中用户的面部表情变化，可以表示用户对产品的态度和偏好。

企业需要获取沉浸式场景中的交互行为数据时，可以通过搭建沉浸式交互系统的方式，将前端沉浸式设备获取到的交互数据与后端数据库相连，同时可以部署合理的传感器，通过传感器获得用户的位置信息、真实物理环境信息等。企业在采集相关数据时，应该注意保护用户隐私。

6.3　AR 沉浸式交互场景的个性化需求预测方法

随着 AR 技术在家具、美妆、服饰等多个领域线上购物中的应用，如 6.2 节所述，沉浸式交互场景中的用户交互行为与传统环境有很大的不同，因此传统的个性化需求预测方法不能很好地适用沉浸式交互环境。在 AR 沉浸式交互场景中，更多的细粒度数据可以帮助分析用户的个性化需求，且可以借助真实的物理环境特征等外部信息。因此，如何在 AR 沉浸式交互场景进行个性化需求预测是我们需要重点关注的内容。

6.3.1　问题定义

AR 技术在电子商务购物环境中的应用，打破了传统购物环境中用户与产品交互的局限，提供了一种新的交互形式。通过这种交互方式，可以获得用户真实环境的信息，也可以获得一些新的交互行为，有助于了解和挖掘用户的偏好，预测用户的个性化需求。本节分析了 AR 美妆购物环境下，用户不同的行为及其所代表的用户偏好，并根据这些行为，预测用户的个性化需求。

如 6.2.2 节所分析的，用户在 AR 沉浸式购物环境中部分行为虽然与传统环境中的购物行为相似，但是也有一些 AR 环境中特有的行为。传统购物环境中分析用户个性化需求的行为主要有浏览、点击、购买、加入购物车等，这些行为在 AR 购物环境中依然存在，但是它们无法直接表示用户的偏好，因此被称为隐式反馈。隐式反馈数据虽然相对容易获取，但在进行用户偏好时存在一定的不足。首先，隐式反馈没有负反馈，用户点击某个产品可能会表示喜欢该产品，但如果用户没有点击该产品，就不能表示不喜欢该产品，也有很大的可能是没有看到该产品。其次，隐式反馈并不完全可信。例如，我们点击一个产品以查看详细信息，不代表就会喜欢该产品，很可能在点击后发现该产品不符合我们的偏好，甚至购买的产品也不一定是该用户喜欢的，而可能是用户买给其他朋友的礼物，符合第三方的偏好而不是用户的偏好。更重要的是，隐式反馈的价值仅能体现置信度。例如，一个用户持续观看一部电影的时间越长，那么我们更相信他喜欢这部电影，但是也不能表示用户就一定喜欢这部电影，因为他可能在观影过程中去做别的事情了。因此，隐式反馈行为在预测用户需求时，更多地反映置信度水平。

AR 沉浸式购物环境中特有的细粒度的用户行为可以更好地反映用户的偏好和需求，如面部表情。面部表情是表达情感的最直接方式，研究表明，当我们去了解一个人时，55%依据他的面部表情，38%依据语气声音，只有 7%是依据文字[19]。不仅如此，在 AR 沉浸式环境中，用户借助 AR 交互技术，看到产品的虚拟图像，并与现实环境结合，这将"购买—试用"过程提前到用户购买之前，因为在评估产品的 AR 效果后，用户面部表现出来的情绪，可以作为一种购后反馈，反映用户对产品真实的偏好情况，是一种显式反馈。

6.3.2　模型构建

1. 个性化需求预测方法

首先，介绍基本概念和符号（表 6-1）。假设有 M 用户和 N 项目，$\mathbb{R}^{M \times N}$ 是用户-产品交互矩阵，r_{ai} 是矩阵中的一个元素。b_{ai} 是交互行为的数量，包括点击试用、拍照、进入详情页面、添加到购物车。用户花在与产品交互上的时间用 t_{ai} 表示。用户与产品交互时的面部情绪用 e_{ai} 表示，分为三种情绪：积极情绪（P）、消极情绪（N）和中等情绪（M）。s_{fi} 为产品 f 的标题和产品 i 的标题的文本相似度。

表 6-1　基本概念、符号

符号	含义	值/单位
$\mathbb{R}^{M \times N}$	用户-产品交互矩阵	$M \times N$
r_{ai}	$\mathbb{R}^{M \times N}$ 矩阵中的一个元素	0, 1

符号	含义	值/单位
b_{ai}	用户 u 与产品 i 交互时的交互行为数	0, 1, 2, 3, 4
t_{ai}	用户 u 与产品 i 交互时的停留时间	s
e_{ai}	用户 u 与产品 i 交互时的面部情绪	P, M, N
c_{ai}	r_{ai} 的置信度	[0, 1]
s_{fi}	产品 f 的标题与产品 i 的标题的文本相似度	[0, 1]

对于 r_{ai} 的初始值，当用户 a 点击了产品 i 时，$r_{ai}=1$，当没有点击时，$r_{ai}=0$。

$$r_{ai} = \begin{cases} 1, & b_{ai} \neq 0 \\ 0, & b_{ai} = 0 \end{cases} \tag{6-1}$$

本节介绍已发表的文章中提出的基于视频的面部表情识别方法 FAN-Emotion[20]。该模型由两部分组成：特征嵌入模块和帧注意模块。第一个模块的输入来自视频的可变数量的人脸图像，然后使用深度 CNN 生成特征表示。通过框架注意模块学习到两级注意权值，即自注意权值和关系注意权值。自注意权值从具有单独框架特征和非线性映射的全局特征中学习，关系注意权值从局部特征和框架特征的关系中学习。该模型的输出是快乐、愤怒、厌恶、恐惧、悲伤、中性和惊讶这七种情绪中的一种。

1）根据用户表情确定可信正例

当用户 a 试用产品 i 后的表情为积极时，认为该用户真的喜欢该产品，此时，r_{ai} 就是值得信赖的正反馈。当用户 a 试用产品 i 后的表情为消极时，用户试用了产品，但发现它并不是自己真正喜欢的，此时，r_{ai} 是值得信赖的负反馈。此外，当用户 a 试用产品 i 后的表情为中性时，我们无法通过面部表情直接判断用户的喜好，此时 r_{ai} 是不值得信任的正向反馈。基于以上分析，$r_{ai}=1$ 的置信度 c_{ai} 设置如下：

当 $e_{ai}=P$ 时，r_{ai} 为可信正例，$c_{ai}=1$

当 $e_{ai}=N$ 时，r_{ai} 为可信负例，$c_{ai}=0$

当 $e_{ai}=M$ 时，r_{ai} 为不可信正例

$$c_{ai} = \begin{cases} 1, & b_{ai} \neq 0 且 e_{ai} \neq N \\ 0, & b_{ai} = 0 且 e_{ai} = N \end{cases} \tag{6-2}$$

2）基于用户行为为不可信正例设置置信度

当用户 u 试用产品 i 后的表情为中性时，我们无法通过面部表情直接判断用户的喜好，此时 r_{ui} 是不值得信任的正向反馈，可以利用用户的其他行为，为这些交互设置相应的置信度。

　　首先，用户点击试用产品时，表示用户对该产品有一定的兴趣，想要进一步了解产品的信息，在评估产品与自身需求的适配性之后，此时认为用户有 50%的可能性喜欢该产品。用户点击试用产品后，不仅可以判断产品的虚拟效果在现实情景下的适配性，还可以点击进入产品的详情页查看有关产品特征的描述以及评论，并可以直接将产品加入购物车，或将产品的 AR 效果拍照分享。以上这些用户行为均为隐式反馈行为，根据前面的分析，当隐式反馈行为 b_{ai} 越多时，表示用户更可能喜欢该产品。因此，基于用户在试用产品过程中的行为个数，为不可信正例设置置信度。

$$c_{ai} = 0.5 + \alpha(b_{ai} - 1),\ b_{ai} \neq 0 \tag{6-3}$$

　　除了用户行为数，已有研究表明，用户在试用产品或产品界面停留的时间也可以反映用户对该产品的偏好[21]。文章[22]提出，停留时间是表示用户参与度和满意度的一个重要指标。当用户试用产品时，停留在该产品的时间越长，用户对该产品的偏好可能越大。结合上述分析，进一步对不可信正例设置置信度为

$$c_{ai} = t'_{ai}\left[0.5 + \alpha(b_{ai} - 1)\right], b_{ai} \neq 0 \tag{6-4}$$

其中，t'_{ai} 为经过标准化后的停留时间，标准化方法参照已经发表的文章中的方法。
　　对于每一个用户 a，计算所有历史记录中不同产品停留时间的平均值 μ_a 和标准差 σ_a。
　　每个用户 a 点击试用产品 i 的停留时间为 t_{ai}，计算其取对数之后的 Z 值：
$z_{ai} = \dfrac{\log(t_{ai}) - \mu_a}{\sigma_a}$。

　　计算用户 a 点击试用产品 i 的标准化之后的停留时间 $t'_{ai} = \exp(\mu_a + \sigma_a \times z_{ai})$。
　　最后，整合上述分析和置信度设置方法，当 $b_{ai} \neq 0$ 时，$r_{ai} = 1$ 的置信度为

$$c_{ai} = \begin{cases} 1, & e_{ai} = P \\ t'_{ai}\left[0.5 + \alpha(b_{ai} - 1)\right], & e_{ai} = M \\ 0, & e_{ai} = N \end{cases} \tag{6-5}$$

3）负例采样方法
　　当用户没有点击试用产品时，我们设置初始值 $r_{ai} = 0$，这意味着用户不喜欢该产品。但是，这些都是不值得信任的负反馈，用户可能没有看到该产品，因此也需要为这部分负例设置置信度。
　　目前，为了方便用户检索，电子商务网站的商家往往会尽量丰富产品的标题，使之包含尽量多的相关信息。如图 6-5 所示，标题中不仅包括了产品的类别、品牌和型号，还包括了适用的人群特征。标题中的这些信息，可以帮助对负例的置信度进行设置。

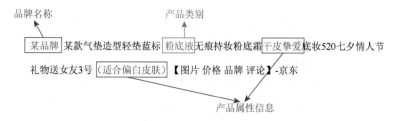

图 6-5　电商平台某产品标题示例

在之前的分析中，基于用户的面部表情确定了一些可信的负例。例如，用户 a 的一个可信负例为产品 j，如果产品 i 与产品 j 的标题相似性很高，则说明这两个产品的相似性很高，那么对于用户 a 来说，他不喜欢产品 i 的可能性就越高，即成为负例的可能性越大。因此，通过计算用户 a 的可信负反馈与用户 a 的不可信负反馈的标题文本平均相似度，得到用户 a 的不可信负反馈的置信度。如果用户 a 有 k 个值得信任的负面反馈，则不值得信任的反馈置信度 r_{ai} 为产品标题 i 与所有值得信任的负面反馈标题之间的平均文本相似度。

$$c_{ai} = \frac{\sum_{f=1}^{k} s_{fi}}{k} \tag{6-6}$$

其中，s_{fi} 为产品 f（可信负例）标题与产品 i（不可信负例）标题的文本相似度。在计算相似度之前，首先去除标题文本结尾的无用信息，其次进行分词和向量变换，使用 TF-IDF 算法对语料库进行建模，最后计算余弦相似度。

综合上述分析，总体置信度设置如下：

$$c_{ai} = \begin{cases} 1, & b_{ai} \neq 0 \text{且} e_{ai} = P \\ 0, & b_{ai} \neq 0 \text{且} e_{ai} = N \\ t'_{ai}\left[0.5 + \alpha(b_{ai} - 1)\right], & b_{ai} \neq 0 \text{且} e_{ai} = M \\ \dfrac{\sum_{f=1}^{k} s_{fi}}{k}, & b_{ai} = 0 \end{cases} \tag{6-7}$$

4）个性化需求预测

矩阵分解是在个性化推荐中常用的需求预测方法。矩阵分解是指将一个矩阵分解成两个或者多个矩阵的乘积，实际进行推荐计算时不再使用大矩阵，而是用分解得到的两个小矩阵：一个是由代表用户偏好的用户隐因子向量组成，另一个是由代表物品语义主题的隐因子向量组成。矩阵分解的目的是通过机器学习的手段将用户行为矩阵中缺失的数据（用户没有评分的元素）填补完整，即预测用户的需求，最终达到可以为用户做推荐的目的。整体过程如图 6-6 所示。

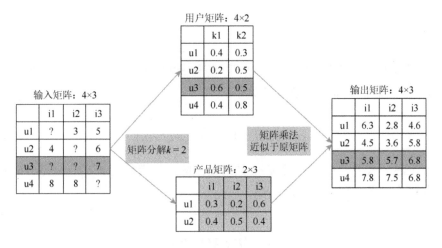

图 6-6　矩阵分解过程示意图

　　根据前面的分析，基于用户的不同交互行为，为交互矩阵中的 r_{ui} 值赋予相应的权重，然后再进行矩阵分解过程，预测用户对不同产品的需求偏好，置信度设置过程如图 6-7 所示。

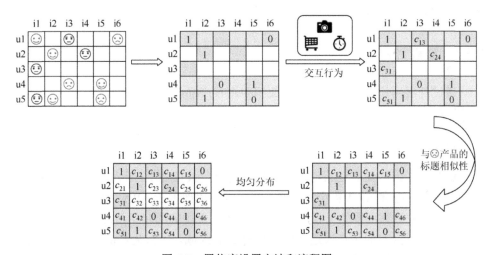

图 6-7　置信度设置方法和流程图

图中三种表情分别表示用户 AR 试用产品时面部情绪为积极、中性和消极

　　初始矩阵被分解为用户矩阵 $X_{m \times k}$ 和产品矩阵 $Y_{n \times k}$，通过内积运算 $r_{ai} = p_u q_i^{\mathrm{T}}$，预测 r_{ai} 的值，损失函数如下：

$$L = \min \sum_{u,i} c_{ai} \left(r_{ai} - p_u q_i^{\mathrm{T}} \right)^2 + \lambda \left(\sum_u p_u{}^2 + \sum_i q_i{}^2 \right) \tag{6-8}$$

2. 模型求解

模型使用交替最小二乘法（alternation least squares，ALS）。首先，通过计算 $\frac{\partial L}{\partial p_u} = 0$，更新 p_u，得到更新公式如下：

$$p_u = \left(Q^{\mathrm{T}} C^u Q + \lambda I\right)^{-1} Q^{\mathrm{T}} C^u r(u) \tag{6-9}$$

在上述公式中，C^u 是一个 $n \times n$ 的对角矩阵，且满足 $C_{ii}^u = c_{ui}$，向量 $r(u)$ 包含所有与用户 u 相关产品的偏好信息。

与上述方法类似，再更新 y_i，得到更新公式为

$$q_i = \left(P^{\mathrm{T}} C^i P + \lambda I\right)^{-1} P^{\mathrm{T}} C^i r(i) \tag{6-10}$$

C^i 是一个 $m \times m$ 的对角矩阵，且满足 $C_{uu}^i = c_{ui}$，向量 $r(i)$ 包含所有与产品 i 相关的偏好信息。

重复上述更新过程，直至收敛。

上述过程分析了用户在 AR 沉浸式购物环境下的交互行为，并通过挖掘分析交互行为的含义与用户偏好的关系，建立模型预测用户的个性化需求。

6.3.3 性能评测

通过开展用户实验，收集用户数据并进行产品推荐和结果反馈，评估所提方法的性能。

1. 实验场景

京东是中国最受欢迎的电子商务平台之一，其在 2016 年成立了 AR/VR 实验室，并成立了电商 AR/VR 产业联盟。其手机应用部署了 AR 试妆功能，允许用户在 AR 环境中尝试不同的美妆产品。AR 试妆功能主界面包括两部分，上方主要界面为产品交互区，即用户通过 AR 试用产品的区域，下方为产品展示区，显示其他支持 AR 试用的产品。

当用户进入 AR 环境后，可以点击屏幕下方的产品进行 AR 试用，并可以选择不同的产品类型，如口红、眼影、腮红。用户点击每个产品时就会在产品上方显示标题。产品效果将在用户面部对应位置的产品交互区域中显示。在产品交互区，他们可以根据自己的喜好调整化妆品的效果，包括开启/关闭美容效果，检查加、不加产品的对比效果，以及调整产品效果程度。另外，在交互界面中可以根据其他品牌属性（如品牌、色系）筛选想要试用的产品。

2. 实验设计与实验数据

由于用户隐私保护需要,平台无法直接将用户的面部相关信息保存在后台数据库,且目前暂没有关于用户在 AR 购物环境下交互行为记录的公开数据集。因此,为了实现在 AR 沉浸式交互环境中对用户的个性化需求进行预测,可以采取用户实验的方式收集数据并进行分析评估。本节基于京东 AR 化妆功能环境开展实验,评估 6.3 节中提出的用户个性化需求预测方法的有效性。

1) 实验设计

在实验开始前,首先对用户进行了培训,包括实验环境、操作步骤、注意事项。在实验中,选择了口红、眉笔、腮红、眼影、眼线笔、睫毛膏和粉底液等 7 种产品作为实验产品集。还有另外两种产品没有选择,一种是主题彩妆,因为一个主题彩妆包含了各种各样的产品,无法确定用户对一个产品的偏好和需求;另一种是美瞳类产品,因为它不通用,对此有需求的用户较少。

为了让用户像日常购物一样轻松,他们被赋予了以下任务陈述:"现在你想购买一些美妆产品,请在京东 App 的 AR 试妆场景中,根据你的购物习惯、喜好和需求,浏览并尝试你喜欢的美妆产品。"

用户被告知将该实验视为日常购物,选择和尝试产品,选择和互动行为不受限制。在实验过程中,用户可以根据自己的习惯和偏好来浏览、选择和试用产品。此外,实验也没有时间限制。综上所述,在完成培训后,用户可以进入实验环境选择和试用产品。数据通过电话屏幕记录的方式进行记录。屏幕记录在用户进入 AR 环境时开始,在用户浏览完成时结束。

该实验于 2022 年 1 月 5 日至 1 月 18 日在合肥工业大学管理学院的一个固定教室中进行。因为光线条件会影响产品的 AR 效果,光线充足时效果更逼真。因此,为了保证产品 AR 效果的稳定性,实验安排在每天的 9:30~16:30。并且每个用户都有独立的实验空间,互不影响,从而排除了其他影响因素。

实验结束后,我们使用交互数据作为历史数据,并使用不同的基线进行推荐。最终的推荐列表通过电子邮件发送给用户。然后他们根据自己的喜好从列表中选择自己喜欢的产品,结合产品在 AR 环境中的效果,然后通过电子邮件将最终结果返回给工作人员。

2) 实验数据

实验获得了七大类 3263 款化妆品信息,均支持 AR 功能。其中,口红类产品数量最多,占 69.84%,腮红类产品数量最少,占 2.51%。各类型产品数量及百分比如表 6-2 所示。

表 6-2　实验数据统计表

类型	数量/个	占比
口红	2279	69.84%
粉底液	347	10.63%
眉笔	215	6.59%
眼线笔	129	3.95%
眼影	128	3.92%
睫毛膏	83	2.54%
腮红	82	2.51%

实验招募了 82 人进行用户研究，其中合肥工业大学本科生 20 人，硕士 56 人，博士 6 人。所有招募的学生都是女生，因为这个实验是为了试用化妆品。我们还通过问卷调查的方式收集用户之前使用京东 AR 试妆功能的体验和对美妆产品的熟悉程度。实验前未使用京东 AR 试妆功能的用户有 52 人，对化妆品熟悉度高于 3 的用户有 36 人（1～5 分）。

实验结束后，我们得到了记录所有用户互动的视频，每个用户为一个视频。为了获得用户交互数据，我们首先将每个用户的视频分成了小视频，每个小视频都包含了用户与产品交互的信息。从每一个小视频中，我们可以得到用户在与该产品互动时的互动行为、停留时间及情感等信息。对于互动行为，包括点击尝试、拍照、进入详情页面、加入购物车等，每个小视频都会被记录下来。停留时间是每个小视频的长度。其次，我们利用所提出的模型对情绪进行识别和分类。最后，我们得到 81 个用户的 2816 个交互数据（其中一个用户的数据有损坏），与 372 个产品进行了交互，每个用户平均与 35 个产品进行交互，每个产品的平均停留时间为 3.5 秒。详细的交互行为和数字如表 6-3 所示。

表 6-3　用户交互行为统计表

类型	数量/个
拍照	36
进入详情页面	51
加入购物车	111
情绪	361

3）评估指标

两个广泛使用的指标被用来评估推荐方法的性能：Precision 和 MAP。Precision

用于衡量推荐算法正确预测用户对产品的喜好的程度。用户选择的推荐列表中产品的百分比，计算公式如下：

$$\text{Precision} = \sum_{u=1}^{m} \frac{|R_u \cap T_u|}{R_u}$$

其中，R_u 为推荐给用户 u 的产品；T_u 为用户 u 选择的产品。

此外，为了在求值时考虑列表中的顺序，还使用了 MAP。MAP 最初是信息检索领域用于衡量搜索引擎排名性能的评价指标，对于推荐系统来说，推荐列表可以被看作一个排名列表。它可以分为 P、AP 和 MAP，P 是 Precision，AP 考虑了列表位置因子，它计算每个位置的精度平均值。MAP 是所有用户 AP 的平均值。

4）基准方法

为了评估 6.3 节中所提方法的性能，与一些常用的方法和其他形式的模型进行了对比。

（1）基于流行度的方法。这类方法指为用户推荐最受欢迎的产品。产品的受欢迎度是根据用户与产品的交互来计算的，我们使用文献[23]中提出的方法。首先，计算产品 i 在交互记录 f_i 中出现的次数。其次计算产品的流行度 $p_i = \dfrac{f_i}{\sum_{i=1}^{m} f_i}$。

（2）AMAN（all missing as negative）。意思是所有的缺失值都是负例。对于缺失的数据，最普遍的方法是将其全部视为负反馈，所以早期的研究基本都用 AMAN 作为前提假设。当用户 u 点击试用产品 i 时，表示用户喜欢这个产品，$r_{ui} = 1$；相反地，如果用户 u 没有点击试用产品 i，表示用户不喜欢这个产品，$r_{ui} = 0$。并且对于所有的 r_{ui}，置信度均为 1，即 $c_{ui} = 1$。

（3）平均采样。该方法在文献[24]中被提出。它的基本假设是，缺失的数据成为负面反馈的概率与所有用户或所有项目相同，因此它统一为负反馈分配置信 $\delta \in [0,1]$。当用户 u 点击试用产品 i，表示用户喜欢这个产品，$r_{ui} = 1$，$c_{ui} = 1$；相反地，$r_{ui} = 0$，且 $c_{ui} = \delta$，$\delta \in [0,1]$，服从均匀分布。

（4）基于行为增强的方法。上述方法仅对负反馈设置置信度，此方法考虑用户行为，对正反馈设置置信度。如 6.3 节所述，使用用户的交互行为数来设置不值得信任的正反馈的置信度：$c_{ui} = 0.5 + \alpha(b_{ui} - 1), b_{ui} \neq 0$。

（5）基于时间增强的方法。利用用户交互行为数和停留时间，对不可信的正反馈设置置信度：$c_{ui} = t'_{ui}[0.5 + \alpha(b_{ui} - 1)], b_{ui} \neq 0$。

（6）AR 交互环境下的方法。如 6.3 节所述，结合用户的交互行为和情感，根据产品标题设定初始正反馈和初始负反馈的置信度。

3. 实验结果与分析

通过计算六种方法的 Precision 和 MAP 值，结果如表 6-4 所示。很明显，6.3 节提出的 AR 沉浸式交互环境下的个性化需求预测方法在 Precision 和 MAP 指标上都达到了最好的性能。在 Precision 指标中基于时间增强的方法和基于行为增强的方法排名很靠前，说明用户交互次数和停留时间对用户偏好的预测都有正向影响。

表 6-4   实验结果统计

基准方法	Precision	MAP
基于流行度(Popularity)	0.698	0.648
AMAN	0.636	0.580
平均采样(Average)	0.636	0.580
基于行为增强(BERS)	0.698	0.664
基于时间增强(DTERS)	0.704	0.630
AR 交互环境(FEERS)	0.803	0.756

此外，还根据用户的交互数据对他们进行分组。根据用户交互的产品数量、交互行为数量和每个产品的平均交互时间，将用户分为不同级别的不同组。图 6-8 显示了针对不同分组下的不同用户组的几种方法的推荐精度。以图 6-8（a）为例，根据交互产品的数量将用户分为四类，分别为交互小于 15 个产品，15～30 个产品，30～45 个产品，以及大于 45 个产品，每条折线表示一种推荐方法在每个分组上的推荐结果。从图 6-8（a）的结果可以看出，本书的方法对于交互记录多与

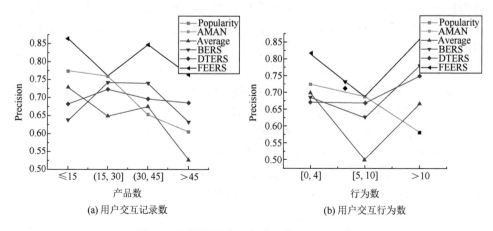

(a) 用户交互记录数   (b) 用户交互行为数

图 6-8   不同用户交互行为下的 Precision 值

少的用户均具有更好的性能。结果表明，一是无论用户交互数据多还是少，我们的方法都能获得较好的精度。二是对于交互数据越多的用户，推荐结果越好，这也符合推荐算法的一般规律。

本节以京东 AR 试妆为例，设计实验评估了 6.3 节中提出的在 AR 沉浸式交互环境中的用户个性化需求预测方法，并取得了较好的实验结果。

6.4　VR 沉浸式交互场景的个性化需求预测方法

VR 沉浸式交互场景中，用户看到的为虚拟的场景和产品，因此用户的交互行为与传统环境的不同，传统的产品特征和用户行为的获取及表示方法无法使用，因此本节主要介绍如何利用相关交互信息和产品信息进行个性化需求预测。

6.4.1　问题定义

VR 作为一种全新的交互环境，在许多行业中都是一个潜在的游戏规则改变者。在零售领域，它可以改变网上购物的过程。它通过将客户放置到一个虚拟渲染的陈列室来保持客户的参与，那里顾客可以探索和购买产品，从而消除了烦琐的网上购物过程。这使得用户可以在自己舒适的家中获得现实的购物体验。在游戏领域，它通过将用户放置在虚拟环境中，与游戏中的场景、人物等进行深度的、"面对面"的交互，使得用户的游戏体验更加真实，使其沉浸在游戏中，体验不一样的世界。

VR 作为一种技术与其他场景结合，形成一个完整的系统，这个系统的输入和输出，以及数据的存储、处理等与传统系统有所不同，在进行个性化需求预测之前，需要了解整个系统及其运作流程。本节以文献[23]为基础，介绍在零售领域中的 VR 沉浸式交互系统的设计与功能，并分析用户在该环境下的交互行为与特点。

现有的线上超市虽然普遍，但也有几个缺点。它们仅限于基于文本的搜索，并且只允许用户查看二维产品图像。用户实际上无法理解在产品说明书中提到的规格所对应的真实产品的大小和形状。此外，只能通过并排的规格比较来进行产品的比较，VR 超市通过让用户虚拟地感受整个购物体验，克服了这些困难。VR 超市中产品的设计看起来类似于真实世界的物品，用户可以与这些物品交互，以完全感知 3D 产品。

VR 购物系统由四个部分组成：VR 应用程序、前端接口、外部数据库和推荐系统。通过 VR 输入设备（如操作手柄、头戴式显示器），与外部数据库以及后续的个性化需求预测系统连接。系统遵循客户机—服务器体系结构。客户端的 VR

应用有一个用户界面，由产品、按钮等可交互组件组成，用户可以在此界面与产品和环境进行交互，用户的交互行为由控制器和戴在头上的听筒跟踪记录，这些交互行为后续会通过接口转换成相应的事件。

用户的交互行为数据由应用程序处理，用户行为的变化会导致修改一个或多个对象的状态，比如用户交互记录的增加，购买记录的增加，或与产品相关信息数据的更新，通过从数据库中检索数据或操作服务器中的数据库，来实现对象状态的更新，系统同时支持 SQL（structured query language，结构化查询语言）数据库和 NoSQL 数据库，从而可以保存不同类型的数据。Web 服务器承载 SQL 数据库和推荐系统，以及 NoSQL 数据库托管在一个云上，并使用超文本预处理器（hypertext preprocessor，PHP）用于 SQL 数据库与 VR 系统之间的通信。数据库存储了与库存（产品）相关的所有数据、用户信息及相应地址、账单信息、与产品类别相关的税务信息以及产品特性等补充信息，其中包括描述、客户评论等。对购物车的修改和对虚拟环境中的物品的购买会导致对数据库的更新。此外，管理员还可以通过一个单独的应用程序接口来修改数据库，以管理超市的库存。推荐系统被部署在 Web 服务器使用 Python，并通过 PHP 连接到 VR 系统。系统整体设计如图 6-9 所示。

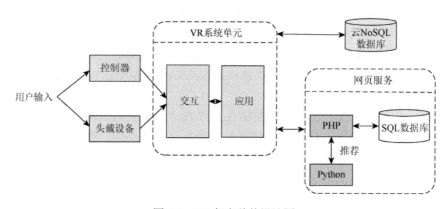

图 6-9　VR 超市总体设计图

6.4.2　模型构建

1. VR 沉浸式交互系统应用

VR 超市的布局是动态的，与真实世界的超市相类似，产品以及产品的信息、位置、库存等都可以由管理员进行修改，根据数据库中的定义相应地反映到 VR 应用程序上。通过调整产品的属性，可以分析用户对产品更加细粒度的偏好情况。

当用户进入 VR 超市时，可以根据超市中设置的相关导航寻找自己需要的商品，通过手柄操作可以选择产品，并进一步查看该产品的相关信息。在 VR 情境下，产品信息不仅包括文字介绍和二维图片展示，还有产品的 VR 效果展示，包括对大小、形状、颜色等的直观展示。点击查看商品后，可以进一步将产品加入购物车并可以提交订单，进行支付购买。用户点击产品、加入购物车、购买等交互行为，会被记录到数据库中更新相关的数据，并利用这部分数据分析用户的个性化需求，从而进一步为用户进行推荐。与产品展示类似，推荐的产品也会在 VR 场景中展示。

VR 交互模块的应用程序框架依赖于数据库和 Web 服务器的连接，这使得应用程序可以模块化，并且对系统的可伸缩性至关重要。VR 应用程序负责处理系统的界面和渲染，数据库用来处理和记录交易、用户及产品信息。产品信息从数据库抓取到内存中，以避免延迟。且只需要一个产品的特性，就会显示这些产品的信息。

2. 模型设计

在超市中，推荐系统是信息过滤系统的一个子类，它将类似的数据分组在一起，用于预测用户购买特定产品的可能性。利用闭环数据流系统收集的购买历史数据和用户交互数据，建立了 VR 系统的推荐系统，该系统由三个组件组成——Unity 分析、一个 Web 服务器和用 Python 开发的推荐模型。用户的购买数据通过存储在数据库中的交易历史获得，通过跟踪服务 Unity 分析获得用户在 VR 环境中整个会话过程的交互数据。将收集到的数据作为用户个性化需求预测的训练集。根据预测到的用户个性化需求，进一步为用户推荐产品，进入新一轮的会话过程，产生新的交互数据，从而形成数据的闭环。该系统能够适应用户购买行为的变化，通过分析用户交互，完全面向用户，更好地预测用户的个性化需求，进而提供更好的个性化推荐。

该系统选择 NCF（neural network-based collaborative filtering，基于神经网络的协同过滤技术）作为预测用户个性化需求的模型。NCF 是一种通用的框架，它可以表达和推广矩阵分解，为了提升 NFC 的非线性建模能力，使用多层感知机去学习用户和项目之间的交互函数。NCF 算法的通用框架如图 6-10 所示。

模型使用一个用户和一个项目作为输入特征，使用 one-hot 编码将它们转化为二维的稀疏向量。输入时使用通用的特征表示，可以很容易地使用内容特征来表示用户和项目，以解决冷启动问题。输入层上面是词嵌入层，它是一个全连接层，用来将输入层的稀疏表示映射为一个稠密向量。所获得的用户（项目）的嵌入（就是一个稠密向量）可以被看作在潜在因素模型的上下文中用于描述用户（项目）的潜在向量。然后我们将用户嵌入和项目嵌入输入多层神经网络结构，我们把这个结构称为神经协作过滤层，它将潜在向量映射为预测分数，即表示用户对产品的需求。

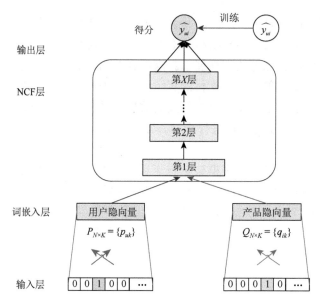

图 6-10　NCF 算法通用框架

　　文献[25]在 NCF 的基础上进行了改进，提出了 NCF＋CNN＋Attention 模型，如图 6-11 所示。包含两个共享相同嵌入的并行层、一般矩阵分解层和多个隐藏卷积神经网络层，卷积神经网络层之后是注意力层，通过确定趋势中的热点来提取具有更重要意义的因素，这对于潜在因素的提取至关重要。这种额外的注意使潜在因素的序列过滤得更为充分，从而模型可以学会强调特殊性（即模型的结果或输出），且不影响泛化能力。

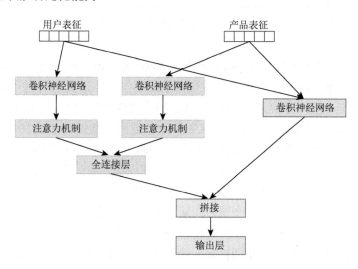

图 6-11　NCF＋CNN＋Attention 模型

6.4.3　性能测评

为了对上述方法进行评估，考虑了亚马逊杂货和美食、亚马逊家庭和厨房以及亚马逊玩具和游戏评论数据集。由于 NCF 不存在新的用户问题和稀疏性问题，因此在亚马逊数据集上评估的模型可以推广到从 VR 超市收集的数据中。数据集规模较大，训练集包含 9 723 487 条用户交易记录，测试集包含 148 299 条用户交易记录，并对所提出的模型进行了训练。

通过平均绝对误差（mean absolute error，MAE）、均方误差（mean-square error，MSE）和均方根误差（root mean-square error，RMSE）来评估方法，结果如表 6-5 所示。

表 6-5　评估结果

指标	NCF + CNN + Attention	NCF
MSE	0.9515	0.8715
RMSE	0.9754	0.9355
MAE	0.5217	0.4992
Validation-MSE	1.2825	1.2954
Validation-RMSE	1.1325	1.1381
Validation-MAE	0.6188	0.6220

6.5　基于沉浸式交互的个性化需求预测应用

随着人工智能与 5G 等新一代信息技术的发展，沉浸式交互技术已在教育、医疗、工业、游戏、商业等领域都有了较好的应用，本节将以京东 AR 系统为例，具体分析个性化需求预测方法在实际平台的应用、效果及管理启示。

6.5.1　应用场景介绍

京东是国内领先的电子商务平台之一，其移动端应用推出了 ARVR 畅想购频道，主要包括 AR 测肤、AR 淑妆台、AR 眼镜试戴、AR 在线试鞋以及 VR 全景店铺等功能。用户可以利用 AR、VR 技术试用产品。本节将以京东 AR 淑妆台环境为例，分析 6.3 节提出的个性化需求预测方法的应用。

京东 AR 淑妆台购物环境中，将产品的虚拟效果呈现在用户的面部对应位置，用户可以在这个场景下，点击并选择试用屏幕下方的产品，被选中的产品虚拟效果将自动呈现在现实用户面部的相应位置。例如，用户选择一支口红进行试用，这支口红的虚拟产品效果将自动在用户的唇部呈现，用户可以看到产品的颜色、质地等属性，进而对产品进行评估，其他相关功能在 6.3.1 节已经进行了介绍。

6.5.2　交互数据形式

在该环境中部署个性化需求预测方法，首先需要收集用户的交互行为数据。用户在与产品交互时的各类行为，被记录到后台数据库中，包括点击、加入购物车等结构化数据，也包括视频、图像等非结构化数据。由于视频涉及用户的面部信息，因此需要考虑到用户的隐私保护问题。

用户的交互行为数据被记录后，即可作为历史数据用于需求预测，通过将相关交互数据处理为模型可用的数据，输入到模型中可以得到可能满足用户需求的相关产品，当用户再一次进入 AR 淑妆台试用产品时，可以直接在下方产品区将预测符合需求的产品排在前列，从而提高了用户点击和购买的概率，为商家提高了销量和收益。

由于用户在沉浸式环境购物时，往往会连续试很多件商品，浏览时间较长，因此企业可以利用收集到的交互数据，设计并实现实时需求预测和实时个性化推荐。当用户试用一个产品后，实时地在下方产品区推荐可能符合其需求的产品，从而直接提高本次购物的购买率。

另外，京东还提供 AR 测肤功能，通过此功能可以获得用户的面部皮肤数据，即物理世界的真实特征，从而可以帮助预测用户的需求，推荐与其皮肤特征相适配的产品。

6.5.3　个性化需求预测

根据 6.3 节所描述的 AR 沉浸式交互场景的个性化需求预测方法，在获取到用户交互行为数据后，首先对数据进行预处理，每一条用户对应一条交互记录，包括产品的 ID 以及相对应的产品交互行为、交互时间、点击加入购物车等行为。对于用户试用产品时的面部表情数据，在经过用户允许并获得相关图像后，通过面部情绪识别方法得到用户的面部情绪，并将此补充到用户产品交互记录中。

数据处理后，应用 6.3 节提出的模型，分别根据用户交互时的面部情绪、交互时间和交互行为，以及借助产品标题等产品信息，获得不同用户对不同产品的需求。

6.5.4 管理启示

上述案例的分析表明，在沉浸式交互场景中进行个性化需求预测可以更好地帮助用户做出购买决策以及提高商家的收益。通过本节的分析，总结对企业实施沉浸式交互环境下的个性化需求预测有以下几点管理启示。

（1）实现沉浸式交互系统。个性化需求预测的首要问题是数据的获取，为此企业应该部署完整的沉浸式交互系统，从而获取用户的交互行为数据。企业可以选择自己部署整个系统或与其他企业合作的方式。

（2）充分利用交互行为数据。沉浸式交互场景中的用户交互行为更加的细粒度，且在此环境下的用户行为一致性更高，可以获得很多直接、实时、真实的交互行为、场景特征等传统环境中无法获得的数据，因此，企业应该充分利用这类交互数据，从而更好地预测用户的个性化需求。

（3）注意保护用户隐私。由于沉浸式交互场景可以获得用户真实的场景信息等敏感数据，因此在获取数据和进行分析时，应该注意保护用户的隐私，在符合相关要求的基础上获取数据。

参 考 文 献

[1] Javornik A. Augmented reality: research agenda for studying the impact of its media characteristics on consumer behaviour. Journal of Retailing and Consumer Services, 2016, 30: 252-261.

[2] Pantano E. Successful Technological Integration for Competitive Advantage in Rretail Settings. Hershey: IGI Global, 2015.

[3] Hoffman D L, Novak T P. Consumer and object experience in the internet of things: an assemblage theory approach. Journal of Consumer Research, 2018, 44 (6): 1178-1204.

[4] Zhang Z Y, Peng Q J, Gu P H. Improvement of user involvement in product design. Procedia Cirp, 2015, 36: 267-272.

[5] Pallavicini F, Morganti L, Diana B, et al. Mobile virtual reality to enhance subjective well-being//Khosrow-Pour M.Encyclopedia of Information Science and Technology. Fourth Edition. Hershey: IGI Global, 2018: 6223-6233.

[6] Ma C C, Wei S Y, Lin J H, et al. Immersive user experience platform for immersive interactive exhibition//Park J, Pan Y, Kim C S, et al. Future Information Technology. Berlin: Springer, 2014: 767-772.

[7] Verhulst A, Normand J M, Lombart C, et al. A study on the use of an immersive virtual reality store to investigate consumer perceptions and purchase behavior toward non-standard fruits and vegetables. IEEE Virtual Reality, 2017: 55-63.

[8] Rabbi F, Park T, Fang B, et al. When virtual reality meets internet of things in the gym: enabling immersive interactive machine exercises. Proceedings of the ACM on Interactive Mobile Wearable and Ubiquitous Technologies, 2018, 2 (2): 1-21.

[9] Kateros S, Georgiou S, Papaefthymiou M, et al. A comparison of gamified, immersive VR curation methods for

enhanced presence and human-computer interaction in digital humanities. International Journal of Heritage in the Digital Era, 2015, 4（2）: 221-233.

[10] Diemer J, Alpers G W, Peperkorn H M, et al. The impact of perception and presence on emotional reactions: a review of research in virtual reality. Frontiers in Psychology, 2015, 6: 26.

[11] 赵新灿, 潘世豪, 王雅萍, 等. 沉浸式三维视线追踪算法研究. 系统仿真学报, 2018, 30（6）: 2027-2035.

[12] Bastug E, Bennis M, Medard M, et al. Toward interconnected virtual reality: opportunities, challenges, and enablers. IEEE Communications Magazine, 2017, 55（6）: 110-117.

[13] Olshannikova E, Ometov A, Koucheryavy Y, et al. Visualizing big data with augmented and virtual reality: challenges and research agenda. Journal of Big Data, 2015, 2（1）: 22.

[14] Hamed R, Atyabi A, Rantanen A, et al. Predicting the valence of a scene from observers' eye movements. PloS One, 2015, 10: 138-198.

[15] Meißner M, Pfeiffer P, Pfeiffer T, et al. Combining virtual reality and mobile eye tracking to provide a naturalistic experimental environment for shopper research. Journal of Business Research, 2019, 100: 445-458.

[16] Andersen I N S K, Kraus A A, Ritz C, et al. Desires for beverages and liking of skin care product odors in imaginative and immersive virtual reality beach contexts. Food Research International, 2019, 117: 10-18.

[17] Guo Y, Barnes S. Purchase behavior in virtual worlds: an empirical investigation in Second Life. Information & Management, 2011, 48（7）: 303-312.

[18] Bang H, Wojdynski B W. Tracking users' visual attention and responses to personalized advertising based on task cognitive demand. Computers in Human Behavior, 2016, 55: 867-876.

[19] Ahmad K Z. Emotionomics-leveraging emotions for business success. Leadership & Organization Development Journal, 2010, 33（1）: 95-96.

[20] Meng D B, Peng X J, Wang K, et al. Frame attention networks for facial expression recognition in videos. Taipei: 2019 IEEE International Conference on Image Processing, 2019.

[21] Yi X, Hong L J, Zhong E H, et al. Beyond clicks: dwell time for personalization. Foster City: The 8th ACM Conference on Recommender systems, 2014.

[22] Wu C H, Wu F Z, Huang Y F, et al. Neural news recommendation with negative feedback. CCF Transactions on Pervasive Computing and Interaction, 2020: 178-188.

[23] He X N, Zhang H W, Kan M R, et al. Fast matrix factorization for online recommendation with implicit feedback. SIGIR, 2016, （16）: 549-558.

[24] Pan R, Zhou Y H, Cao B, et al. One-class collaborative filtering. 2008 Eighth IEEE International Conference on Data Mining.2008.

[25] Shravani D, Prajwal Y R, Atreyas P V, et al. VR supermarket: a virtual reality online shopping platform with a dynamic recommendation system. Taiwan: 2021 IEEE International Conference on Artificial Intelligence and Virtual Reality（AIVR）. 2021.

第 7 章　面向跨域交互的个性化需求预测方法

在互联网平台及社交网络飞速发展的今天，用户不只是内容的接收方，也成为内容的提供者。用户不仅可以阅读网站提供的内容，也可以随时随地借助平台提供方的云存储技术在网络上发表自己的意见。而存在于互联网上的用户交互行为开始越来越强调用户与用户之间以及用户与内容之间的交互，其数据也开始向各个平台汇聚。从用户在互联网上的交互行为中发现用户的需求和偏好，是个性化需求预测任务的目标。但与过去传统的用户个性化需求预测任务不同，面向跨域交互场景的需求预测任务不再拘泥于关注单个领域，而是至少聚焦在两个领域上的用户交互行为信息。这里所说的"域"可以理解成通过某种方式聚集在一起的一个集合。比如某个平台网站上的专业生成内容（professional generated content，PGC）可以当成一个域，UGC 也可以当成一个域。当然也可以扩大域的概念，直接把该平台网站整体当成一个域。因此，所谓"跨域"就是不再拘泥于使用同一领域的数据，以区别于之前在单个域下对用户的需求预测。比如，预测用户对书籍的需求偏好时，不仅使用 Good Reads 上的书籍数据，还要使用 Netflix 的电影数据等其他领域的数据来辅助完成预测任务。由此定义了两个域的概念：一个叫"源域"，另一个叫"目标域"。其中，目标域对应需要进行优化提升的领域任务，而源域则相当于辅助域，为目标域上的任务完成起辅助作用。

实际上，面向跨域交互行为的个性化需求预测任务要求在不同领域的特征、用户、物品、属性能够有一些重叠，从而通过重叠的部分来找到两个域之间的一些关联。重叠部分一般有四种情形：用户与物品之间没有交集；用户有交集，但物品没有交集；用户没有交集，但是物品有交集；不论是用户还是物品都有一定程度的交集。本章所介绍的内容则主要基于用户重叠的情形，并围绕以下两个方面展开。

（1）面向强语义匹配领域的跨域需求预测方法。针对语义相关性较强的两个领域，利用源域辅助信息中的社交标签信息构建跨领域连接桥梁，并设计了自适应多样性正则项用于提升目标域上主题结果的多样性，从而实现对用户需求偏好的预测结果呈现既准确又多样的特点。

（2）面向弱语义匹配领域的跨域需求预测方法。针对语义相关性较弱的两个领域，通过构建深层迁移学习网络将源域的知识传输至目标域，引入意外性建模并对其进行协同优化，从而实现对用户需求偏好的预测结果呈现既准确又意外的特点。

本章将主要介绍面向跨域交互的个性化需求预测方法，内容组织如下：7.1 节介绍面向跨域交互场景的个性化需求预测方法的国内外研究现状；7.2 节介绍面向跨域交互场景的数据获取；7.3 节介绍面向强语义匹配领域的跨域需求预测方法；7.4 节介绍面向弱语义匹配领域的跨域需求预测方法；7.5 节介绍上述两节所提出的方法在实际互联网平台上的应用实例。

7.1　国内外研究现状

大数据时代，数据量呈现爆炸式的增长态势，而数据本身也变得越来越复杂。这些海量的数据具有多源、异构、多模态、高维等特点。对于个性化需求预测任务而言，过去的研究往往只利用单个领域的信息，而忽略了其他相关领域的信息。常常出现进行需求预测任务领域的数据较为稀疏，而其他领域的数据信息却较为丰富的情况。为了解决当前领域下在进行需求预测任务时所需数据不足的问题，一个自然而然的想法就是将用户有过交互的其他领域的数据作为补充。因此，面向跨域交互行为的个性化需求预测方法应运而生。

7.1.1　面向强域间关系的跨域需求预测

事实上早在 2010 年，Azak[1]的研究就已经表明，从一个领域学习的用户偏好往往可以帮助预测其他领域的偏好，这是因为不同领域之间往往存在强烈的相关关系及依赖性，具体表现为不同领域间用户或物品的重叠、用户偏好之间的相似性以及物品属性的语义共性等。因此，在一个领域获得的用户知识可以在其他几个领域进行迁移与开发，即在一个领域中获得的用户偏好知识不仅可以应用到单一领域中，还可以在其他相关领域中进行传输和共享。而对于"域"的定义，Taneja 和 Arora[2]则将域分为以下三类。①系统域：依据数据集所属平台进行划分。②概念域：对同一平台中的数据针对不同的概念等级进行划分。③时间域：依据行为产生的时间对数据集进行域的划分。

传统的跨领域需求预测方法的研究主要采用基于矩阵分解的技术，所提出的方法从两个方面来优化预测结果。一是引入不同领域信息来缓解数据稀疏性，二是针对领域特征的不同进行自适应优化。在提升预测准确性和缓解数据稀疏性方面，Chen 等[3]提出了一种用于跨领域需求预测的迁移学习算法，该算法利用重叠的用户和项目作为连接不同领域的桥梁，在二部图上建立了顶点向量和实体之间的关系，实现知识迁移。针对通过额外信息或重叠用户来缓解稀疏性而导致出现大量预操作的问题，Kanagawa 等[4]提出了一种不需要用户和项目重叠的跨域需求预测方法，该方法构建了一个结合域自适应结构的网络和一个用于项目表示的去噪自编码器网络，将在源域中训练的分类器用于目标域，从而缓解数据稀疏性。Yu 等[5]提出了一种基于辅助域潜在因子空间扩展用户和项目特征的协同过滤算法，该算法利用用户侧和项目侧辅助域的信息，训练了一个分类器用于预测缺失的评分。Zhu 等[6]提出了一个双目标跨域需求预测框架，通过利用源域的内容信息来生成用户和项目的分级嵌入和文档嵌入，然后基于多任务学习设计了一种自适应的嵌入共享策略，用于跨域合并和共享用户的嵌入，从而提高了预测的准确性。

此外，Cui 等[7]提出一个多目标跨域需求预测的异构图框架，从各个域收集用户和项目来构建一个共享图，并使用图表示学习得到异构共享图的表示向量，然后经过嵌入层学习得到各个领域内的表示向量，最后将各领域内得到的用户和物品的表示通过一个多层感知机来获得预测的评分结果。Zhu 等[8]提出了一个融合图和注意力机制的跨域需求预测框架，该框架基于两个域的评分和内容信息分别构建了两个独立的异构图，并利用 Node2vec 分别学习得到两个域的用户嵌入，然后经过基于元素级的注意力机制的图嵌入层对其进行有效结合，再通过多层感知机学习用户和项目的非线性关系，最终输出预测结果。针对共享账户下用户需求的跨域序列预测问题，Guo 等[9]提出一种基于图的解决方案。在不同领域间共享账户的基础上，首先将每个域中的用户和项目链接为一个图，通过构建显式的跨领域图结构从中学习用户和项目表示，其次设计了一个域感知图卷积网络来学习特定用户的节点表示，并对所迁移知识的结构信息进行建模，最终输出序列预测的结果。

7.1.2　面向弱域间关系的跨域需求预测

近年来随着迁移学习的不断发展，出现了越来越多基于深度迁移学习的跨领域需求预测算法。在之前的跨领域需求预测算法所用信息的基础上，通过领域间基于复杂交互的知识迁移能力来优化预测结果。对于利用跨领域需求预测方法所解决的问题，其中围绕如何提升预测的准确性以及解决数据稀疏性的研究很多，但针对预测的多样性、意外性、偶然性的相关研究则相对较少。因此，在用户需求预测的过程中引入跨领域方法来全面平衡预测的准确性、多样性、意外性，正逐渐成为一个重要的研究主题。

在使用跨域方法综合考虑提升预测的多样性、意外性、偶然性方面，Chen 等[10]研究探索了大量旨在提升用户对新奇性、意外性感知的算法，这些算法扩展了用户兴趣范围，在一定程度上可以避免用户陷入信息窄化的风险，但是由于其丧失了预测精度，因此导致用户的满意度提升有限。而 Kotkov 等[11]基于贪心算法提出了一种面向偶然性的重新排序算法，该算法通过特征多样化克服了过度专业化的问题，提升了预测结果的偶然性。另外，其结果还表明多样性的增加不仅会降低预测的准确性，而且会损害或者改善预测偶然性的表现。Pandey 等[12]则提出了一种利用深度神经网络和迁移学习的算法来提升预测偶然性。该算法使用神经协同过滤框架在具有相关性得分的大型数据集上训练深度神经网络，然后使用较小的、带标记的偶然性数据集将相关性得分调整为偶然性得分，从而使得该算法具有"意外发现"的学习能力。Ziarani 和 Ravanmehr[13]提出了一种将卷积神经网络和粒子群优化方法相结合的算法来生成具有意外性的需求预测结果。该算法首先利用卷积神经网络预测每个用户的焦点迁移点；其次，利用粒子群优化方法搜索接近预测焦点偏移点的建议，并生成候选建议列表；最后，采用偶然性个性化排序方法对候选建议重新排序，从而生成具有偶然性的预测结果。

此外，Fernández-Tobías 等[14]直接将源域数据与目标域数据结合，并按照标准隐式反馈推荐过程进行用户的需求预测，其结果发现当目标域中的用户反馈非常稀疏时，跨域偏好数据则有助于为需求预测提供更加多样化的结果。在 Fernández-Tobías 等[15]后续的研究中利用了底层语义网来链接不同领域间物品，并提出三种不同形式的正则项来将异域物品的语义相似性纳入矩阵分解的过程中。并且基于这三种形式的正则项所提出的模型都可以实现提升用户需求预测的多样性表现。Kotkov 等[16]从偶然性的角度研究了跨域需求预测问题，通过从两个与音乐相关的领域上收集数据集，并使用了协同过滤和基于内容的过滤方法进行实验。其结果发现，对于协同过滤和基于内容的过滤算法，当领域间只有项目重叠时，源域可以提高目标域上的偶然性。但是同时源域降低了基于内容的过滤方法的精度，而提高了协同过滤方法的精度。并且随着不同领域中非重叠项的增加，准确性的提高幅度开始逐渐降低。Sun 等[17]则提出了一个基于自适应多样性正则化的跨域矩阵分解模型，利用 CMF 传递用户的评分模式，还引入社会标签在域之间传递语义信息，并设计了一种新的自适应多样性正则项，在保证预测准确性的前提下提升预测的多样性。

7.2　跨域交互行为及交互数据获取

在传统的用户个性化需求预测方法中，使用的数据类型主要是显式反馈数据和隐式反馈数据。显式反馈数据是指用户主动提供的信息，能够清楚地表达用户对物品的偏好，如评分数据。评分数据中用户给出的评分通常在 1 到 5 分之间，而评分分数的高低则显示了用户对物品兴趣偏好的大小,分数越高则用户对物品的偏好就越大。隐式反馈数据是指能够间接地表明用户对不同物品的偏好信息,如用户点击、收藏、浏览等的交互记录数据。隐式反馈数据在网上购物、音乐、图书、视频等网站中都大量存在,故而其在实际应用中也更为常见,具有获取成本低、贴近现实等特点。

7.2.1　跨域场景的交互行为

在大多数实际应用场景中,由于用户能够直接提供对物品的评分和评论的情形相对较少,故在用户个性化需求预测任务中往往更多地使用隐式反馈数据来挖掘用户的需求偏好,而这一情形在用户具有跨域交互行为的场景中也同样有所体现。但是,与大多数用户个性化需求预测任务中使用的数据不同,面向跨域交互场景数据的关键在于用户的交互行为需要涉及不同的领域,那么在描述该数据的过程中就会出现领域概念定义方式不一致的问题。例如,既可以将不同类别的项目(如电影和书籍)视为不同的领域,也可以将不同子类别的项目(如同属书籍类的教科书和小说)视为不同的领域。因此,对于不同领域的定义不仅要关注项目之间的差异,还要考虑用户视角间的差异。

在本节,关于实际应用场景中领域的定义选择采用 Zhu 等[18]给出的内容层级相关性、用户层级相关性和项目层级相关性这三个定义角度,并在此基础上对具有跨域交互行为的数据做进一步阐述。其中,内容层级的相关性是指在两个或多个领域中,用户之间或物品之间存在共同的特征或内容,即这些领域之间既不存在共享的公共用户,也不存在共享的公共物品;用户层级相关性是指在两个或多个领域中,存在共享的公共用户但不存在共享的公共物品,即物品不相同。特别地,物品的不同又可以细分为属性层级的不同(如教科书、小说、自传等类型相同但是属性不同的物品)和类型层级的不同(如图书、电影、音乐、服装等类型不同的物品);项目层级相关性是指在两个或多个领域中,存在共享的公共物品但不存在共享的公共用户,即用户不相同。

从上述三个领域的定义角度可以看出,对于具有跨域交互行为的数据而言,在不同领域之间的数据应具有重叠的内容,且内容的重叠方式共有三种,而数据则应属于其中的任意一种。换言之,不同领域间的数据要么应具有重叠的用户或物品,要么应具有重叠的特征。因此,根据两个领域间所重叠的部分,可以明确使用的数据所具备的数据特征,进而选择该数据能够适用的跨领域应用场景。具体来说,如果数据本身已经具备域间重叠部分,那么可直接确定此时的应用场景。否则应该先对数据进行一些预处理操作,从数据中提取出两个领域所共同包含的公共用户、公共特征或者公共物品,使得处理后的数据满足其内容具备重叠部分的要求，然后再确认该数据的应用场景。

除了数据所属领域的确认，跨领域交互场景数据还需要进行领域的划分，即所使用的数据一定会被分成源域和目标域两个部分。其中，源域通常表现为信息量相对丰富且数据较为稠密的领域，而目标域通常表现为信息量相对匮乏且数据较为稀疏的领域。因此，在实际场景中，通常使用数据稀疏度作为衡量该数据中的哪一部分用来作源域、哪一部分用来作目标域的主要依据。至此，对于面向跨域交互场景的数据，经过数据所属领域的确认和划分，便可以分别对其源域和目标域上的用户与物品交互记录数据进行描述和分析。

7.2.2 跨域交互场景的数据获取

面向跨域交互场景数据的获取通常有设计调查问卷及量表、爬取互联网数据、构建数据集等方式。

1. 设计调查问卷及量表

调查问卷及量表作为传统的数据获取方式之一，通过向受访者发放问卷及量表进行在线调查。在用户的个性化需求预测任务中，样本受访者可通过社交网络的滚雪球技术选出，即受访者通常会将在线调查转发给他们的联系人并邀请他们完成。

在通过发放预先编码的结构化问卷调查收集数据时，需要对已经收集的数据进行筛选，并对信息匮乏、信息重复、受访者在选择量表中的选项时（对单个项目的多个回答）的模糊性和消除异常值等情况进行处理，从而得到符合数据分析条件的最终数据。一般来说，如果受访者的信息不充分，则不能用于数据分析而理应被排除。此外，调查问卷还可以随机选择占总样本量一定比例的受访者进行试点初步测试，并根据试点研究期间获得的回答反馈对问卷进行细化和完善，以更好地确定形成最终问卷。在使用问卷收集信息的过程中，还应注意对每个受访者进行审查，以确保其本身质量适合数据分析。另外在有条件的情况下，还可以组织与潜在受访者一起的焦点小组会议，从而在收集的数据中确定可用于主要研究的最合适的变量。

量表一般可使用经典的利克特量表。该量表属于评分加总式量表，被广泛用于衡量态度和意见。具体来说，该量表由一组陈述组成，其中每一种陈述通常有"非常不符合、不太符合、难以判断、比较符合、非常符合"五种回答，可分别记为5、4、3、2、1，通过将每个受访者在各个题目上回答的得分进行加总，得到每个受访者态度的总得分，并以此来说明该受访者在这一量表上的综合态度。

在面向跨域交互行为的用户个性化需求预测任务中，例如在不同领域上对用户所属的人格特质进行识别，则可能涉及使用大五人格特质数据。人格特质是依托心理学中一种用于研究人类个性的特质理论方法，将人格定义为个体在不同的时间与不同的情境中保持相对一致的行为方式的一种动态倾向，其不仅可以反映个人在思想和行为层次上的一致性，而且还可以对个人生活的许多方面产生影响，如偏好、情绪、身心健康等。大五人格特质理论将人格分为五种具体特质，即外向性、开放性、宜人性、责任心和神经质。为了测量一个人的大五人格特质，传统的方法就是使用测量问卷进行调查，如包含 300 项的国际人格项目库[19]和包含 240 项的大五人格量表[20]。

2. 爬取互联网数据

在面向跨域交互行为的个性化需求预测任务中，互联网数据更多的是指在网络空间交互过程中产生的大量数据，如抖音、微博、小红书等社交媒体所产生的数据。由于互联网数据规模增长迅猛，数据类型多样，数据价值密度低且稀疏性很高，因此需要利用互联网搜索引擎技术对数据进行针对性、精准性的抓取，并按照一定的规则和筛选标准将数据进行归类，从而形成数据文件，再辅以有效的算法对其中的重要信息进行挖掘分析。

当前获取互联网数据的主要来源为网页，使用的主要获取手段为爬虫技术。爬取数据的大致过程可描述为在 HTTP 下，通过爬虫技术获取并拼接重组生成 URL 列表，然后模拟浏览器对网络服务器发出访问请求得到原始网页，再通过网页解析技术将藏在网页里的重要数据提取出来。但在实际应用中，由于不同的用户可能有不同的需求，因此可选择如增量爬虫、分布式爬虫、并行爬虫等不同类型的爬虫技术来解决相应的问题。此外，通过利用现有成熟的框架和工具包可以更为快速、便捷地实现爬虫任务。其中，常用爬虫工具包括基于 C# 的 Spider net、NWebCrawler、Sinawler，基于 Java 的 Crawler4j、Web Magic、Web Collector 以及基于 Python 的 Scrapy 等。常用爬虫软件包括八爪鱼、Any Papa、火车头等。

在使用爬虫技术爬取数据时，其具体过程可依次分成三个步骤。首先是获取链接。由于互联网上的每个文件都有唯一的一个 URL，其包含了定位互联网上标准资源的地址信息，而该信息可用于指出文件的位置以及浏览器处理该 URL 的方式。因此，只有在明确了 URL 的前提下，才能自动访问相应的页面并进行数据的爬取。

其次是访问网页。在 HTTP 下，网络浏览器和网络服务器通过发送纯文本消息进行通信，即客户端向服务器发送请求，服务器发送响应或回复。但如果浏览器想要下载或获取额外的资源（如图像），那么只需要发送额外的请求一回复消息给服务器即可。对网页进行访问时，通常需要一个第三方库，例如基于 Python 的 requests 库。在使用 requests 库处理 HTTP 消息时，根据浏览器发出的请求类型，通过调用 requests 库所对应的方法得到浏览器返回的页面信息。

最后是解析网页。由于访问到的网页中存在大量的无结构文本，且爬取的最终目标是藏在网页中有用的数据信息而非网页，因此在提取无规律文本时，一般使用 XML 路径（XML Path，XPath）语言来完成。但是当面对关键信息散布在网页各部分的情况时，则更适合使用正则表达式。在对网页进行解析时，通常也需要一个第三方库，例如基于 Python 的 Beautiful Soup 库。通过借助 Beautiful Soup 库中带有的各种超文本标记语言（hyper text markup language，HTML）解析器，可以快捷地在 HTML 页面中定位到有用信息，从而解析和提取 HTML 字符串中的信息。

在面向跨域交互行为的个性化需求预测任务中，例如针对电影和图书这两个领域，常见的如豆瓣图书数据集和豆瓣电影数据集，很多都是使用爬虫技术对豆瓣网（一个活跃的国内社交网站）进行数据爬取得到的。这两个数据集分别记录了豆瓣用户对豆瓣网站上图书和电影的评分情况、评论文本以及各自领域产品相应的一些属性信息，如作者、作品名称、所属分类等。

3. 构建数据集

在面向跨域交互行为的个性化需求预测任务中，还可以通过利用自有数据平台、企业间合作以及数据交易等方式获取数据，从而构建面向跨域交互场景的数据集。其中比较有代表性的，而且在真实世界中构建并已经公开的数据集包括亚马逊数据集、MovieLens 数据集、阿里天池数据集等。

1）亚马逊数据集①

亚马逊作为全球最著名的网络电子商务公司之一，也是最早从事经营电子商务的公司之一，成立于 1994 年。用户可以在亚马逊网站上搜索所需的产品，并对其进行评分、评论及标注。而亚马逊数据集记录了从 1996 年到 2018 年的亚马逊用户对其电商网站上图书、电影、音乐等不同领域产品的评分和评论。其中，产品信息包括商品名称、价格、品牌、类别、折扣信息等，用户评分记录包括用户名、商品 ID、评分、评价文本、评价时间等。由于该数据集的数据量庞大，因此在实际使用中，通常从该数据集中截取部分数据，以满足已设计实验的验证需求。比如对亚马逊数据集经过预处理操作后，可以得到用户对不同领域下产品的评分数据，评分值的范围在 1 到 5 之间。

---

① https://nijianmo.github.io/amazon/index.html。

2）MovieLens 数据集①

MovieLens 数据集是由美国明尼苏达大学计算机科学与工程学院的 GroupLens 研究组根据虚拟社区网站 MovieLens 提供的数据制作而成的数据集。该数据集包含多个用户对多部电影的评级数据，还包括电影元数据信息和用户属性信息，并且按照不同的数据量对应不同的版本。以 MovieLens 1M 数据集为例，其提供了 6040 位用户对 3952 部电影的 1 000 209 条匿名评分数据，且评分值在 1 到 5 之间。其中，评分信息包括用户 ID、电影 ID、用户评分及评价时间，用户相关信息包括用户的性别、年龄和职业，电影的相关信息包括电影名称和电影题材类型。

3）阿里天池数据集②

天池数据集是阿里云的一个科研数据集开放平台，该平台上所提供的数据集不仅覆盖了电子商务、医疗健康、交通等多个行业，还涉及计算机视觉、深度学习、自然语言处理等多种技术。根据要用于各项实验任务中实验验证的数据需求，可以从平台上选择合适的数据集下载使用。以线上淘宝用户购买行为及线下口碑用户消费行为记录数据为例，其中线上数据集包含了用户 ID、线上淘宝商家 ID、商品 ID、商品类别 ID、用户购买行为记录等信息，而线下数据集则包含了用户 ID、线下口碑商家 ID、线下口碑商家地点 ID 等信息。

综上，根据获取到的数据，通过构建用户在不同领域的显式或隐式反馈交互数据作为研究和实验所使用的离线评估基准数据集。但要注意的是，只有经过数据清洗、数据规范化、数据特征提取等一系列过滤低质量数据的操作后，才能得到最终数据并进行数据表示。

7.3　面向强语义匹配领域的跨域需求预测方法

本节提出了一个自适应多样性正则的跨域矩阵分解模型（cross-domain matrix factorization model with adaptive diversity regularization，AD-CDMF），该模型一方面通过设计自适应多样性正则项来自适应地提升预测的多样性，另一方面利用不同领域的社交标签数据进行跨领域建模来保证预测的准确性，从而同时兼顾提升用户需求预测的准确性和多样性。与以往的面向强语义匹配领域的跨领域需求预测方法相比，AD-CDMF 更强调源域上知识迁移的过程以及目标域上知识多样性挖掘的过程，因此该模型能够较好地平衡需求预测的准确性和多样性表现。

---

① http://files.grouplens.org/datasets/movielens/。

② https://tianchi.aliyun.com/dataset/。

7.3.1　问题定义

目前的社交媒体平台存在着众多语义联系紧密的领域，譬如美妆和服饰、图书和电影等。由于这些领域间存在着大量语义共现的题材、主题或者风格等方面的数据，因此像图书和电影这样的两个领域可以定义为强语义匹配领域。在现实世界中，用户在挑选自己想要观看的电影时，除了会关注电影的评分高低，往往还会比较不同电影间的社交标签是否符合自己的偏好。现在假设某一用户喜欢浪漫、爱情类的电影，那么惊悚、悬疑类的电影可能就不会受到该用户的喜爱。而这一偏好如果反映到该用户的电影评分历史记录中，则表现为该用户往往容易对浪漫、爱情类题材的电影感兴趣，并更有可能为这类影片给出较高的评分。此外，由于题材和风格等的一致性，该用户在图书领域也更有可能偏爱浪漫、爱情类的小说，进而对相关题材的图书给出较高的评价。因此，如果能够利用在图书领域该用户对浪漫、爱情类题材书籍的偏好信息，并以此为基础从相似题材的电影中预测出该用户可能会感兴趣的几部影片，那么就可以很好地契合其观影偏好，从而实现对用户观影需求的个性化预测。但是如果预测的结果类型单一、风格固化，呈现"准确而不多样"的特点时，那么久而久之就可能导致用户的满意度下降。因此，既要保证预测的准确性，还要针对用户个性化需求的多样性进行优化，实现预测结果"多样而准确"，以进一步提升用户满意度。

AD-CDMF 使用隐式反馈数据建模，假设现有两个领域，即源域 S（如图书）和目标域 T（如电影）。这两个领域中的用户集是共享且完全重叠的，用 U 表示，公共用户数量为 m。源域和目标域的物品集分别用 JS 和 JT 来表示，源域和目标域的物品数量分别记为 n_S 和 n_T。该模型的个性化需求预测任务是推断用户对未知物品的评分，这与推荐系统中的评分预测任务类似。

对于目标域及源域，每个领域可视为协同过滤中的显式反馈推荐问题。设二维评分矩阵 $R_I \in \mathbb{R}^{m \times m^I}$ 描述用户-电影的评分记录，其中 $I = S, T$ 表示源域或目标域，m^I 表示领域 I 的物品数量。由于用户评分行为往往只涉及所有商品中非常小的子集合，故通常此评分矩阵的稀疏性较强。

7.3.2　模型构建

AD-CDMF 包含三个模块：联合矩阵分解模块、域间相似性正则模块和自适应多样性正则模块，如图 7-1 所示。对于 AD-CDMF，由图可知，P 表示两个域之间共有的用户潜在向量矩阵；Q_S 和 Q_T 分别表示源域和目标域物品的隐向量矩阵，Dis 表示目标域中物品之间的语义距离，Need 表示用户对多样性需求程度，Sim 表示通过社交标签计算的不同领域物品之间的语义上的近似性。

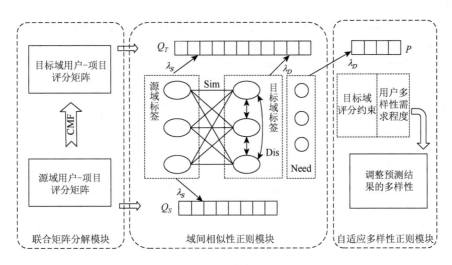

图 7-1　AD-CDMF 结构

联合矩阵分解模块是在传统矩阵分解的基础上，通过进一步利用 CMF 框架，对源域和目标域的用户评分矩阵进行联合分解，以缓解目标域的稀疏性；域间相似性正则模块的提出需要基于一个假设，即除了用户偏好外，跨域物品的隐向量还应解释物品间的语义相似性。因此，通过引入一种现有的域间相似性约束形式[15]，实现对社交标签的域间知识迁移；自适应多样性正则模块的提出也需要基于一个假设，即随着用户对不同类型物品的评分差距变小，越来越多不同类型的物品可以纳入到预测结果中。基于此假设，通过引入所设计的由目标域评分差约束和用户多样性需求程度共同组成的自适应多样性正则项，在预测多样性强度的控制下，将自适应多样性正则项的正则过程集成到最终的矩阵分解过程中。综上，AD-CDMF 旨在保证对用户需求准确预测的前提下，提升预测结果的多样性。现将上述三个模块的详细构建过程介绍如下。

1. 联合矩阵分解模块

使用经典的 CMF 联合分解算法[21]对两个领域的评分矩阵进行基础分解，通过采用从源域中导入用户的历史数据（相当于是额外的用户偏好信息）来丰富目标域知识的方式，来缓解目标域的数据稀疏性问题，从而提升对用户个性化需求预测的准确性。考虑到在源域和目标域中，用户是完全重叠的，而物品则没有重叠，将 CMF 的目标函数表示为

$$L(P, Q_S, Q_T) = \sum_{u \in U} \sum_{i \in JS} \left(r_{u,i} - \langle p_u, q_i \rangle \right)^2 + \sum_{u \in U} \sum_{j \in JT} \left(r_{u,j} - \langle p_u, q_j \rangle \right)^2 + \lambda_r \left(P^2 + Q_S^2 + Q_T^2 \right)$$

$$(7\text{-}1)$$

其中，P 表示源域和目标域公共用户的隐向量矩阵；Q_S 和 Q_T 分别表示源域和目标域物品的隐向量矩阵；$p_u \in R^k$ 表示用户 u 的隐向量；q_i 和 q_j 分别表示源域物品 i 和目标域物品 j 的隐向量；$r_{u,i}$ 表示用户 u 对物品 i 的评分；$r_{u,j}$ 表示用户 u 对物品 j 的评分；λ_r 是用来控制在训练过程中模型出现过拟合的参数；$\cdot$ 表示欧几里得范数，$\langle \cdot \rangle$ 表示向量点积。

2. 域间相似性正则模块

首先，从物品社交标签集合 t 中过滤出与源域和目标域相关的公共题材社交标签集合 tc，通过计算物品社交标签 t 和公共题材社交标签 tc 的共现频率，得到频率矩阵 $C^I_{n \times n_{tc}}$，其中 n 表示物品社交标签 t 的个数，n_{tc} 表示公共题材社交标签 tc 的个数。$C^I_{i,k}$ 是组成频率矩阵 $C^I_{n \times n_{tc}}$ 的矩阵元素，表示如下：

$$C^I_{i,k} = \frac{w\left(t^I_i, tc_k\right)}{\sum_{i=1}^{n} w\left(t^I_i, tc_k\right)}$$

$$(7\text{-}2)$$

其中，$w\left(t^I_i, tc_k\right)$ 表示物品 i 的社交标签 t^I_i 和某一个公共题材社交标签 tc_k 的共现频率。在一定程度上，$C^I_{i,k}$ 越大，则 t^I_i 和 tc_k 在域 I 中的共现频率就越大。

为了计算 t^I_i 和 tc_k 之间的重要程度，继续对 $C^I_{i,k}$ 进行处理，得到重要程度矩阵 $A^I_{n \times n_{tc}}$。其矩阵元素 $A^I_{i,k}$ 表示为

$$A^I_{i,k} = C^I_{i,k} \cdot \lg\left(\frac{n_{tc}}{1 + \psi\left(t^I_i\right)} \right)$$

$$(7\text{-}3)$$

其中，$\psi\left(t^I_i\right)$ 表示 t^I_i 与 tc 的交集个数。若 t^I_i 和 tc_k 之间表现为高共现频率，t^I_i 和 tc 之间表现为低共现频率，那么所反映的重要性程度 $A^I_{i,k}$ 就更大，同时也意味着 t^I_i 和 tc_k 之间的关系更密切。而在分母上加 1 则用来防止式（7-3）中的除数为 0。

其次，使用源域和目标域的物品标签表示得到物品表示矩阵 $V^I_{m^I \times n_{tc}}$，其矩阵的行向量 V^I_i 表示如下：

$$V^I_i = \sum A^I_{\phi(i^I)}$$

$$(7\text{-}4)$$

其中，$\phi\left(i^I\right)$ 表示域 I 中物品 i 的社交标签；A^I_i 向量为 t^I_i 的语义向量的行表示形式。

再次，利用余弦相似度计算两个领域内物品之间的相似度，得到域间相似性矩阵 $S_{m^s \times m^T}$，其中 $m^s \times m^T$ 表示源域和目标域的物品数量。矩阵元素 $S_{i,j}$ 表示如下：

$$S_{i,j} = \frac{\left\langle V^{JS}_i, V^{JT}_j \right\rangle}{V^{JS}_i \times V^{JT}_j}$$

$$(7\text{-}5)$$

其中，V_i^{JS} 表示 JS 中物品 i 的语义向量；V_j^{JT} 表示 JT 中物品 j 的语义向量；$S_{i,j}$ 表示物品 i 和物品 j 之间的余弦相似度。

最后，将域间相似正则项导入 CMF 模型，从而控制域间语义知识的迁移，表示如下：

$$\min \lambda_S \sum_{i \in JS} \sum_{j \in JT} \left(S_{i,j} - \langle q_i, q_j \rangle \right)^2 \tag{7-6}$$

其中，$\lambda_S (\lambda_S \geqslant 0)$ 表示跨域正则化参数，可用于控制源域和目标域物品标签语义信息的贡献程度。具体来说，若 λ_S 值较大，则会迫使源域和目标域间物品的语义知识迁移增多；若 λ_S 值较小，则将导致有限的领域间知识迁移。因此，通过利用域间相似性正则项对源域和目标域之间的物品隐向量进行正则化，使其满足源域和目标域之间的语义相似性，可以进一步提高需求预测的准确性。

3. 自适应多样性正则模块

首先，通过计算目标域内两两物品之间的距离得到距离矩阵 $D_{m^{JT} \times m^{JT}}$，其矩阵元素 $d(j,l)$ 表示如下：

$$d(j,l) = V_j^{JT} - V_l^{JT} \tag{7-7}$$

其中，$d(j,l)$ 表示 $j,l \in JT$ 在目标域中的物品 j 和物品 l 之间的欧氏距离；V_l^{JT} 表示 JT 中物品 l 的语义向量。

其次，由于考虑到源域和目标域的用户完全重叠，且往往在源域中用户的评分更为密集，因此从源域引入用户对多样性的需求，来衡量用户对多样性的需求程度。通过在源域中过滤出用户评价较高的物品，并利用这些物品来表示用户。

$$M_u = \sum V_{\varsigma(u^{JS})}^{JS} \tag{7-8}$$

其中，$\varsigma(u^{JS})$ 表示源域中用户 u 的好评物品；M_u 表示用户 u 的源域语义偏好向量，由源域中用户 u 的高评价物品的语义向量经过相加而得到。

最后，使用信息熵衡量得到用户对多样性的需求程度 $N, N \in R^d$，其中 d 为用户数量。向量需求程度 N 的元素 N_u 表示如下：

$$N_u = \left(-\sum_i^{n_{vc}} \frac{M_{u_i}}{\sum_i^{n_{vc}} M_{u_i}} \cdot \lg \left(\frac{M_{u_i}}{\sum_i^{n_{vc}} M_{u_i}} \right) \right) \tag{7-9}$$

其中，N_u 表示用户 u 的多样性需求强度；M_{u_i} 表示向量 M_u 的第 i 个元素。N_u 越大，说明用户 u 的高评价物品在题材上的分布就越分散，即用户 u 对题材多样性的需求越大。反之则亦然。

当两个物品之间的语义距离 $d(j,l)$ 比较大，且用户 u 的多样性需求 N_u 较大时，那么自适应多样性正则项就会通过对用户 u 及相关物品隐向量进行约束，来

减少用户 u 对物品 j 和物品 l 的评分差距。因此，自适应多样性正则项可以根据用户对多样性需求的强弱，改变用户对不同题材物品的评分差异，从而自适应调整用户对目标域内不同题材物品的评分差异。此过程表示如下：

$$\min \lambda_d \sum_{u \in U} N_u \sum_{j,l \in \mathrm{JT}} d(j,l) \left(p_u^T \left(q_j - q_l \right) \right)^2 \tag{7-10}$$

其中，$\lambda_d (\lambda_d \geq 0)$ 表示自适应多样性正则参数，用于控制自适应多样性正则项的贡献强度。λ_d 的值越大，说明用户对题材多样性的需求越重视。p_u^T 表示目标域 T 中用户 u 的隐向量。

4. 模型求解

AD-CDMF 通过综合三个模块，得到每个用户的隐向量 $p_u \in R^k$，并分别用源域和目标域物品的隐向量 q_i 和 q_j 对物品的相关特征进行建模。AD-CDMF 的损失函数如下：

$$L(P, Q_S, Q_T) = \sum_{u \in U} \sum_{i \in \mathrm{JS}} \left(r_{u,i} - \langle p_u, q_i \rangle \right)^2 + \sum_{u \in U} \sum_{j \in \mathrm{JT}} \left(r_{u,j} - \langle p_u, q_j \rangle \right)^2 + \lambda_S \sum_{i \in \mathrm{JS}} \sum_{j \in \mathrm{JT}} \left(S_{i,j} - \langle q_i, q_j \rangle \right)^2$$
$$+ \lambda_d \sum_{u \in U} N_u \sum_{j,l \in \mathrm{JT}} d(j,l) \left(p_u^T \left(q_j - q_l \right) \right)^2 + \lambda_r \left(P^2 + Q_S^2 + Q_T^2 \right) \tag{7-11}$$

AD-CDMF 使用交替最小二乘法进行求解，其过程与标准的矩阵分解过程类似。首先，固定 Q_S 和 Q_T 并设置梯度为零，对 p_u 求解析解：

$$p_u = \left(2Q_S^T Q_S + 2Q_T^T Q_T + \lambda_d N_u Q_T^T L_D Q_T + 2\lambda_r E \right)^{-1} \left(2Q_S^T r_{u,i} + 2Q_T^T r_{u,j} \right) \tag{7-12}$$

其中，D 表示目标域物品间的语义距离矩阵；D' 表示以目标域物品间语义距离和 $\sum_j d(i,j)$ 为对角项的对角矩阵，$L_D = D' - D$ 表示 D 的拉普拉斯矩阵；Q_S^T、Q_T^T 分别表示 Q_S 和 Q_T 的转置矩阵；E 表示单位矩阵。

其次，固定 P 和 Q_T，并计算 q_i 的最优值。同样将相应的梯度设置为零，对 q_i 求解析解：

$$q_i = \left(P^T P + \lambda_S Q_T^T Q_T + \lambda_r E \right)^{-1} \times \left(P^T r_{u,i} + \lambda_S Q_T^T S_i \right) \tag{7-13}$$

其中，S_i 表示源域内两两物品之间的余弦相似度；P^T 表示 P 的转置矩阵。

最后，固定 P 和 Q_S，计算 q_j 的最优值，如下所示：

$$q_j = \left(2P^T P + 2\lambda_S Q_S^T Q_S + 2\lambda_r E + \lambda_d H L_{D_j}(j) \right)^{-1} \left(2P^T r_{u,j} + 2\lambda_S Q_S^T S_j - \lambda_d H \sum_{j'=1, j' \neq j}^{m_T} L_{D_j}(j') q_{j'} \right) \tag{7-14}$$

其中，$H = P^T N' P$，$N' \in R^{d \times d}$ 为对角矩阵。只有主对角线上有值，且 $N'_{i,i} = N_i$。

$L_{D_j}(j)$ 表示矩阵 L_D 的第 j 行第 j 个元素，$L_{D_j}(j')$ 表示矩阵的第 j 行第 j' 个元素。S_j 表示目标域内两两物品之间的余弦相似度。AD-CDMF 的求解过程如表 7-1 所示。

表 7-1　AD-CDMF 求解的过程

AD-CDMF 算法

输入：源域物品集合 JS，目标域物品集合 JT，公共用户集合 U，标签集合 t，小批量 b
输出：用户和项目的基本嵌入矩阵 $\Theta = \{\Theta_S, \Theta_T\}$，和各超参数 Θ_{hyper}
随机初始化参数 Θ

---

for epoch = 1；epoch < = MaxIter；do
for mini_epoch = 1；mini_epoch < = min（|JS|, |JT|）/b do
随机抽取 b 个用户-物品评分
　　　for k = 1；k < = b；do
　　　　P step：
固定 Q_S、Q_T，利用式（7-12）并行优化 P
　　　　Q_S step：
　　　　　固定 P、Q_T，利用式（7-13）并行优化 Q_S
　　　　Q_T step：
　　　　　固定 P、Q_S，利用式（7-14）并行优化 Q_T
　　　end
　　end
　end
return 最佳用户和项目的基本嵌入矩阵 Θ、最佳超参数 Θ_{hyper}

7.3.3　性能评测

1. 数据集

为了选择语义异构性不强，并且拥有大量公共用户的图书和电影领域作为研究对象，对 AD-CDMF 进行训练和验证，使用公开的豆瓣数据集[22]来评估所提出的跨领域模型。豆瓣数据集包括了图书、电影和音乐领域用户对物品的评分以及作品的丰富元数据信息，如摘要、语言类型、书籍作者、电影导演和物品所携带的社交标签等。通过对该数据集进行预处理操作以保证实验的稳健性，将评分稠密度较低的电影领域作为目标域，将评分稠密度较高的图书领域作为源域。预处理后的豆瓣数据集的数据统计信息如表 7-2 所示。

表 7-2　豆瓣数据集的数据统计信息

领域	公共用户	物品	评分	稠密度	社交标签	域
Movie（M）	4 211	11 876	1 290 253	2.58%	101 548	目标域
Book（B）	4 211	2 890	393 084	3.23%	30 025	源域

2. 评价指标与对比算法

为了评估所提出模型的需求预测准确性，选择常见的三个指标 MAE、CC@K 和 α-NDCG$_u$@K 进行度量。其中，MAE 表示平均绝对误差，MAE 的值越小代表需求预测的性能越好。指标 CC@K 和 α-NDCG$_u$@K 都可以对算法的需求预测多样性进行评价，分别表示由 top-K 物品覆盖的类别数量除以数据集中可用的类别总数的类别覆盖率和对新预测的物品类型进行激励的同时惩罚重复或冗余物品的折损累计增益。

为了验证本书中模型的有效性，选用 7 种单域需求预测模型算法，包括 MF[23]、PMF[24]、协同用户网络嵌入的矩阵分解（collaborative user network embedding matrix factorization，CUNE-MF）[25]、SVD[26]、SVD++[27]、平衡多样性精准性的优化方法（diversity accuracy balance via optimization，DiABIO）[28]、基于流行度的新型矩阵分解（popularity-based novel matrix factorization，POP-NMF）[29]，以及三种跨域需求预测方法，包括 CMF[21]和本节所提出的 CDMF、AD-CDMF，共计 10 种基线算法用于对比测试。其中，DiABIO 和 POP-NMF 是旨在提高需求预测多样性的模型。

3. 实验结果分析

1）需求预测准确性结果

10 个对比算法的需求预测准确性结果如表 7-3 所示，其中 dataset$_{20/80}$、dataset$_{50/50}$、dataset$_{80/20}$ 分别对应稀疏、折中和稠密的数据稀疏级别。SVD 在 dataset$_{20/80}$ 和 dataset$_{50/50}$ 中是单域方法中性能最好的算法。由于引入了跨域知识，AD-CDMF 在准确率方面的性能表现较为适中，与最好的算法相差不大，保证了需求预测的准确性。

表 7-3 需求预测准确性结果

算法		dataset$_{20/80}$	dataset$_{50/50}$	dataset$_{80/20}$
单域方法	MF	0.713	0.684	0.664
	PMF	0.704	0.678	0.657
	CUNE-MF	0.637	0.601	**0.582**
	SVD	**0.617**	**0.597**	0.588
	SVD++	0.683	0.645	0.624
	DiABIO	0.738	0.707	0.695
	POP-NMF	0.732	0.697	0.675

续表

	算法	dataset$_{20/80}$	dataset$_{50/50}$	dataset$_{80/20}$
跨域方法	CMF	0.636	0.616	0.601
	CDMF	**<u>0.590</u>**	**<u>0.580</u>**	**<u>0.574</u>**
	AD-CDMF	0.627	0.607	0.595

注：单域和跨域方法的最优值以粗体显示，整体最优值以下划线表示

随着数据稀疏度的增加，跨域模型在精度上的优势逐渐增强。例如，从 dataset$_{80/20}$ 至 dataset$_{20/80}$，CDMF 的 MAE 值呈上升趋势。同样，在 AD-CDMF 和其他单域方法之间也发现了类似的规律。这说明跨域算法可以通过链接不同的领域从而可以很好地缓解目标域的数据稀疏性，从而保证需求预测的准确性。

2）需求预测多样性结果

考虑类似于 top-10 的推荐场景，每个用户选取其评分排序位于前 10 的物品并组成推荐列表，用于评估这些模型的需求预测多样性。对比算法的需求预测多样性结果如图 7-2 所示，其中图 7-2（a）展示了 CC@10 的结果，图 7-2（b）展示了 α-NDCG$_u$@10 的结果。

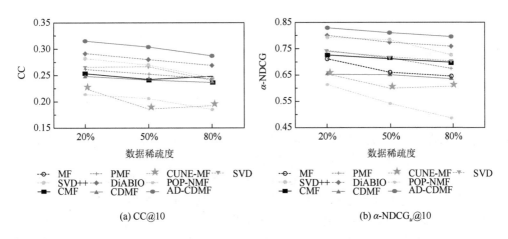

(a) CC@10　　　　　　　　　　　　　　(b) α-NDCG$_u$@10

图 7-2　需求预测多样性结果

由图 7-2 可知，AD-CDMF 显然是所有数据稀疏场景中多样性表现最好的方法。同时，在大多数数据稀疏场景下，同跨域方法相比，CDMF 模型的多样性表现最差。通过比较需求预测多样性结果与准确性结果，发现同其他算法相比，虽然 AD-CDMF 的准确率有所损失，但在指标 CC@10 和 α-NDCG$_u$@10 上的表现却都有所提高。因此，AD-CDMF 在不显著降低需求预测准确性的前提下，可以

较大程度地提高对题材或类型预测评分的多样性，并且即使是在数据非常稀疏的情况下也表现良好，这说明其可以很好地权衡需求预测的准确性和多样性。

3）正则项灵敏度分析结果

为了衡量域间相似性正则项和自适应多样性正则项对需求预测性能的影响，在 dataset$_{80/20}$ 场景下，比较 AD-CDMF 在不同 λ_s、λ_d 取值下的 MAE 和 CC@10 值，如图 7-3 所示。

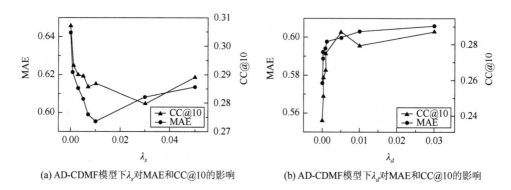

(a) AD-CDMF模型下λ_s对MAE和CC@10的影响　　(b) AD-CDMF模型下λ_d对MAE和CC@10的影响

图 7-3　dataset$_{80/20}$ 水平下 λ_s 和 λ_d 对需求预测性能的影响

图 7-3（a）展示了 λ_s 对 MAE 和 CC@10 的影响。由图可知，在一定范围内，需求预测的准确性逐渐提高，但同时需求预测的多样性却越来越差。当 $\lambda_s = 0.01$ 时，MAE 值最小，模型的精度达到最优，旨在使用跨域知识来保证需求预测的准确性。这表明大多数情况下，需求预测的多样性和准确性不能同时到达最优。此外，跨领域知识的引入在一定数值范围内有助于缓解目标领域的数据稀疏性，从而提高评级预测的准确性。但是，如果知识超出了这个范围，那么也可能会将噪声数据带入目标域，从而影响到准确性。

图 7-3（b）展示了 λ_d 对 MAE 和 CC@10 的影响。可以观察到，在一定范围内，需求预测的准确率在不断损失，但同时需求预测的多样性在不断提高。当 λ_d 达到 0.005 时，多样性达到最优。在实验中将 λ_d 设为 0.005，试图获得多样性和准确性的良好平衡。这表明所提出的自适应多样性正则项可以用略微的精度损失来换取需求预测多样性更大程度的提升。

4）自适应多样性正则项解释性分析结果

为了理解自适应多样性正则项的运行机制，图7-4和图7-5展示了在 dataset$_{80/20}$ 水平下自适应多样性正则项对预测用户评分分布的影响。为了便于解释其机制，从 4211 个公共用户中随机选取一个用户进行演示，确保相关实验结论也适用于其他用户。

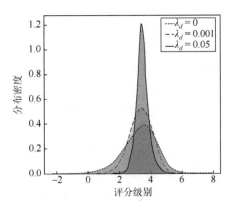

图 7-4　dataset$_{80/20}$ 水平下自适应多样性正则项对预测用户评分分布的影响

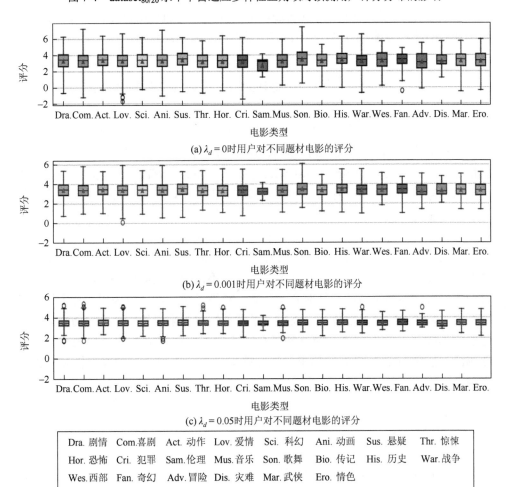

图 7-5　dataset$_{80/20}$ 水平下用户对不同类型电影的最终评分的变化情况

图 7-4 展示了添加自适应多样性正则项对预测用户评分分布的影响。当 $\lambda_d = 0$ 时，预测评分在很大范围内大于观测评分。自适应多样性正则项的加入修改了评分的极端值情况，导致预测评分可在评分范围内呈现单峰分布。这一效应随着 λ_d 的增大而更加明显，同时预测的用户评分均值几乎没有变化。尽管引入自适应多样性正则项可以修改需求预测系统预测的评分分布，但需要通过修改预测评分来调整未知物品的排名。

图 7-5 展示了用户对不同类型电影的最终评分的变化情况。可以看出自适应多样性正则项的加入显著改变了用户对不同类型电影评分的数据分布，使得对不同题材电影预测评分间的差距逐渐变小，如对不同题材电影评分间的平均值、最大值和中值差距都在显著减少。这说明自适应多样性正则项的加入允许更多的电影类型被考虑。此外，随着 λ_d 的增加，不同题材电影的预测评分分布发生变化，预测评分的波动逐渐接近 0～5 的范围，这与图 7-4 的结论相一致。

7.4 面向弱语义匹配领域的跨域需求预测方法

在前一节介绍了 AD-CDMF 通过借助大量的语义共现数据来学习源域和目标域样本间的关联关系，从而实现跨域需求预测任务。本节则提出了一个考虑意外性的迁移推荐（unexpected neural transfer recommendation，UNTR）模型，该模型通过构建深层迁移学习网络来迁移不同领域间的知识，可以较好地链接两个语义异构性较强的领域，并对需求预测的准确性和意外性进行协同优化，以达到提升用户满意度的目的。与过去面向弱语义匹配领域的需求预测方法相比，UNTR 模型使用深度迁移学习可以学习到源域和目标域更复杂的用户-物品交互关系。此外，该模型通过构建多个高效的知识迁移矩阵来建立不同领域之间的桥梁，利用最大均值差异约束将不同领域的特征对齐为分布一致性子空间，同时采用注意力机制学习不同领域特征的重要性权重，还引入了意外性建模来识别每个用户历史兴趣中心的行为模式，并根据物品特征和用户兴趣的匹配程度来判断用户是否会选择该物品。最终 UNTR 模型的输出结果较好地平衡了需求预测的准确性和意外性表现。

7.4.1 问题定义

在实际应用中，像图书和电影这样具有语义共现关系的数据往往难以获得，而像电影和电子产品这样语义关联不大的领域则相对比较常见，这类语义异构性较强的领域可以被定义为弱语义匹配领域。在弱语义匹配领域中，由于用户的评分模式相差较大，并且无法使用如社交标签、物品元信息等语义数据对不同领域进行关联，因此在弱语义匹配领域进行知识迁移的难度较大。此外，由于不同领域间的语义关联不大，在保证需求预测准确性的前提下想要挖掘用户的多样性需求变得较为困难。因此，面向弱语义匹配领域的跨域需求预测方法更多地聚焦在需求预测过程中，通过学习使得模型具备"偶然发现"的能力，从而预测出能够让用户感受到具有意外性的物品需求。

UNTR 模型使用隐式反馈数据进行建模，与 7.3.1 节类似，仍假设现有两个领域，即源域 S（如电子物品）和目标域 T（如电影）。这两个领域中的用户集是共享与完全重叠的，用 U 表示，公共用户数量为 m。源域和目标域的物品集分别表示为 P 和 M，源域和目标域的物品数量分别记为 n_S 和 n_T。该模型的个性化需求预测任务是为用户生成一个满足其兴趣需求的物品序列，这与推荐系统中的 top-N 推荐任务类似。对于源域和目标域，每个领域可视为协同过滤中的隐式反馈推荐问题。

对于源域，设一个二元矩阵 $R_S \in \mathbb{R}^{m \times n_S}$ 描述用户-电影的隐式反馈交互记录。用户 u 与源域中物品 i 的交互（以点击为例）表示如下：

$$r_{u,i} = \begin{cases} 1, & 用户u点击物品i \\ 0, & 否则 \end{cases} \tag{7-15}$$

同样，对于目标域，设另一个二进制矩阵 $R_T \in \mathbb{R}^{m \times n_T}$ 描述用户-电子物品的隐式反馈交互记录。用户 u 与目标域中物品 j 的交互（以点击为例）表示如下：

$$r_{u,j} = \begin{cases} 1, & 用户u点击物品j \\ 0, & 否则 \end{cases} \tag{7-16}$$

至于用户对意外性物品的个性化需求，本节则引入已有的关于意外性的定义[30]，即意外性是指新的待预测需求偏好物品到用户先前点击的物品在聚类空间的闭包距离。换句话说，由于用户有着不同的兴趣爱好，因此对用户历史购买物品的行为进行聚类后，每个聚类的闭包中心就可以代表该用户的某个兴趣中心。例如，在图书领域对用户的需求预测中，这些聚类中心可能表示用户对悬疑、科幻、搞笑等几种不同风格图书的兴趣。此时，通过计算新物品到聚类闭包边缘的加权距离就可以很好地表示该新物品对于用户的意外性。距离越大，则表明该新物品对于用户的意外性越大，反之亦然。

7.4.2　模型构建

UNTR 模型由两个部分组成：跨域知识迁移模块和目标域的意外性提取模块，整体结构如图 7-6 所示。其中，跨域知识迁移模块旨在提升目标域上对预测结果的准确性，通过结合目标域内的特征及源域知识迁移后的特征，联合建模得到用户对物品的相关性得分 $\tilde{r}_{u,j}$。目标域的意外性提取模块旨在提升目标域上预测结果的意外性，通过引入已有的意外性提取方法[30]，建模用户对意外性的感知向量 $\mathrm{unexp\_fac}_u$ 以及物品对用户的意外性大小 $\mathrm{unexp}_{j_{new,u}}$，得到相应的意外性得分 $\hat{r}_{u,j}$。最终通过综合效用函数 $\hat{r}_{u,j} = \tilde{r}_{u,j} + \hat{r}_{u,j}$ 综合考虑相关性得分 $\tilde{r}_{u,j}$ 与意外性得分 $\hat{r}_{u,j}$，得到预测得分 $\hat{r}_{u,j}$。

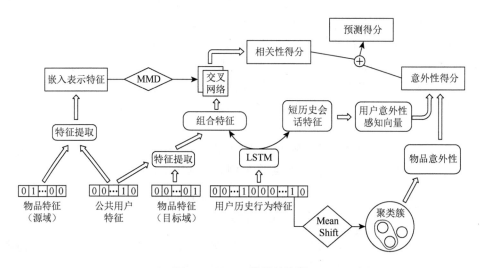

图 7-6　UNTR 模型结构图

MMD 全称为 maximum mean discrepancies，最大均值差异

综上，UNTR 模型在利用源域和目标域知识准确预测用户需求的同时，还对可能让用户产生意外性的物品的需求进行了预测。现将上述两个模块的详细构建过程介绍如下。

1. 跨域知识迁移模块

1）源域基础网络构建

UNTR 模型在源域中提取出用户、物品的嵌入表示特征，然后经过特征对齐使其与目标域的特征维度保持一致，从而辅助建模目标域上的需求预测任务。具体如下。

（1）用户-物品特征提取。首先，对用户 u 和源域中物品 i 进行独热编码，分别将其映射为独热编码向量 $I_u \in \{0,1\}^m$ 和 $I_i \in \{0,1\}^{n_s}$，其中每个独热编码向量仅在 ID 索引位置时取值为 1，在其余位置时均取值为 0。其次，对用户 u 和物品 i 分别进行嵌入化操作，构建用户 u 的嵌入矩阵 $X \in \mathbb{R}^{m \times d}$ 和物品 i 的嵌入矩阵 $Y_s \in \mathbb{R}^{n_s \times d}$，其中，$d$ 为嵌入后的维度。最后，将用户 u 和物品 i 的嵌入表示 XI_u 和 $Y_S I_i$ 进行横向拼接得到特征 $\tilde{I}_{u,i} = [XI_u, Y_S I_i] \in \mathbb{R}^{1 \times 2d}$。

（2）特征对齐。由于源域仅输入用户 u 及源域中物品 i 提取的特征 $\tilde{I}_{u,i}$，相比于特征利用更为丰富的目标域，两个域各自提取的特征之间会存在维度的差异，导致无法进行后续源域到目标域知识的迁移。因此，需要对从源域的提取特征 $\tilde{I}_{u,i}$ 进行先复制后拼接的升维操作，得到同目标域组合特征 $I_{u,j}$ 的维度相对齐的源域的嵌入表示特征 $I_{u,i}$，$I_{u,i} = \left[\tilde{I}_{u,i}, \tilde{I}_{u,i} \right] \in \mathbb{R}^{1 \times 4d}$。

2）目标域基础网络构建

UNTR 模型在目标域中除了使用用户–物品特征外，还利用了用户历史购买物品行为特征来进行用户–物品匹配度建模，从而更精准地推断用户个性化偏好。具体如下。

（1）用户–物品特征提取。首先对用户 u 和目标域中物品 j 进行独热编码，分别将其映射为独热编码向量 $I_u \in \{0,1\}^m$ 和 $I_j \in \{0,1\}^{n_T}$，其中每个独热编码向量仅在 ID 索引位置时取值为 1，在其余位置时都取值为 0。其次，对用户 u 和目标域中物品 j 分别进行嵌入化操作，构建用户 u 的嵌入矩阵 $X \in \mathbb{R}^{m \times d}$ 和物品 j 的嵌入矩阵 $Y_T \in \mathbb{R}^{n_T \times d}$，其中，$d$ 为嵌入后的维度。最后，将用户 u 和目标域中物品 j 的嵌入表示 XI_u 和 $Y_T I_j$ 进行横向拼接，得到目标域的用户物品的特征 $\tilde{I}_{u,j}$，且 $\tilde{I}_{u,j} = \left[XI_u, Y_T I_j \right] \in \mathbb{R}^{1 \times 2d}$。

（2）用户历史行为会话特征提取。首先，从目标域中选择固定长度的、用户 u 的历史点击物品的表示向量，共计 K 个，并将其汇集成用户行为序列 Λ_u，且 $\Lambda_u = [\lambda_1, \lambda_2, \cdots, \lambda_k, \cdots, \lambda_K]$，其中，$\lambda_k$ 表示第 k 个表示向量。其次，利用长短期 LSTM 获得序列嵌入。LSTM 能够捕获时间信息和用户购买的顺序，从而模拟用户兴趣。此外，与循环神经网络或门控循环单元等其他递归模型相比，LSTM 具有长时记忆功能，可以在一定程度上解决长历史序列的梯度爆炸和梯度消失等问题。设第 t 时刻的输入为 x_t，$t-1$ 时刻的 LSTM 的隐藏状态为 h_{t-1}，则遗忘门的计算公式为

$$f_t = \sigma \left(W_f \cdot [h_{t-1}, x_t] + b_f \right) \qquad (7\text{-}17)$$

其中，$\sigma(\cdot)$ 表示激活函数；W_f 表示遗忘门的权重矩阵；b_f 表示遗忘门的偏置项。输入门的计算公式为

$$i_t = \sigma \left(W_i \cdot [h_{t-1}, x_t] + b_i \right) \qquad (7\text{-}18)$$

其中，W_i 表示输入门的权重矩阵；b_i 表示输入门的偏置项。候选门的计算公式为

$$\tilde{c}_t = \tanh \left(W_c \cdot [h_{t-1}, x_t] + b_c \right) \qquad (7\text{-}19)$$

其中，W_c 表示候选门的权重矩阵；b_c 表示候选门的偏置项。第 t 时刻的记忆细胞值 c_t 单元状态为

$$c_t = i_t \circ \tilde{c}_t + f_t \circ c_{t-1} \qquad (7\text{-}20)$$

其中，∘表示元素乘法。输出门的计算公式为

$$o_t = \sigma\left(W_o \cdot [h_{t-1}, x_t] + b_o\right) \tag{7-21}$$

其中，W_o 表示输出门的权重矩阵；b_o 表示输出门的偏置项。最后得到 t 时间步长下 LSTM 输出的隐藏状态 h_t 为

$$h_t = o_t \circ \tanh(c_t) \tag{7-22}$$

此时，考虑到用户历史点击的每个物品对当前需求预测的结果可能有不同的影响。例如，某用户的观看历史中既有某经典政治权谋剧 A，又有某都市爱情电视剧 B，如果该用户的下一部观影需求选择接受另一款权谋剧 C，那么此时，与剧 A 的观看历史相比，拥有剧 B 的观看历史行为对于该用户选择接受剧 C 的影响就相对较小。因此，为了更好地捕捉用户历史行为中的物品间异质性，在上述序列建模过程中还可以引入注意力机制[31]，然后计算得到用户 u 的历史行为会话特征 $O_{u,t}$ 为

$$O_{u,t} = \sum_{b=1}^{t} a_{t,b} h_t \tag{7-23}$$

其中，$a_{t,b}$ 表示使用 softmax 函数计算得到的权重系数。

（3）组合特征构建。对提取的目标域中用户-物品特征 $\tilde{I}_{u,j}$ 及用户历史行为会话特征 $O_{u,t}$ 进行拼接，得到目标域的组合特征 $I_{u,j}$，$I_{u,j} = \left[\tilde{I}_{u,j}, O_{u,t}\right] \in \mathbb{R}^{1 \times 4d}$。

3）跨领域交叉网络构建

跨领域交叉网络的构建按照源域和目标域分为领域内独有和领域间共享两个部分，且在各自领域建模的过程中，除了使用该领域内部特征外，还接受了由另一个领域经过知识迁移后的变换特征。因此，以嵌入表示特征 $I_{u,i}$ 和组合特征 $I_{u,j}$ 分别作为跨领域交叉网络中的源域和目标域部分的输入，然后通过学习域间迁移特征，并将其与领域内特征进行结合，最终得到跨领域交叉网络的输出。

首先，构建域间知识迁移矩阵进行源域到目标域特征的线性映射，用于跨领域的知识迁移过程。其过程表示如下

$$I_T^{\prime l+1} = W_T^l I_T^l + b_T^l \tag{7-24}$$

$$I_T^{\prime\prime l+1} = M^l I_S^l \tag{7-25}$$

其中，$I_T^{\prime l+1}$ 和 $I_T^{\prime\prime l+1}$ 分别表示第 $l+1$ 隐藏层的领域内特征和域间迁移特征；W_T^l 表示跨领域交叉网络在目标域部分的第 l 到第 $l+1$ 隐藏层的权重矩阵；I_S^l 和 I_T^l 分别表示源域、目标域中第 l 隐藏层的输入，且当 $l=1$ 时，初始化 $I_S^l = I_{u,i}$，$I_T^l = I_{u,j}$。b_T^l 表示第 l 层的偏置项；M^l 表示第 l 隐藏层从源域到目标域共享的知识迁移矩阵，对应着交叉连接的线性投影，控制从源域到目标域的输入信息，每一层的训练都分为领域内独有和领域间交叉两部分。

然后,对领域内特征 I_T^{l+1} 和域间迁移特征 I_T^{nl+1} 进行维度拼接操作,使用域级别的注意力机制网络[31]学习这两种特征对于各自领域内任务的重要性权重,得到跨领域交叉网络的输出

$$I_T^{ml+1} = \sigma\left(a_{T_1} I_T^{l+1} + a_{T_2} I_T^{nl+1}\right) \tag{7-26}$$

其中,$\sigma(\cdot)$ 表示激活函数;a_{T_1} 和 a_{T_2} 表示由 softmax 函数计算后经注意力机制学习到的各自领域的特征权重系数;I_T^{ml+1} 表示跨领域交叉网络的输出,是特征权重系数 a_{T_1} 和 a_{T_2} 对第 $l+1$ 隐藏层的领域内特征 I_T^{l+1} 和域间迁移特征 I_T^{nl+1} 进行加权求和后的激活值。

跨领域交叉网络中目标域的损失函数为

$$\text{Loss}_{D_T}^{\text{MMD}}\left[p_{I_T^{l+1}}, q_{I_T^{l+1}}\right] = \sup_{f<1} E\left[f\left(I_T^{l+1}\right)\right] - E\left[I_T^{nl+1}\right] \tag{7-27}$$

其中,$p_{I_T^{l+1}}$ 和 $q_{I_T^{l+1}}$ 分别表示领域内特征 I_T^{l+1} 和域间迁移特征 I_T^{nl+1} 的分布;sup 表示求上界;E 表示求期望;$f(\cdot)$ 表示高斯核映射函数,用于将领域内特征 I_T^{l+1} 和域间迁移特征 I_T^{nl+1} 映射到高维的再生核希尔伯特空间,并利用 MMD[32]进行约束,以保证在公共特征映射子空间中源域与目标域特征分布的一致性;$f<1$ 表示在再生希尔伯特空间中的范数应不大于 1。

2. 目标域意外性提取模块

1)物品意外性计算

首先,利用无监督的 Mean Shift 聚类算法[33],对目标域中用户历史点击物品的表示向量进行聚类,直至密度加权平均值 $m(j)$ 收敛,得到 N 个聚类簇 $\{F_1, F_2, \cdots, F_Z, \cdots, F_N\}$,其中 F_Z 表示第 Z 个簇。密度的加权平均值计算公式为

$$m(j) = \frac{\sum_{j_g \in N(j)} j_g K(j_g - j)}{\sum_{j_g \in N(j)} K(j_g - j)} \tag{7-28}$$

其中,j_g 表示目标域中除物品 j 外用户的历史点击物品;$N(j)$ 表示目标域中物品 j 的所有邻居物品的集合;$K(j_g - j)$ 表示聚类过程中均值偏移算法[33]使用的核函数。

其次根据已有的用户意外性定义[30],对于某个新物品 j_{new},其到用户聚类边缘的加权距离之和即为用户的意外性 $\text{unexp}_{j_{\text{new},u}}$。利用聚类簇 $\{F_1, F_2, \cdots, F_Z, \cdots, F_N\}$ 将用户的意外性表示如下:

$$\text{unexp}_{j_{\text{new},u}} = \sum_{Z=1}^{N} d(j_{\text{new}}, F_Z) \times \frac{|F_Z|}{\sum_{Z=1}^{N} |F_Z|} \tag{7-29}$$

其中,$d(j_{\text{new}}, F_Z)$ 表示新物品 j_{new} 到第 Z 个聚类簇 F_Z 的聚类边缘距离。

需要注意的是,为了防止意外性到达一定阈值后造成相关性的大量损失,可

以对已经得到的用户意外性使用相应的激活函数，如 $y(x) = x \cdot \mathrm{e}^{-x}$，进行单峰激活，使得当意外性上升至一定阈值时就不再继续上升，从而保证稳定的相关性。

2）用户意外性感知向量提取

由于不同的用户具有不同的偏好，并且不同的用户对意外性的感知强度还会受到历史会话信息的影响。因此，在计算物品对于用户的意外性时，除了关注意外性本身的大小，还要关注用户对于意外性的感知强度。具体如下。

首先，提取有关意外性感知部分的上下文环境特征。从目标域中选择固定长度的、用户历史点击物品的表示向量，共计 K' 个，且 $K' < K$，并将其汇集成用户短历史行为序列 A'_u，与先前跨域知识迁移模块中的用户历史行为会话特征提取过程类似，使用 LSTM 提取得到用户 u 的短历史会话特征 $O'_{u,t}$，表示如下：

$$O'_{u,t} = \sum_{b=1}^{t} a'_{t,b} h'_{u,t} \tag{7-30}$$

其中，$a'_{t,b}$ 表示使用 softmax 函数计算得到的第 b 个权重系数；$h'_{u,t}$ 表示利用 LSTM 对用户短历史行为序列 A'_u 进行序列嵌入，所得到的 t 时刻下 LSTM 输出的隐藏状态。

其次，以目标域中用户的短历史会话特征 $O'_{u,t}$ 作为输入，经过多层感知机的全连接神经网络，最终输出用户意外性感知向量 $\mathrm{unexp\_fac}_u$。

3. 模型求解

UNTR 模型使用隐式反馈数据预测用户个性化需求，损失函数采用常用的交叉熵损失函数，目标函数设计为

$$\mathrm{Loc}\left(\theta \mid R^+ \cup R^-\right) = -\sum_{(u,j) \in R^+ \cup R^-} r'_{u,j} \ln \hat{r}_{u,j} + (1 - r'_{u,j}) \ln(1 - \hat{r}_{u,j}) \tag{7-31}$$

其中，θ 表示 UNTR 模型中的所有参数；R^+、R^- 表示用户–物品评分矩阵中的正样本与负样本；$r'_{u,j}$ 表示样本中用户对物品的真实评分；$\hat{r}_{u,j}$ 表示 UNTR 模型中用户对物品的预测得分。

UNTR 模型最终的联合损失函数表示如下：

$$\mathrm{Loss}_{\mathrm{joint}}(\theta) = \left(\mathrm{Loss}_{D_T}^{\mathrm{Cross\ Entropy}}\left(\theta_{D_T}^{\mathrm{Cross\ Entropy}}\right) + \mathrm{Loss}_{D_T}^{\mathrm{MMD}}\left(\theta_{D_T}^{\mathrm{MMD}}\right)\right)$$
$$+ \mathrm{Loss}_{D_S}^{\mathrm{Cross\ Entropy}}\left(\theta_{D_S}\right) \tag{7-32}$$

其中，$\mathrm{Loss}_{D_T}^{\mathrm{Cross\ Entropy}}$、$\mathrm{Loss}_{D_T}^{\mathrm{MMD}}$、$\mathrm{Loss}_{D_S}^{\mathrm{Cross\ Entropy}}$ 分别表示目标域交叉熵损失、目标域 MMD 约束损失和源域交叉熵损失，令 $\theta_{D_T} = \theta_{D_T}^{\mathrm{Cross\ Entropy}} \cup \theta_{D_T}^{\mathrm{MMD}}$，则 $\theta = \theta_{D_T} \cup \theta_{D_S}$ 表示 UNTR 模型所有参数，并且 θ_{D_T}、θ_{D_S} 之间共享用户潜在向量及知识迁移矩阵，目标函数可以通过随机梯度下降算法[34]进行优化。

UNTR 模型参数的更新过程表示如下：

$$\theta_{D_T}^{\text{new}} = \theta_{D_T}^{\text{old}} - \mu \frac{\partial \text{Loss}_{\text{joint}}(\theta)}{\partial \theta_{D_T}^{\text{new}}} \qquad (7\text{-}33)$$

$$\theta_{D_S}^{\text{new}} = \theta_{D_S}^{\text{old}} - \mu \frac{\partial \text{Loss}_{\text{joint}}(\theta)}{\partial \theta_{D_S}^{\text{new}}} \qquad (7\text{-}34)$$

其中，μ 表示学习率；$\theta_{D_S}^{\text{old}}$ 与 $\theta_{D_T}^{\text{old}}$、$\theta_{D_S}^{\text{new}}$ 与 $\theta_{D_T}^{\text{new}}$ 分别表示 UNTR 模型在源域上和目标域上更新前和更新后的参数。在进行反向传播的训练过程时，可以使用小批量随机梯度下降算法学习 UNTR 模型参数。UNTR 模型的求解过程如表 7-4 所示。

表 7-4　UNTR 模型求解的过程

UNTR 算法
输入：源域物品集合 I_S，目标域物品集合 I_T，公共用户集合 U，目标域用户–项目基本嵌入矩阵 E，小批量 b
输出：神经网络参数 $\Theta = \left\{ \Theta_{D_S}, \Theta_{D_T} \right\}$
随机初始化参数 Θ
for epoch = 1；epoch＜= MaxIter；do 　　　for mini_epoch = 1；mini_epoch＜= min $\left(\|I_S\|, \|I_T\| \right)$ /b do 　　　　随机抽取 b 个用户–物品交互反馈 　　　　for k = 1；k＜= b；do 　　　　　利用 Mean Shift 对用户历史会话数据聚类 根据式（7-29）计算物品对用户意外性 Unexp 根据式（7-32）计算损失函数 Loss 根据式（7-33）更新 Θ_{D_T} 根据式（7-34）更新 Θ_{D_S} 　　　　end 　　　end 　　end return 最佳神经网络参数 Θ

7.4.3　性能评测

1. 数据集

为了选择语义异构性很强且拥有大量公共用户的电影和电子产品领域作为研究对象，UNTR 模型使用公开的离线亚马逊数据集[35]实现所提出的考虑意外性的跨领域需求预测任务。该亚马逊数据集包括了电影和电子产品领域用户对物品的评分，以及可以表征用户对于产品的认知与偏好的用户历史行为信息，如用户在线评论、产品评分与社交标签等。通过对该数据集进行预处理操作以保证实验的稳健性，将评分、稠密度较高的电影领域作为目标域，将评分、稠密度较低的电子产品领域作为源域。预处理后的亚马逊数据集的数据统计信息如表 7-5 所示。

表 7-5　亚马逊数据集的数据统计信息

领域	公共用户	物品	评分	稀密度	域
Movies_and_TV（M）	2 376	76 349	365 156	0.2%	目标域
Electronics（E）	2 376	19 557	56 407	0.12%	源域

2. 评价指标与对比算法

为了评估模型的准确性，采用三个常见指标进行度量，分别是 AUC、Pre@K、NDCG$_u$@K。其中，AUC 表示通过对物品预测分数排序，测试正例样本得分大于负例样本得分的概率。Pre@K 表示推荐准确度，其定义为相关结果在长度为 K 的推荐列表中所占比例。NDCG$_u$@K 表示通过归一化折损累计增益评估物品排名的表现，排名越靠后则损失越大，给予的重要性分数越小。

为了评估模型的新颖性及意外性，采用基于自我信息的新颖性指标[36]进行度量。该指标根据物品的流行程度来衡量新颖性，即评分预测的产品越不流行则新颖性越大。基于自我信息的新颖性可以定义为

$$\text{Nov} = \frac{\sum_{u \in u_{\text{testset}}} \left(-\sum_{i=1}^{N} \log_2 \left(\frac{|u|}{\text{rels}_i} \right) \right)}{|u_{\text{testset}}|} \tag{7-35}$$

其中，$|u_{\text{testset}}|$ 表示测试集用户总数；rels_i 表示物品 i 被多少用户购买过。意外性指标按式（7-29）定义。

为了更好地衡量算法对准确性与意外性的权衡表现，设计了一个综合性指标 $P(\text{Pre \& Unexp})$，考虑在需求预测准确的前提下所预测评分的物品同时具有意外性的概率，该指标定义为

$$P(\text{Pre \& Unexp}) = P(\text{Pre}) \times P(\text{Unexp}|\text{Pre}) \tag{7-36}$$

其中，$P(\text{Pre})$ 表示推荐相关物品的概率；$P(\text{Unexp}|\text{Pre})$ 表示相关的推荐物品中具备意外性的概率。在此选择不同的阈值来判别物品是否具备意外性，即分别利用所有物品对用户的意外性的第一、第二、第三分位数作为阈值来衡量某个物品是否具备意外性，若大于阈值，则视其为具有意外性的物品。

为了验证本书模型的有效性，选用 BPR[37]、NCF[38]、协同降噪自编码器（collaborative denoising auto-encoders，CDAE）[39]、对抗个性化排序（adversarial personalized ranking，APR）[40]、协同交叉网络（collaborative cross networks，CONET）[41]、使用图协同过滤网络的双向迁移跨域推荐方法（bi-directional transfer learning method for cross-domain recommendation by using graph collaborative filtering network as the base model，Bi-TGCF）[42]、线性距离下的同质

用户（homogeneous users with linear distance，HOM-LIN）[43]、行列式点过程（determinantal point process，DPP）[10]、UNTR_Unexp、UNTR_Cross、UNTR 作为基线对比算法。其中 BPR 为经典的基于排序的隐式反馈推荐算法，NCF、CDAE、APR 为单域典型的深度学习推荐算法，CONET、Bi-TGCF 为跨领域迁移学习推荐算法，HOM-LIN、DPP 为考虑意外性及多样性的推荐算法，UNTR_Unexp 为没有考虑跨领域模型的 UNTR 模型，UNTR_Cross 为没有考虑意外性增强模块的 UNTR 模型。

3. 实验结果分析

1）需求预测准确性结果

分别设置预测物品的列表长度 K 为 5 和 10，上述对比算法的需求预测准确性结果如表 7-6 所示，其中 80/20、50/50、20/80 分别对应稠密（dataset80/20）、折中（dataset50/50）和稀疏（dataset20/80）的数据场景。

表 7-6　对比算法的准确性结果

指标	算法	80/20 (K=5)	50/50 (K=5)	20/80 (K=5)	80/20 (K=10)	50/50 (K=10)	20/80 (K=10)
AUC	BPR	0.594	0.572	0.560	0.594	0.572	0.560
	NCF	0.653	0.668	0.658	0.653	0.668	0.658
	CDAE	0.708	0.684	0.660	0.708	0.684	0.660
	APR	0.535	0.511	0.508	0.535	0.511	0.508
	CONET	0.692	0.675	0.671	0.692	0.675	0.671
	Bi-TGCF	0.773	0.756	**0.754**	0.773	0.756	**0.754**
	HOM-LIN	0.562	0.552	0.550	0.562	0.552	0.550
	DPP	0.672	0.662	0.641	0.672	0.662	0.641
	UNTR_Unexp	0.750	0.718	0.690	0.750	0.718	0.690
	UNTR_Cross	**0.787**	**0.761**	0.751	**0.787**	**0.761**	0.751
	UNTR	0.784	0.760	0.736	0.784	0.760	0.736
Pre	BPR	0.501	0.501	0.488	0.494	0.491	0.483
	NCF	0.475	0.472	0.464	0.467	0.474	0.462
	CDAE	0.525	0.524	0.511	0.512	0.511	0.502
	APR	0.468	0.465	0.466	0.464	0.471	0.465
	CONET	0.545	0.542	0.531	0.532	0.530	0.525
	Bi-TGCF	0.590	**0.588**	**0.588**	0.563	**0.567**	**0.563**
	HOM-LIN	0.479	0.472	0.452	0.470	0.463	0.452
	DPP	0.512	0.510	0.508	0.510	0.505	0.497

续表

指标	算法	80/20 ($K=5$)	50/50 ($K=5$)	20/80 ($K=5$)	80/20 ($K=10$)	50/50 ($K=10$)	20/80 ($K=10$)
Pre	UNTR_Unexp	0.552	0.547	0.540	0.537	0.531	0.521
	UNTR_Cross	0.591	0.579	0.585	**0.572**	0.562	0.559
	UNTR	**0.600**	0.586	0.579	0.567	0.566	0.558
$NDCG_u$	BPR	0.500	0.490	0.483	0.493	0.486	0.465
	NCF	0.477	0.473	0.465	0.477	0.474	0.458
	CDAE	0.533	0.517	0.512	0.525	0.519	0.513
	APR	0.464	0.465	0.457	0.469	0.469	0.455
	CONET	0.571	0.560	0.553	0.559	0.552	0.530
	Bi-TGCF	0.601	**0.597**	**0.596**	**0.582**	0.573	**0.570**
	HOM-LIN	0.493	0.483	0.480	0.473	0.462	0.457
	DPP	0.538	0.530	0.525	0.527	0.519	0.505
	UNTR_Unexp	0.599	0.591	0.572	0.564	0.561	0.552
	UNTR_Cross	0.598	0.592	0.591	0.570	0.571	0.570
	UNTR	**0.604**	0.589	0.589	0.564	**0.576**	0.564

注：整体最优值以粗体表示

由表 7-6 可知，Bi-TGCF 在大多数情况下表现最佳，但在 80/20、50/50 环境下，UNTR_Cross 的 AUC 指标表现最佳，而 UNTR 算法则在 80/20 环境下的 Pre@5、$NDCG_u$@5 及 50/50 环境下的 $NDCG_u$@10 表现最佳。这说明本节所构建的跨领域迁移方法在数据较为稠密的情况下更加适用。

在单领域非消融算法中，表现最好的是 CDAE 算法，但仍弱于 UNTR 模型。其中，不同数据稀疏度下可以看出，随着数据稀疏度的增大，跨领域算法的优势也在逐渐增大。在跨领域非消融算法中，UNTR 大多指标表现次优，且多数情况下和 Bi-TGCF 差距不大。同时，跨域算法普遍比单域算法需求预测准确性高，这是因为额外知识的利用可以很好地缓解数据稀疏性。

在考虑意外性的需求预测算法中，UNTR 表现最佳，并明显优于 HOM-LIN 和 DPP 算法。这说明 UNTR 模型相比经典的意外性模型能够充分地利用辅助领域知识来很好地保证需求预测准确性。而对于两个消融算法，UNTR 与 UNTR_Unexp 的准确性差距较大，且随着数据稀疏度的增大，相对差距时常呈现增长趋势。这说明跨域迁移模块的加入对于需求预测准确性有所帮助，特别是在数据稀疏的情况下。UNTR 与 UNTR_Cross 的准确性差距较小，说明意外性提取模块的加入并不会显著带来需求预测准确性的损失。因此，UNTR 可以有效地缓解数据稀疏性，并保证数据稀疏情景下的需求预测精度。

2）需求预测新颖性及意外性

上述对比算法的新颖性及意外性结果如表 7-7 所示。新颖性方面，在 Nov@5 指标下，UNTR 在 80/20 情况下表现最佳，Nov@10 指标下，UNTR 在 80/20、50/50 情况下表现最佳，这说明在数据较为稠密的情况下，UNTR 模型的新颖性表现较好。同时，在三个稀疏度下，对比 UNTR 与 UNTR_Cross，可以发现新颖性有所提升，说明意外性提取模块的加入对于新颖性的提升也有一定的效果。因此，UNTR 模型能较好地平衡新颖性和准确性。

表 7-7　对比算法的新颖性及意外性结果

指标	算法	80/20 ($K=5$)	50/50 ($K=5$)	20/80 ($K=5$)	80/20 ($K=10$)	50/50 ($K=10$)	20/80 ($K=10$)
Nov	BPR	40.091	37.496	35.128	75.371	76.601	70.499
	NCF	38.229	39.360	35.005	75.045	78.531	68.285
	CDAE	38.949	39.686	33.285	70.885	70.457	63.600
	APR	35.020	34.361	34.235	71.526	71.040	68.660
	CONET	36.796	35.741	31.216	73.759	73.417	67.258
	Bi-TGCF	36.754	36.038	32.440	73.958	74.554	69.254
	HOM-LIN	37.288	37.891	34.145	74.286	72.225	70.268
	DPP	37.149	38.518	**36.023**	75.615	75.697	**72.585**
	UNTR_Unexp	39.142	**41.127**	33.159	75.172	79.145	69.047
	UNTR_Cross	37.852	37.156	32.789	74.258	77.158	64.259
	UNTR	**40.125**	40.340	34.504	**77.928**	**80.176**	70.968
Unexp	BPR	0.220	0.133	0.066	0.213	0.150	0.062
	NCF	0.213	0.132	0.062	0.213	0.137	0.061
	CDAE	0.234	0.157	0.048	0.225	0.150	0.048
	APR	0.182	0.096	0.032	0.198	0.111	0.034
	CONET	0.236	0.150	0.083	0.193	0.132	0.086
	Bi-TGCF	0.219	0.128	0.062	0.203	0.122	0.062
	HOM-LIN	0.247	0.159	0.110	0.242	0.161	0.102
	DPP	0.232	0.159	0.105	0.230	0.151	0.089
	UNTR_Unexp	0.271	**0.179**	**0.119**	**0.268**	0.174	**0.113**
	UNTR_Cross	0.220	0.133	0.096	0.212	0.130	0.072
	UNTR	**0.274**	0.175	0.118	0.268	**0.179**	0.113

注：整体最优值以粗体表示

在意外性方面，非消融算法中 UNTR 模型表现最佳，说明所引入的意外性提取模块在数据较为稠密的情况下表现较好。消融算法中对比 UNTR 与 UNTR_Unexp，可以发现两者的意外性差距不大，这说明加入跨领域模块，没有导致意外性的显著变化。对比 UNTR 与 UNTR_Cross，可以发现 UNTR 在 Unexp@5 与 Unexp@10 上明显优于 UNTR_Cross，说明意外性提取模块的加入可以较大提升需求预测的意外性。同时，对比跨领域算法与单领域算法，发现传统的跨域算法往往在意外性上表现稍差，而 UNTR 模型则很好地弥补了这一点。

3）准确性与意外性权衡

为进一步测试不同算法对准确性与意外性的权衡能力，通过设计的 $P(\text{Pre \& Unexp})$ 指标来进行衡量，准确性与意外性综合标准结果如图 7-7 所示。在不同数据稀疏水平下，UNTR 模型的 $P(\text{Pre \& Unexp})$ 指标均为最优，说明所设

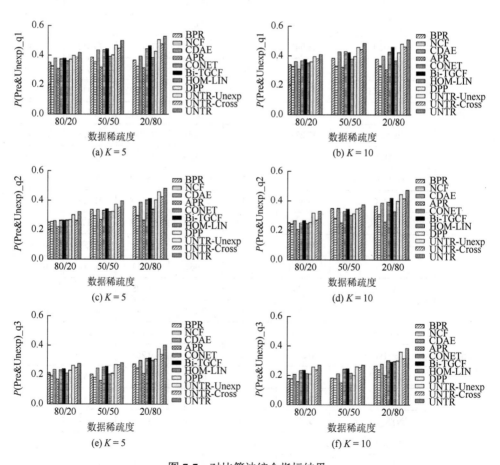

图 7-7　对比算法综合指标结果

计的自适应跨领域迁移模块可以提升目标域偏好预测能力，所引入的意外性提取模块可以对意外性进行额外增强。

为进一步验证 UNTR 模型的有效性，对比 UNTR 与 UNTR_Unexp，在三个数据稀疏水平下，UNTR_Unexp 与 UNTR 在 $P(\text{Pre \& Unexp})\_q2@5$ 和 $P(\text{Pre \& Unexp})\_q2@10$ 上的相对差距逐渐增大，这说明跨领域迁移模块的引入有助于提升需求预测综合性能。同时，以 $P(\text{Pre \& Unexp})\_q2@5$ 为例，在不同稀疏水平下对比 UNTR_Cross 与 UNTR，其相对差距也逐渐增大，说明意外性模块的加入可以有效提升需求预测综合性能。

4）敏感性分析结果

为了分析五个实验评估指标的训练代数 epoch 的敏感性，其中对于综合性指标，选择较为适中的 $P(\text{Pre \& Unexp})\_q2$ 作为评测标准，并在 80/20 数据水平下进行实验，其结果如图 7-8 所示。

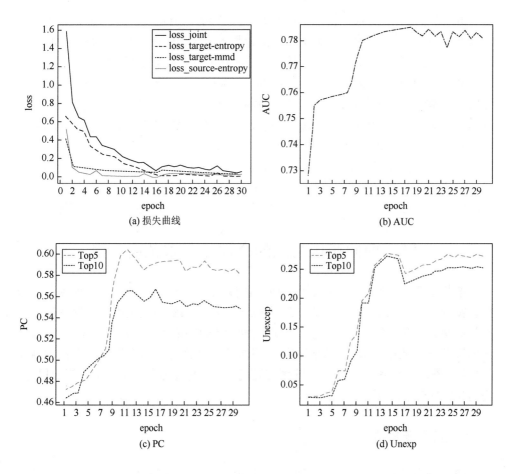

(a) 损失曲线

(b) AUC

(c) PC

(d) Unexp

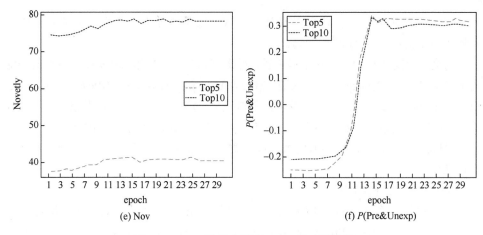

图7-8　80/20稀疏水平下epoch敏感性分析

由图 7-8 可知，epoch 大小对结果有一定的影响。当 epoch 为 16 时，总体损失为最小，其他损失也在最小值附近，之后模型各个损失变化不大，最终实验时选取 epoch = 16 时为最终结果。此外，随着 epoch 的上升，其余测试指标均有上升。在图 7-8(a)中图例 loss_joint、loss_target-entropy、loss_target-mmd、loss_ source-entropy 分别代表模型联合损失 $\text{Loss}_{\text{joint}}(\theta)$、目标域交叉熵损失 $\text{Loss}_{D_T}^{\text{Cross Entropy}}(\theta_{D_T}^{\text{Cross Entropy}})$、目标域 MMD 约束损失 $\text{Loss}_{D_T}^{\text{MMD}}(\theta_{D_T}^{\text{MMD}})$ 以及源域交叉熵损失 $\text{Loss}_{D_S}^{\text{Cross Entropy}}(\theta_{D_S})$。其中，AUC 指标在 epoch 为 3 和 10 附近上升最快，当 epoch>12 时，AUC 变化不大；PC 表示准确度指标 $\text{Pre}@K$，其在 epoch = 12 附近收敛，随后变化趋势缓慢震荡。Unexp 和 Nov 指标分别在 epoch = 14 和 epoch = 13 时取到最大值，并随后均缓慢变化；$P(\text{Pre \& Unexp})\_\text{q2}$ 在 epoch = 14 附近取得最大值，随后在 0.33 附近震荡变化。

7.5　面向跨域交互的个性化需求预测应用

本节以 58 同城网站平台为例，说明面向跨域交互场景的个性化需求预测方法在真实世界中的应用过程。首先，介绍了 58 同城网站的功能及用户在该网站上不同领域间的交互数据形式。其次，阐述了利用 58 同城网站数据，以基于 7.4 节所述的模型方法进行训练，并最终得到兼顾多样性和意外性的个性化需求预测结果的步骤。最后，在 58 同城平台的跨域交互场景下，通过结合对该应用案例的思考，给出相应的管理启示。

7.5.1　应用场景介绍

58 同城作为国内最大的生活服务及分类信息网站，提供房屋租售、招聘求职、二手物品买卖、二手车、商家黄页、宠物票务、旅游交友等多种生活服务信息，其网站内容已经覆盖全国近 400 个城市。58 同城围绕本地化生活服务、用户免费发布查询和内容真实高效三大特色聚焦形成发力点，力图寻找最准确的目标消费群体，整合最有效的客户关系及市场营销方式，打造一个最直接的产品与服务展示平台。

58 部落鼓励用户在网络社区上参与发帖、评论和问答等社交活动，旨在以"内容＋社交"的方式加强用户之间的联系，并通过进行内容建设，构建有人情味儿的生活服务场景，实现用户及商户间的交互连接。对用户而言，58 同城能精准匹配生活服务，使得用户获得更加多元化的服务体验，进而促进用户以 UGC 方式产出海量、真实的原创内容。在提供真实场景和保证营销质量的前提下，58 同城以 PGC 方式提供内容信息，通过深度探索用户线下生活行为，有效帮助企业更好地触达用户实际的个性化需求，从而进一步打通精准的内容营销渠道。

7.5.2　交互数据形式

58 同城网站以 58 部落和 58 同镇的功能模块为基础，其用户人群几乎全方位覆盖了城市和乡镇，并通过招聘、房产、汽车等不同需求进行划分。58 同城网站的信息内容类型是丰富且异构的，其中包括了从外部的合作部门、合作单位网站上直接抓取过来的资讯、视频、音频等内容信息，还包括了用户自身产生的帖子、话题、直播评论等信息。

用户在 58 同城平台上的交互数据具体体现为用户的个人交互行为数据、商家的信息数据。其中，用户的个人交互行为数据涵盖了用户的个人信息，如用户 ID、用户名称、注册时间、用户性别、用户等级、出生日期、用户关注的好友 ID 序列集、用户的浏览序列记录等，以及用户对不同商家的服务整体满意度、业务响应速度、描述与实际情况是否相符等方面的评价信息和评分信息（1～5 级评分）。而商家的信息数据则涵盖了商家的基础性信息，包括商家 ID、商家名称、商家地址、联系电话等，以及商家的简要介绍、历史信用水平、该商家的满意度、投诉率、反馈率等方面的评价和评分信息。

对于 58 同城平台上的用户跨域交互场景来说，既可以按照内容生成方式，把网站上的抓取信息当成一个域，把用户相对应产生的信息当成另一个域；也可以按照服务类别，比如把房产类的内容信息当成一个域，把招聘类的内容信息当成另一个域。根据前文介绍的知识，从数据稀疏性、数据获取的难易程度以及不同域间重叠部分等方面考虑，此案例选取用户重叠下的不同服务类别作为跨域交互场景。例如，公共用户在招聘服务（源域）中的交互行为信息记录和在二手车租售服务（目标域）中的交互行为信息记录。

7.5.3　个性化需求预测

由于58同城平台提供了大量不同生活服务类别的用户对商家的交互信息，如招聘、二手车、房屋租售等领域，那么将其进行集成整理就可得到面向跨域交互场景的数据集。以该数据集为基础，经过预处理、建模和模型训练过程，实现跨域交互场景的个性化需求预测任务，从而为用户提供个性化的物品需求预测服务。具体步骤如下。

（1）用户-商家的特征提取。根据用户对不同领域上的评分数据集，分别对公共用户、源域和目标域中的商家进行独热向量编码，然后经过嵌入化操作及特征拼接，得到源域和目标域上用户-商家的组合特征。

（2）域间特征迁移。通过构建由目标域和源域共同组成的跨领域交叉网络，以不同域上的用户-商家的组合特征分别作为跨域交叉网络中目标域部分和源域部分的输入，然后利用共享的知识迁移矩阵学习域间迁移特征，再将其与目标域内的用户历史行为记录特征进行结合并输出结果，从而完成源域、目标域间的特征迁移过程。

（3）需求预测结果输出。通过提取目标域用户的意外性感知向量，并根据跨域交叉网络输出结果和交叉函数，分别计算目标域上的相关性得分和意外性得分，最终得到用户对目标域未知商家的预测评分。此时，所得到的预测评分即为模型给出的，在58同城平台上跨域交互场景下用户的个性化需求预测结果。

7.5.4　管理启示

上述案例表明，在跨域交互场景中通过联合挖掘多个领域知识进行用户个性化需求预测任务，可以在兼顾预测结果的准确性和多样性/意外性的同时，提升需求预测任务的表现，从而缓解信息过载问题。其意义具体如下。

（1）从用户需求出发，不断为其提供更为个性化的用户偏好物品。本章所提出的面向多样性/意外性的需求预测系统不仅可以避免用户产生厌倦感，还可以缓解视野窄化、过滤气泡的问题，以此提升消费者的忠诚度及满意度。

（2）探索新场景，利用新资源，为互联网平台和企业的良性发展助力。通过对传统个性化需求预测技术、深度学习技术、跨领域数据挖掘方法相互融合，以及充分挖掘商业场景中不同领域的产品知识，可以帮助企业获得更加多元化的用户画像，提升销售收益。

（3）多平台多领域验证，实现跨域需求预测任务更加深入地应用。落地实践的平台情况不同，相应的跨领域需求预测任务需要横跨领域的幅度和范围也不同。为了充分发挥其他不同情景的平台中辅助域信息的作用，需要在多个平台上进行跨域需求预测效果的验证。

参 考 文 献

[1]　Azak M. Crossing：a framework to develop knowledge-based recommenders in cross domains. Ankara：MSc Thesis，Middle East Technical University，2010.

[2]　Taneja A，Arora A. Cross domain recommendation using multidimensional tensor factorization. Expert Systems with Applications，2018，92：304-316.

[3]　Chen L H，Zheng J B，Gao M，et al. TLRec：transfer learning for cross-domain recommendation. HeFEI：2017 IEEE International Conference on Big Knowledge（ICBK），2017.

[4]　Kanagawa H，Kobayashi H，Shimizu N，et al. Cross-domain recommendation via deep domain adaptation// Azzopardi L，Stein B，Fuhr N，et al. European Conference on Information Retrieval. Cham：Springer，2019.

[5]　Yu X，Jiang F，Du J W，et al. A cross-domain collaborative filtering algorithm with expanding user and item features via the latent factor space of auxiliary domains. Pattern Recognition，2019，94：96-109.

[6]　Zhu F，Chen C C，Wang Y，et al. DTCDR：a framework for dual-target cross-domain recommendation. Beijing：The 28th ACM International Conference on Information and Knowledge Management，2019.

[7]　Cui Q，Wei T，Zhang Y F，et al. HeroGRAPH：a heterogeneous graph framework for multi-target cross-domain recommendation. Suntec City：The Conference on Recommender Systems，2020.

[8]　Zhu F，Wang Y，Chen C C，et al. A graphical and attentional framework for dual-target cross-domain recommendation. Yokohama：The Twenty-Ninth International Joint Conference on Artificial Intelligence，2020.

[9]　Guo L，Tang L，Chen T，et al. DA-GCN：a domain-aware attentive graph convolution network for shared-account cross-domain sequential recommendation. https://doi.org/10.48550/arXiv.2105.03300[2021-05-07].

[10]　Chen L M，Zhang G X，Zhou H N. Fast greedy MAP inference for determinantal point process to improve recommendation diversity. Montréal：The 32nd International Conference on Neural Information Processing Systems，2018.

[11]　Kotkov D，Veijalainen J，Wang S Q. How does serendipity affect diversity in recommender systems？A serendipity-oriented greedy algorithm. Computing，2020：393-411.

[12]　Pandey G，Kotkov D，Semenov A. Recommending serendipitous items using transfer learning. Torino：The 27th ACM International Conference on Information and Knowledge Managemen，2018.

[13]　Ziarani R J，Ravanmehr R. Deep neural network approach for a serendipity-oriented recommendation system. Expert Systems with Applications，2021，185：115660.

[14]　Fernández-Tobías I，Tomeo P，Cantador I，et al. Accuracy and diversity in cross-domain recommendations for cold-start users with positive-only feedback. Boston：The 10th ACM Conference on Recommender Systems，2016.

[15]　Fernández-Tobías I，Cantador I，Tomeo P，et al. Addressing the user cold start with cross-domain collaborative filtering：exploiting item metadata in matrix factorization. User Modeling and User-Adapted Interaction，2019：443-486.

[16]　Kotkov D，Wang S Q，Veijalainen J. Improving serendipity and accuracy in cross-domain recommender systems//Monfort V，Krempels KH，Majchrzak T，et al. International Conference on Web Information Systems and

Technologies. Chan：Springer，2017.

[17]　Sun J S，Song J，Jiang Y C，et al. Prick the filter bubble：a novel cross domain recommendation model with adaptive diversity regularization. Electronic Markets，2022，32（1）：101-121.

[18]　Zhu F，Wang Y，Chen C C，et al. Cross-domain recommendation：challenges，progress，and prospects. https://arxiv.org/abs/2103.01696.pdf[2021-05-02].

[19]　Goldberg L R，Johnson J A，Eber H W，et al. The international personality item pool and the future of public-domain personality measures. Journal of Research in Personality，2006，40（1）：84-96.

[20]　Costa Jr P T，McCrae R R. The REVISED NEO PERSONALITY INVENTORY（NEO-PI-R）//Boyle G J，Matthews G，Saklofske D H. The SAGE Handbook of Personality Theory and Assessment：Personality Measurement and Testing（Volume 2）. London：Sage Publications，2008.

[21]　Singh A P，Gordon G J. Relational learning via collective matrix factorization. Las Vegas：The 14th ACM SIGKDD international conference on Knowledge discovery and data mining，2008.

[22]　Zhong E H，Fan W，Yang Q. User behavior learning and transfer in composite social networks. ACM Transactions on Knowledge Discovery from Data，2014，8（1）：1-32.

[23]　Xue H J，Dai X Y，Zhang J B，et al. Deep matrix factorization models for recommender systems. Melbourne：The 26th International Joint Conference on Artificial Intelligence（IJCAI），2017.

[24]　Salakhutdinov R，Mnih A. Probabilistic matrix factorization. Vancouver：The 20th International Conference on Neural Information Processing Systems，2007.

[25]　Zhang C X，Yu L，Wang Y，et al. Collaborative user network embedding for social recommender systems. Philadelphia：The 2017 SIAM International Conference on Data Mining，2017.

[26]　Golub G H，Reinsch C. Singular value decomposition and least squares solutions//Bauer F L.Linear Algebra. Berlin：Springer，1971：134-151.

[27]　Koren Y. Factorization meets the neighborhood：a multifaceted collaborative filtering model. Las Vegas：The 14th ACM SIGKDD International Conference on Knowledge Discovery and Data Mining，2008.

[28]　Gogna A，Majumdar A. DiABlO：optimization based design for improving diversity in recommender system. Information Sciences，2017，378：59-74.

[29]　Symeonidis P，Coba L，Zanker M. Counteracting the filter bubble in recommender systems：novelty-aware matrix factorization. Intelligenza Artificiale，2019，13（1）：37-47.

[30]　Li P，Que M，Jiang Z C，et al. PURS：personalized unexpected recommender system for improving user satisfaction. Brazil：The Fourteenth ACM Conference on Recommender Systems，2020.

[31]　Shaw P，Uszkoreit J，Vaswani A. Self-attention with relative position representations. https://arxiv.org/abs/1803.02155.pdf[2018-03-06].

[32]　Veeramachaneni S D，Pujari A K，Padmanabhan V，et al. A maximum margin matrix factorization based transfer learning approach for cross-domain recommendation. Applied Soft Computing，2019，85：105751.

[33]　Cheng Y Z. Mean shift，mode seeking，and clustering. IEEE Transactions on Pattern Analysis and Machine Intelligence，1995，17（8）：790-799.

[34]　Bottou L. Stochastic gradient descent tricks//Montavon G，Orr G B，Müller K R. Neural Networks：Tricks of the Trade. Berlin：Springer，2012：421-436.

[35]　He R N，McAuley J. Ups and downs：modeling the visual evolution of fashion trends with one-class collaborative filtering. Montréal：The 25th International Conference on World Wide Web，2016.

[36]　Vargas S，Castells P. Rank and relevance in novelty and diversity metrics for recommender systems. Chicago：The

fifth ACM Conference on Recommender Systems，2011.

[37]　Rendle S，Freudenthaler C，Gantner Z，et al. BPR：bayesian personalized ranking from implicit feedback. https://arxiv.org/abs/1205.2618.pdf[2012-05-09].

[38]　He X N，Liao L Z，Zhang H W，et al. Neural collaborative filtering. Perth：The 26th International Conference on World Wide Web，2017.

[39]　Wu Y，DuBois C，Zheng A X，et al. Collaborative denoising auto-encoders for top-n recommender systems. San Francisco：The Ninth ACM International Conference on Web Search and Data Mining，2016.

[40]　He X N，He Z K，Du X Y，et al. Adversarial personalized ranking for recommendation. Ann Arbor：The 41st International ACM SIGIR Conference on Research & Development in Information Retrieval，2018.

[41]　Hu G N，Zhang Y，Yang Q. CoNet：collaborative cross networks for cross-domain recommendation. Torino：The 27th ACM International Conference on Information and Knowledge Management，2018.

[42]　Liu M，Li J J，Li G H，et al. Cross domain recommendation via bi-directional transfer graph collaborative filtering networks. Ireland：The 29th ACM International Conference on Information & Knowledge Management，2020.

[43]　Adamopoulos P，Tuzhilin A. On unexpectedness in recommender systems：or how to better expect the unexpected. ACM Transactions on Intelligent Systems and Technology，2014，5（4）：1-32.